水利水电工程施工技术全书

第三卷 混凝土工程

第八册

碾压混凝土施工

黄巍 等 编著

·北京·

内 容 提 要

本书是《水利水电工程施工技术全书》第三卷《混凝土工程》中的第八分册。本书系统阐述了水利水电碾压混凝土工程的施工技术和方法。主要内容包括：综述，碾压混凝土原材料及配合比设计，碾压混凝土施工，温度控制及防裂，诱导缝重复灌浆技术，碾压混凝土质量控制与检测，典型工程实例等。

本书可作为水利水电工程施工领域的工程技术人员、工程管理人员和高级技术工人的工具书，也可供从事水利水电工程科研、设计、建设及运行管理和相关企事业单位的工程技术人员、工程管理人员使用，并可作为大专院校水利水电工程及机电专业师生教学参考书。

图书在版编目（CIP）数据

碾压混凝土施工 / 黄巍等编著. -- 北京 : 中国水利水电出版社, 2017.3
（水利水电工程施工技术全书. 第三卷, 混凝土工程; 第八册）
ISBN 978-7-5170-5226-5

Ⅰ. ①碾… Ⅱ. ①黄… Ⅲ. ①碾压土坝－混凝土坝－工程施工 Ⅳ. ①TV642.2

中国版本图书馆CIP数据核字(2017)第045889号

书　　名	水利水电工程施工技术全书 **第三卷　混凝土工程** **第八册　碾压混凝土施工** NIANYA HUNNINGTU SHIGONG
作　　者	黄巍　等 编著
出版发行	中国水利水电出版社 （北京市海淀区玉渊潭南路1号D座　100038） 网址：www.waterpub.com.cn E-mail：sales@waterpub.com.cn 电话：（010）68367658（营销中心）
经　　售	北京科水图书销售中心（零售） 电话：（010）88383994、63202643、68545874 全国各地新华书店和相关出版物销售网点
排　　版	中国水利水电出版社微机排版中心
印　　刷	北京纪元彩艺印刷有限公司
规　　格	184mm×260mm　16开本　14.75印张　350千字
版　　次	2017年3月第1版　2017年3月第1次印刷
印　　数	0001—3000册
定　　价	**60.00**元

《水利水电工程施工技术全书》
编审委员会

《水利水电工程施工技术全书》
各卷主（组）编单位和主编（审）人员

卷序	卷名	组编单位	主编单位	主编人	主审人
第一卷	地基 与基础工程	中国电力建设集团（股份）有限公司	中国电力建设集团（股份）有限公司 中国水电基础局有限公司 葛洲坝基础公司	宗敦峰 肖恩尚 焦家训	谭靖夷 夏可风
第二卷	土石方工程	中国人民武装警察部队水电指挥部	中国人民武装警察部队水电指挥部 中国水利水电第十四工程局有限公司 中国水利水电第五工程局有限公司	梅锦煜 和孙文 吴高见	马洪琪 梅锦煜
第三卷	混凝土工程	中国电力建设集团（股份）有限公司	中国水利水电第四工程局有限公司 中国葛洲坝集团有限公司 中国水利水电第八工程局有限公司	席　浩 戴志清 涂怀健	张超然 周厚贵
第四卷	金属结构制作与机电安装工程	中国能源建设集团（股份）有限公司	中国葛洲坝集团有限公司 中国电力建设集团（股份）有限公司 中国葛洲坝建设有限公司	江小兵 付元初 张　晔	付元初
第五卷	施工导（截）流与度汛工程	中国能源建设集团（股份）有限公司	中国能源建设集团(股份)有限公司 中国葛洲坝集团有限公司 中国水利水电第八工程局有限公司	周厚贵 郭光文 涂怀健	郑守仁

《水利水电工程施工技术全书》
第三卷《混凝土工程》编委会

《水利水电工程施工技术全书》
第三卷《混凝土工程》
第八册《碾压混凝土施工》
编写人员名单

主　　编： 黄　巍

审　　稿： 涂怀健　刘炎生　龙德海　刘文彦

编写人员： 黄　巍　涂怀健　田承宇　姜命强　刘更军　韩可林　李跃兴　张祖义　方林飞　郭　峰　江世勇　郭国华　刘望明

序 一

水利水电工程建设在我国作为一项基础建设事业，已经走过了近百年的历程，这是一条不平凡而又伟大的创业之路。

新中国成立66年来，党和国家领导一直高度重视水利水电工程建设，水电在我国已经成为了一种不可替代的清洁能源。我国已经成为世界上水电装机容量第一位的大国，水利水电工程建设不论是规模还是技术水平，都处于国防领先或先进水平，这是几代水利水电工程建设者长期艰苦奋斗所创造出来的。

改革开放以来，特别是进入21世纪以后，我国的水利水电工程建设又进入了一个前所未有的高速发展时期。到2014年，我国水电总装机容量突破3亿kW，占全国电力装机容量的23%。发电量也历史性地突破31万亿kW·h。水电作为我国当前重要的可再生能源，为我国能源电力结构调整、温室气体减排和气候环境改善做出了重大贡献。

我国水利水电工程建设在新技术、新工艺、新材料、新设备等方面都取得了突破性的进展，无论是技术、工艺，还是在材料、设备等方面，都取得了令人瞩目的成就，它不仅推动了技术创新市场的活跃和发展，也推动了水利水电工程建设的前进步伐。

为了对当今水利水电工程施工技术进展进行科学的总结，及时形成我国水利水电工程施工技术的自主知识产权和满足水利水电建设事业的工作需要，全国水利水电施工技术信息网组织编撰了《水利水电工程施工技术全书》。该全书编撰历时5年，在编撰过程中组织了一大批长期工作在工程建设一线的中青年技术负责人和技术骨干执笔，并得到了有关领导、知名专家的悉心指导和审定，遵循“简明、实用、求新”的编撰原则，立足于满足广大水利水电工程技术人员的实际工作需要，并注重参考和指导价值。该全书内容涵盖了水利水电工程建设地基与基础工程、土石方工程、混凝土工程、金属结构制作与机电安装工程、施工导（截）流与度汛工程等内容的目标任务、原理方法及工程实例，既有理论阐述，又有实例介绍，重点突出，图文并茂，针对性及可操作性强，对今后的水利水电工程建设施工具有重要指导作用。

《水利水电工程施工技术全书》是对水利水电施工技术实践的总结和理论提炼，是一套具有权威性、实用性的大型工具书，为水利水电工程施工“四新”技术成果的推广、应用、继承、创新提供了一个有效载体。为大力推动水利水电技术进步和创新，推进中国水利水电事业又好又快地发展，具有十分重要的现实意义和深远的科技意义。

水利水电工程是人类文明进步的共同成果，是现代社会发展对保障水资源供给和可再生能源供应的基本需求，水利水电工程施工技术在近代水利水电工程建设中起到了重要的推动作用。人类应对全球气候变化的共识之一是低碳减排，尽可能多地利用绿色能源就成为重要选择，太阳能、风能及水能等成为首选，其中水能蕴藏丰富、可再生性、技术成熟、调度灵活等特点成为最优的绿色能源。随着水利水电工程建设与管理技术的不断发展，水利水电工程，特别是一些高坝大库能有效利用自然条件、降低开发运行成本、提高水库综合效能，高坝大库的（高度、库容）记录不断被刷新。特别是随着三峡、拉西瓦、小湾、溪洛渡、锦屏、向家坝等一批大型、特大型水利水电工程相继建成并投入运行，标志着我国水利水电工程技术已跨入世界领先行列。

近年来，我国水利水电工程施工企业积极实施走出去战略，海外市场开拓业绩突出。目前，我国水利水电工程施工企业在亚洲、非洲、南美洲多个国家承建了上百个水利水电工程项目，如尼罗河上的苏丹麦洛维水电站、号称“东南亚三峡工程”的马来西亚巴贡水电站、巨型碾压混凝土坝泰国科隆泰丹水利工程、位居非洲第一水利枢纽工程的埃塞俄比亚泰克泽水电站等，“中国水电”的品牌价值已被全球业内所认可。

《水利水电工程施工技术全书》对我国水利水电施工技术进行了全面阐述。特别是在众多国内外大型水利水电工程成功建设后，我国水利水电工程施工人员创造出一大批新技术、新工法、新经验，对这些内容及时总结并公开出版，与全体水利水电工作者分享，这不仅能促进我国水利水电行业的快速发展，提高水利水电工程施工质量，保障施工安全，规范水利水电施工行业发展，而且有助于我国水利水电行业走进更多国际市场，展示我国水利水电行业的国际形象和实力，提高我国水利水电行业在国际上的影响力。

该全书的出版不仅能提高水利水电工程施工的技术水平，而且有助于提高我国水利水电行业在国内、国际上的影响力，我在此向广大水利水电工程建设者、工程技术人员、勘测设计人员和在校的水利水电专业师生推荐此书。

孙洪水

2015年4月8日

序 二

《水利水电工程施工技术全书》作为我国水利水电工程技术综合性大型工具书之一，与广大读者见面了！

这是一套非常好的工具书，它也是在《水利水电工程施工手册》基础上的传承、修订和创新。集中介绍了进入21世纪以来我国在水利水电施工领域从施工地基与基础工程、土石方工程、混凝土工程、金属结构制作与机电安装工程、施工导（截）流与度汛工程等方面采用的各类创新技术，如信息化技术的运用：在施工过程模拟仿真技术、混凝土温控防裂技术与工艺智能化等关键技术，应用了数字信息技术、施工仿真技术和云计算技术，实现工程施工全过程实时监控，使现代信息技术与传统筑坝施工技术相结合，提高了混凝土施工质量，简化了施工工艺，降低了施工成本，达到了混凝土坝快速施工的目的；再如碾压混凝土技术在国内大规模运用：节省了水泥，降低了能耗，简化了施工工艺，降低了工程造价和成本；还有，在科研、勘察设计和施工一体化方面，数字化设计研究面向设计施工一体化的三维施工总布置、水工结构、钢筋配置、金属结构设计技术，推广复杂结构三维技施设计技术和前期项目三维枢纽设计技术，形成建筑工程信息模型的协同设计能力，推进建筑工程三维数字化设计移交标准工程化应用，也有了长足的进步。因此，在当前形势下，编撰出一部新的水利水电施工技术大型工具书非常必要和及时。

随着水利水电工程施工技术的不断推进，必然会给水利水电施工带来新的发展机遇。同时，也会出现更多值得研究的新课题，相信这些都将对水利水电工程建设事业起到积极的促进作用。该全书是当今反映水利水电工程施工技术最全、最新的系列图书，体现了当前水利水电最先进的施工技术，其中多项工程实例都是曾经创造了水利水电工程的世界纪录。该全书总结的施工技术具有先进性、前瞻性，可读性强。该全书的编者们都是参加过我国大型水利水电工程的建设者，有着非常丰富的各专业施工经验。他们以高度的社会责任感和使命感、饱满的工作热情和扎实的工作作风，大力发展和创新水电科学技术，为推进我国水利水电事业又好又快地发展，做出了新的贡献！

近年来，我国水利水电工程建设快速发展，各类施工技术日臻成熟，相继建成了三峡、龙滩、水布垭等具有代表性的水电工程，又有拉西瓦、小湾、溪洛渡、锦屏、糯扎渡、向家坝等一批大型、特大型水电工程，在施工过程中总结和积累了大量新的施工技术，尤其是混凝土温控防裂的施工方法在三峡水利枢纽工程的成功应用，高寒地区高拱坝冬季施工综合技术在拉西瓦等多座水电站工程中的应用……，其中的多项施工技术获得过国家发明专利，达到了国际领先水平，为今后水利水电工程施工提供了参考与借鉴。

目前，我国水利水电工程施工技术已经走在了世界的前列，该全书的出版，是对我国水利水电工程建设领域的一大贡献，为后续在水利水电开发，例如金沙江上游、长江上游、通天河、黄河上游的水电开发、南水北调西线工程等建设提供借鉴。该全书可作为工具书，为广大工程建设者们提供一个完整的水利水电工程施工理论体系及工程实例，对今后水利水电工程建设具有指导、传承和促进发展的显著作用。

《水利水电工程施工技术全书》的编撰、出版是一项浩繁辛苦的工作，也是一项具有创造性的劳动过程，凝聚了几百位编、审人员近5年的辛勤劳动，克服各种困难。值此该全书出版之际，谨向所有为该全书的编撰给予关心、支持以及为此付出了辛勤劳动的领导、专家和同志们表示衷心的感谢！

马洪琪

2015年4月18日

前言

由全国水利水电施工技术信息网组织编写的《水利水电工程施工技术全书》第三卷《混凝土工程》共分为十二册，《碾压混凝土施工》为第八册，由中国水利水电第八工程局有限公司组织编写。

碾压混凝土施工是近40年来发展起来的一项新技术。碾压混凝土坝综合了混凝坝运行安全和土石坝施工快速的特性，具有工期短、工程造价低等优点，因此，碾压混凝土坝一经问世便在世界各国广泛推广应用，发展迅猛。中国自20世纪80年代初开始对碾压筑坝技术进行全面研究探索以来，该技术便得以迅速推广及应用。目前，我国已成为世界上建造碾压混凝土坝最多的国家，碾压混凝土筑坝技术已由低坝向高坝发展，重力坝向拱坝和薄拱坝发展，并推广应用于围堰工程等方面，碾压混凝土筑坝技术日益成熟。

通过多年施工实践，我国碾压混凝土筑坝技术在国家“八五”“九五”科技攻关已取得重要成果的基础上，又有了进一步发展和突破。不仅掌握了高温、高寒、干热河谷、多雨多风等复杂地域条件下的碾压混凝土筑坝技术，而且在碾压混凝土重力坝和拱坝设计施工等方面取得了许多重大突破，形成了具有我国特色的技术模式。我国施工采用的碾压混凝土具有掺合料掺量高、低水泥用量、胶凝材料用量适中、混凝土绝热温升低、抗渗和抗冻性能良好等特点，并普遍采用不设纵缝、富浆碾压混凝土防渗、低VC值、薄层全断面大仓面快速短间歇连续浇筑以及变态混凝土、斜层铺筑碾压施工工艺等。尤其在研究和使用新技术、新材料、新工艺和新设备方面取得了一批突破性的科技成果，很多施工关键技术的研究已走在世界前列。

本书主要根据我国碾压混凝土施工实践经验，总结介绍碾压混凝土施工技术和近年来所取得的创新成果。这些成果是广大水利水电工程技术人员、施工人员和科研人员的实践经验与科研攻关的智慧结晶。本书力图反映当前我国碾压混凝土筑坝施工方面的新技术、新材料、新设备和新工艺，以促进碾压混凝土筑坝技术的发展。

本书编写得到了谭靖夷院士的指导，宗敦峰、梅锦煜、周厚贵、付元初、郑平、王鹏禹、郭光文等专家对本书的编写提出了许多宝贵意见，并对本书进行了审查。在此，对各位专家的辛勤工作和支持帮助表示衷心的感谢。在本书编写过程中参考了大量的研究报告、工程报告及总结、论文和综述文献等，书中有关引用资料除附注于编末之外，未能逐一列举，特向各单位和相关人员表示感谢并请谅解。

由于编者水平有限，书中错误和不妥之处，欢迎读者批评指正。

作者

2015年4月2日

目　录

1 综　　述

1.1　碾压混凝土的发展历程

1.1.1　碾压混凝土筑坝发展历程

碾压混凝土技术是采用类似土石方填筑施工工艺，将无坍落度的混凝土用振动碾压实的一种新的混凝土施工技术。碾压混凝土坝是随着土力学理论的发展和大型土石方施工机械的使用，人们将混凝土坝的安全性和土石坝的高效率施工相结合而探索出的一种新坝型。碾压混凝土坝既具有混凝土坝体积小、强度高、防渗和耐久性能好、坝身可溢流等特点，又具有土石坝施工简便、快速、经济、可使用大型通用机械等优点。采用碾压混凝土技术筑坝，突破了传统的混凝土大坝柱状法浇筑对混凝土浇筑速度的限制，具有施工简便、机械化程度高、工期短、工程造价低等特点，发展极为迅速，目前已广泛应用于世界各国水利水电工程。

(1) 20 世纪 20—60 年代，起源于贫混凝土。碾压混凝土筑坝施工的历史可追溯到干贫混凝土在公路和回填工程中的应用，从 20 世纪 20 年代末起，常用于高速公路路基和机场地面，当时被称为贫混凝土或干贫混凝土。

1941 年，有学者发表文章首次建议将碾压混凝土用于大坝施工，直到 1960—1961 年，碾压混凝土才开始应用于大坝围堰施工。中国台湾石门坝的围堰防渗心墙采用了土坝施工方法进行连续级配混凝土摊铺和碾压，骨料最大粒径 76mm，胶凝材料掺量 107kg/m^3，摊铺层厚 30cm，采用自卸汽车运输入仓和推土机平仓，并借助其压实。

1961—1964 年，意大利阿尔佩盖拉（Alpe Gera）重力坝采用了类似土坝不分块、全断面上升的贫混凝土筑坝施工方法，采取全断面通仓薄层浇筑低流态贫混凝土、斜轨斗车垂直运输混凝土、自卸汽车入仓、推土机平仓（铺层厚 70cm）、悬挂于推土机后部的插入式振捣器振捣和切缝机切割横缝的施工方法，在坝体上游面铺设钢板防渗，取消了坝内冷却水管，坝体从河床一岸到另一岸全线同时浇筑上升，现场试验表明在混凝土浇筑后很早龄期开始，车辆通行不会损坏混凝土，这些突破为碾压混凝土筑坝奠定了基础。

1965 年，加拿大魁北克曼尼科甘一号（Manicougan Ⅰ）坝建造了两座高 18m 的重力式翼墙。内部采用贫浆混凝土，推土机铺筑，插入式振捣器振捣；上游面采用富浆混凝土和垂直滑模施工工艺；下游面采用预制混凝土块。

(2) 20 世纪 70 年代，碾压混凝土筑坝进入世界性科研试验阶段。20 世纪 70 年代开始，世界各国纷纷开展碾压混凝土筑坝科研试验研究工作，前期主要在美国、英国和日本等国进行，随后中国、加拿大、巴基斯坦、巴西、委内瑞拉和南非等国也相继进行了试验研究工作。

1970年，拉费尔（J. M. Raphael）在美国加利福尼亚州召开的混凝土快速施工会议上发表了《最优重力坝》，提出采用掺水泥的天然级配粗颗粒料，并用高效率的土石方运输和碾压机械碾压的筑坝方法，使坝体的坡度和水泥用量（强度）达到最优，优化坝体的断面介于大体积土石坝和混凝土重力坝之间，促进了碾压混凝土坝概念的发展。其后帕顿（Paton）在1971年国际大坝会议中提出将干贫混凝土用于坝体。

1972年，在同一地点又召开了混凝土坝经济施工会议，坎农（R. W. Cannon）的论文《采用土料压实方法建造混凝土坝》进一步发展了拉费尔的设想。他还发表了《用振动碾压实大体积混凝土》。同时，公布了1971年在泰斯·福特坝（Tims Ford）用自卸汽车运输、前卸式装载机平仓、振动碾碾压无坍落度贫浆混凝土的系列现场原型试验成果，并首次建议碾压混凝土的胶凝材料应含相当比例的掺合料（当时为低钙粉煤灰）。

随后美国陆军工程师团先后在维克斯帕（Vicksburg）坝、杰克逊（Jackson）坝和洛斯特溪（Lost Greek）坝等工程中进行了更大规模的碾压混凝土现场试验，钻孔取芯效果良好。并于1974年对美国 Zintei Canyon 坝提出了碾压混凝土重力坝比较方案，作为土坝设计替代方案，虽然因为资金问题该坝直到1992年才开始建设，但其设计理念为后来的柳溪（Willow Creek）坝所采用。

1973年，第11届国际大坝会议提出了开展“混凝土坝缩短工期、提高经济效益”的研究，美国、日本等国家先后有组织地开展了这方面的试验研究工作，并在坝基、消力池等局部地区进行了现场试验。莫法特（A. I. B. Mofiat）提出了《适用于重力坝施工的贫浆混凝土研究》，进一步深化了碾压混凝土重力坝的概念。他推荐将20世纪50年代英国路基上使用的贫浆混凝土用于修筑混凝土坝，用筑路机械将其压实。

首次大规模使用碾压混凝土的工程，是1975年美国陆军工程师团承建的巴基斯坦塔贝拉（Tarbela）坝泄洪隧洞修复工程。该工程采用未经筛洗的砂砾石料加少量水泥拌和混凝土（骨料最大粒径150mm，小于0.075mm细料用量约为10%，水泥用量110～133.5kg/m^3），大型自卸汽车运输，推土机平仓，12t振动碾碾压，快速修复被冲毁的泄洪洞出口消力池，并正式将该混凝土命名为碾压混凝土（Rollcrete）。利用枯水期浇筑了250多万m^{3}碾压混凝土，并在42d内浇筑了35.17万m^{3}碾压混凝土，平均日浇筑强度为8371m^3，最大日浇筑强度达1.85万m^3，显示了碾压混凝土快速施工的巨大潜力。

1973—1977年，普莱斯（Price）在试验室对贫混凝土进行设计及全面综合性试验研究。针对大型建筑物基础采用高粉煤灰掺量、低水泥用量的贫混凝土试验研究，以提高碾压混凝土的相对密实度和层间黏结能力，并研究用激光控制滑模，进行上下游坝面的施工。1978—1980年，英国还进行了现场试验，并于1982年在小型碾压混凝土坝施工中应用。这些研究虽未在英国广泛应用，但为美国垦务局设计上静水水电站工程打下了基础。

1974年，日本建设省成立混凝土坝合理化施工委员会，对碾压混凝土设计、原材料配合比、碾压施工工艺和温度控制进行研究，提出了碾压混凝土筑坝法（Roller Compacted Dam，简称RCD），并开展了RCD工法试验研究。为使大坝具有足够的耐久性和防渗性，适应日本冬季严寒、夏季相对燥热的气候和高地震区筑坝要求，采用了“金包银”结构型式，用厚 2.5～3.0m 的表层常态混凝土对碾压混凝土坝体进行表面保护，对水平施工缝进行刷毛和铺砂浆垫层处理，以提高 RCD 混凝土的抗渗性和黏聚力，伸缩缝设置综合配套的止水和排水措施。1976 年在日本大川（Ohkawa）坝上游围堰进行了现场施工试验，验证了用振动碾压实干硬性混凝土的可能性和切缝机切割造缝的可行性；1978 年 9 月，在坝高 89m 的岛地川坝坝体正式使用碾压混凝土；1979 年 10 月，在大川坝坝基底板上也使用了碾压混凝土。

（3）20 世纪 80—90 年代初，正式开始碾压混凝土筑坝并进入初期快速增长实用阶段。在该期间，从世界上第一座碾压混凝土坝和第一座全碾压混凝土坝建成到后来的百米级碾压混凝土重力坝建设，碾压混凝土筑坝技术进入了实用阶段，开始了初期碾压混凝土坝建设的快速增长，并逐步在世界各地展开应用。到 1992 年年底，世界上已建和在建的大坝工程达 116 座，分布遍及五大洲（主要分布在北美洲和亚洲），该时期美国、日本和西班牙等国发展较快，建成了较多的碾压混凝土坝。

1980 年，日本建成了世界上第一座碾压混凝土坝岛地川（Shimajigawa）坝，这也是世界上首座 RCD 坝，坝高 89m，坝体碾压混凝土方量 16.5 万 m^3（占混凝土总量 31.7 万 m^3 的 52%），胶凝材料用量 120kg/m^3，其中粉煤灰占 30%，上游面用厚 3m 的常态混凝土防渗，压实层厚度为 50cm 和 70cm，浇筑间歇期 1～3d，采用切缝机形成坝体横缝。其后日本于 1987 年建成了坝高 100m 的 Tamagawa 坝，总方量 115 万 m^3。

1982 年，美国建成了世界上第一座全碾压混凝土坝（Roller Compacted Concrete，简称 RCC）柳溪（Willow Creek）坝。该坝高 52m，坝轴线长 518m，坝体采用贫胶凝材料碾压混凝土，人工骨料最大粒径 76mm，细粒料用量 4%～10%，胶凝材料用量仅 66kg/m^3（水泥用量 47kg/m^3，粉煤灰掺合料用量 19kg/m^3），上游面采用预制混凝土面板，坝体碾压混凝土量 31.7 万 m^3，采用不设纵横缝、连续浇筑上升工艺，浇筑层厚 24～34cm，并采用激光束控制浇筑水平度，在不到 5 个月时间内完成碾压混凝土施工，充分显示了碾压混凝土坝所具有的快速性和经济性，有力推动了碾压混凝土坝在美国和世界各国的迅速发展。

1984 年，澳大利亚建成了第二座全碾压混凝土坝 Copperfield 坝，该坝坝高 40m，坝体碾压混凝土水泥用量 80kg/m^3、粉煤灰 30kg/m^3，首次在碾压混凝土坝上设置常态混凝土溢洪道。

1985 年和 1986 年，建成的西班牙 Ca - stilblanco de los Arroyos 坝和中国坑口坝，分别为西班牙和中国修建的第一座碾压混凝土坝，采用了富胶凝材料碾压混凝土，掺有大量掺合料。

此后，南非、巴西和墨西哥也纷纷开始碾压混凝土建设。1988 年，建成的南非 Knellpoort 坝是第一座碾压混凝土拱坝，碾压混凝土方量 4.5 万 m^3。

当时在建最高碾压混凝土坝是日本宫濑碾压混凝土重力坝（坝高 155m），采用 RCD 工法建造。在建最高的碾压混凝土拱坝是中国普定拱坝（坝高 75m），采用全断面碾压混凝土通仓薄层连续浇筑快速施工，在迎水面用二级配富胶凝材料混凝土自身防渗。

（4）1993—2005 年，碾压混凝土筑坝进入稳定发展繁荣阶段。该时期碾压混凝土施工有了长足进步与发展，筑坝技术日趋成熟，工程规模、坝型、坝体高度和应用范围不断取得突破创新，碾压混凝土坝型也从碾压混凝土重力坝逐步拓展到了重力拱坝、高拱坝和薄拱坝等，并普遍应用于围堰工程，碾压混凝土坝以每年平均约18座的建设速度稳定发展。世界各国碾压混凝土坝开始进入稳定增长期，日本和中国筑坝数量都在20世纪90年代中期开始赶超美国，21世纪初巴西也进入了快速发展阶段，筑坝数量逐步超过美国。至2005年，碾压混凝土坝数量达到319座，当时已建最高的碾压混凝土重力坝是哥伦比亚的米尔工坝（坝高188m），已建最高的碾压混凝土拱坝是中国沙牌拱坝（坝高132m），在建最高的碾压混凝土重力坝是中国龙滩重力坝（坝高216.5m），在建最高的碾压混凝土拱坝是中国大花水拱坝（坝高134.5m）。

该期间中国碾压混凝土筑坝开始迅猛发展，至2005年年底中国建成碾压混凝土坝66座，在建碾压混凝土坝35座，开展了一大批100m以上高碾压混凝土坝建设，建成了岩滩、水口、江垭、大朝山、棉花滩、索风营等100m以上碾压混凝土重力坝和沙牌、石门子、蔺河口、招徕河等水电站100m以上碾压混凝土高拱坝，并开始了龙滩、光照等水电站200m级高碾压混凝土重力坝建设。平均每年建成碾压混凝土坝3～4座，每年新开工碾压混凝土坝4～5座，有力推动了碾压混凝土筑坝技术进步和发展。

（5）2006年至今，碾压混凝土筑坝进入高速发展成熟阶段。碾压混凝土筑坝技术发展迅猛，中国的龙滩、光照等水电站200m级高碾压混凝土重力坝相继建成，高167.5m的万家口子水电站碾压混凝土高拱坝开始建设，碾压混凝土坝以每年平均约30座的建设速度高速发展。截至2013年，已完成碾压混凝土坝约554座，已建成35座碾压混凝土拱坝，还有86座以上大坝正在建设之中，各国每年已建碾压混凝土坝数量曲线见图1-1，每年建成的碾压混凝土坝总数量曲线见图1-2。

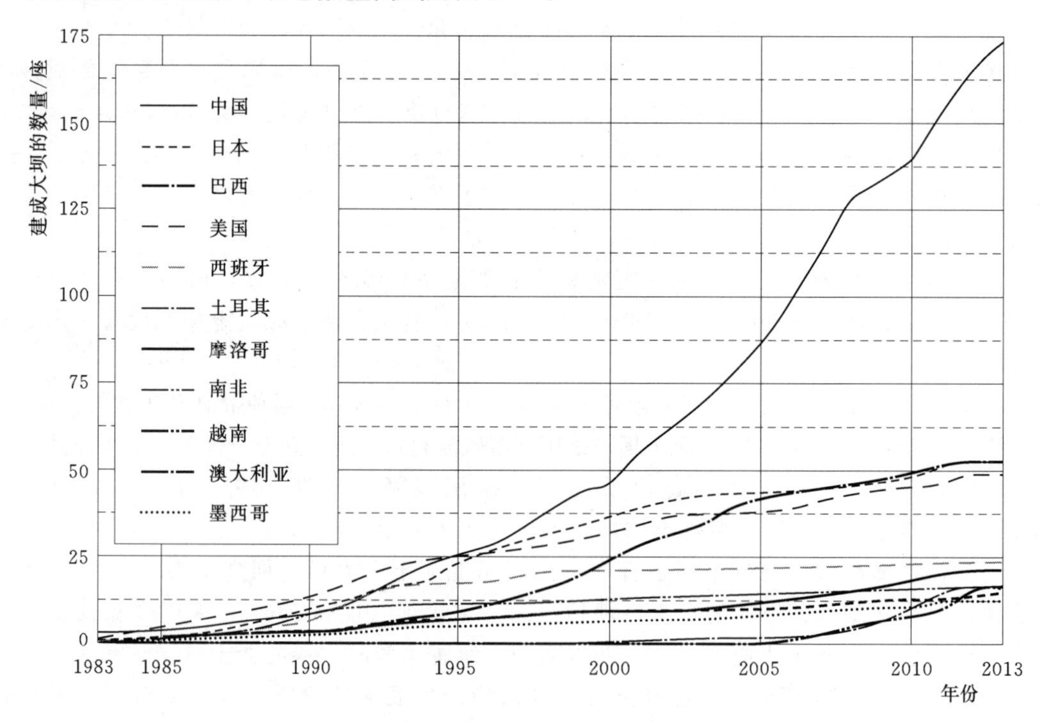

图1-1　各国每年已建碾压混凝土坝数量曲线图

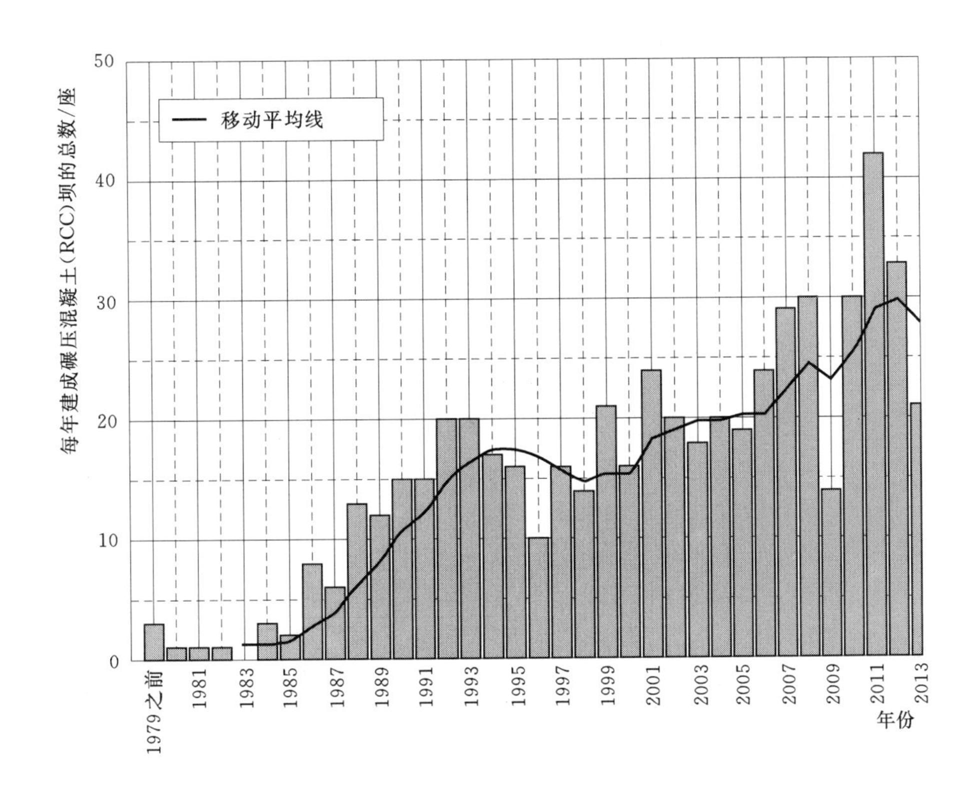

图 1-2　每年建成的碾压混凝土坝总数量曲线图

目前，中国已建成碾压混凝土坝170多座，筑坝数量和规模远超世界各国，日本、巴西和美国各有45～55座碾压混凝土坝建成，西班牙、土耳其、摩洛哥、南非、越南、澳大利亚和墨西哥等国各有15～25座碾压混凝土坝建成，希腊、法国、伊朗和秘鲁各建成5～10座碾压混凝土坝。土耳其和越南两国虽然起步晚，但近年来其碾压混凝土筑坝速度呈现出快速增长之势。

从图1-2中可以看出：自1980年正式开始碾压混凝土筑坝以来，1983—1992年的10年间碾压混凝土筑坝数量逐年快速增长，1993—2005年期间进入稳定发展阶段，2005年以后至今碾压混凝土筑坝高速发展，筑坝技术日趋成熟，施工工艺日益完善。

1.1.2　我国碾压混凝土筑坝发展概况

(1) 20世纪70年代末至80年代初，开展碾压混凝土筑坝技术探索、试验和应用研究工作。我国于1978年开始碾压混凝土筑坝技术探索、试验和应用研究工作，1978年年底在龚嘴水电站进厂公路进行了碾压混凝土现场试验，采用常规混凝土配合比，减少用水量拌制适用于碾压的干硬性混凝土拌和物，用国产8t振动碾碾压。1983年以后，在福建省厦门机场场道基础、铜街子水泥罐基础和牛日溪沟水电站1号重力式副坝、沙溪口水电站纵向围堰和开关站挡墙、葛洲坝水利枢纽工程船闸下导墙、东江水电站拱坝1号重力墩等开展了碾压混凝土试验和应用研究，1984年4月，高27.5m的铜街子牛日溪沟水电站1号重力式副坝将碾压混凝土应用于水工挡水构筑物。

(2) 1985年11月至1986年5月建成了我国第一座碾压混凝土重力坝——福建大田

坑口坝，该坝坝高56.8m，采用高掺粉煤灰、低水泥用量、坝体不设纵横缝、低温季节施工、全断面分层碾压、连续浇筑上升和沥青砂浆防渗的施工方法，是我国碾压混凝土筑坝技术发展的一个重要里程碑。此后我国逐步掀起了碾压混凝土筑坝建设热潮，一些已经设计的甚至已经施工的工程改用碾压混凝土，许多新工程积极采用碾压混凝土，20世纪80—90年代初期建成了一批高80m以下的中低坝，天生桥二级、龙门滩、马回、潘家口、铜街子、沙溪口、荣地、万安、岩滩、锦江、水口、普定、大广坝等大、中型水电工程相继采用了碾压混凝土筑坝新技术。

(3) 20世纪90年代，逐步开展100米级碾压混凝土高坝建设和科研攻关，进入快速发展阶段。1989年3月至1992年4月建成我国第一座百米级碾压混凝土重力坝岩滩水电站（坝高110m），随后江垭、沙牌、大朝山、棉花滩、石门子、蔺河口等一批百米级高碾压混凝土重力坝和高拱坝相继开工兴建，碾压混凝土筑坝技术全面提升到新的高度，转向100米级高坝快速发展阶段。碾压混凝土坝也从中低坝向高坝、碾压混凝土重力坝逐步向高拱坝和薄拱坝拓展，并普遍应用于围堰工程。

为发展碾压混凝土高坝筑坝施工技术，我国先后将“碾压混凝土拱坝筑坝技术”和“碾压混凝土高坝筑坝技术研究”列为“八五”“九五”国家重点科技攻关项目。其中“八五”国家重点科技攻关依托普定高拱坝进行“碾压混凝土拱坝筑坝技术”专题研究；“九五”国家重点科技攻关分别依托沙牌水电站碾压混凝土拱坝研究解决100m以上高碾压混凝土拱坝筑坝关键技术，依托龙滩水电站碾压混凝土重力坝研究解决200m级高碾压混凝土重力坝筑坝关键技术。1992年1月至1993年5月建成了我国第一座全碾压混凝土高拱坝—普定拱坝，该坝坝高75m，是当时世界上最高的碾压混凝土拱坝，采用整体碾压混凝土结构设计，在迎水面用二级配、富胶凝材料混凝土作为防渗体的自身防渗结构，采用全断面通仓、薄层连续浇筑快速施工技术，在设计和施工中形成了较有特色的技术体系。普定拱坝的建成有力地推动了碾压混凝土拱坝迅速推广和高坝筑坝技术发展。

20世纪90年代中期至21世纪开始建设百米级碾压混凝土高拱坝和薄拱坝，1997年当时世界上最高的碾压混凝土拱坝—沙牌拱坝（坝高132m）开工建设。新疆石门子碾压混凝土拱坝（坝高109m）建在高温、高寒、高地震区内。

江垭碾压混凝土重力坝研究采用了斜层平推铺筑法，可减小仓面覆盖面积，缩短层间间隔时间，有利于解决碾压混凝土大仓面高强度浇筑、夏季温控和多雨环境施工难题。

20世纪90年代中期我国碾压混凝土筑坝数量已跃居世界首位。至1999年年底，我国已建成碾压混凝土坝34座，在建碾压混凝土坝12座，其中建成了岩滩（坝高110m）、水口（坝高101m）、江垭（坝高131m）、大朝山（坝高111m）、棉花滩（坝高113m），石门子（坝高109m）、蔺河口（坝高100m）等一批100m以上的高碾压混凝土坝。已建围堰工程达20余座，其中三峡水利枢纽三期工程围堰、龙滩水电站上游围堰、构皮滩水电站上游围堰等高度均超过70m，施工期最长仅4～5个月。三峡水利枢纽三期工程上游碾压混凝土重力式围堰高121m，4个月完工总方量110万m^3，其月、日最高强度分别达到47.5万m^3和2.1万m^3，均居世界前列。

(4) 21世纪至今，碾压混凝土筑坝进入高速发展成熟阶段。经过“八五”“九五”国家重点科技攻关，在对修建200m级碾压混凝土高坝技术难题取得重要成果后，21世纪初开始了龙滩及光照两座 200m 级碾压混凝土高坝建设。在设计、科研和工程建设人员的共同努力下，我国的碾压混凝土筑坝技术有了长足发展，在建坝数量、规模、坝高、技术难度和施工工艺等多方面均已处于世界前列，并取得一系列突破性的科研创新成果，已掌握在高温、高寒、潮湿多雨和干燥少雨等各种复杂地域和气候条件下的碾压混凝土筑坝技术。

目前，除少数特高坝仍采用常态混凝土浇筑外，绝大多数混凝土高坝都采用了碾压混凝土筑坝技术。截至 2014 年年底我国已建在建碾压混凝土坝 170 多座，我国已建在建的部分坝高大于 100m 的碾压混凝土重力坝和拱坝分别见表 1-1 和表 1-2。其中设计坝高 216.5m 的龙滩水电站碾压混凝土重力坝一期已建成运行多年，高 200.5m 的光照重力坝也于 2008 年年底建成运行，坝高 132m 的沙牌水电站碾压混凝土拱坝经历了 2008 年的汶川特大地震考验，大坝完好无损，证明了碾压混凝土高拱坝的安全可靠性。这些高碾压混凝土重力坝和高拱坝代表性工程，在设计、科研、施工各个方面取得了大批具有自主知识产权和独创性的研究成果，为我国碾压混凝土坝建设积累了丰富的经验。

表 1-1　　我国已建在建的部分坝高大于 100m 的碾压混凝土重力坝表

序号	工程名称	坝高/m	下游坝坡	坝顶长/m	横缝间距/m
1	龙滩	一期 192 二期 216.5	1∶0.68～1∶0.7	761	20～44
2	黄登	203	1∶0.75	469.6	20～27
3	光照	200.5	1∶0.75	410	17～25
4	官地	168	1∶0.75	516	20～26
5	观音岩	159	1∶0.75	1158	18～35
6	亚碧罗	164	1∶0.70	374	18～25
7	金安桥	160	1∶0.75	640	30～34
8	梨园	155	1∶0.75	525.33	18～35
9	阿海	132		482	
10	鲁地拉	140	1∶0.75	622	20～35
11	石垭子	134.5		217.86	
12	江垭	131	1∶0.80	368	22.5～35
13	洪口	130	1∶0.75	340.15	14.5～25
14	百色	130	1∶0.75	720	33～35
15	格里桥	124		103.9	
16	喀腊塑克	121.5	1∶0.75	1570	15～20
17	武都	120.34	1∶0.75	736	14～26
18	思林	117	1∶0.70	316	18～25
19	龙开口	116	1∶0.75	768	20～25
20	索风营	115.95	1∶0.70	164.58	19～31

续表

序号	工程名称	坝高/m	下游坝坡	坝顶长/m	横缝间距/m
21	彭水	113.5	1∶0.75	309.53	16～21
22	棉花滩	113	1∶0.75	308	33～70
23	戈兰滩	113	1∶0.75	466	21～38
24	大朝山	111	1∶0.70	460.39	18～36
25	岩滩	110	1∶0.65	525	20～46
26	景洪	108	1∶0.65	704.5	20～34.6
27	沙沱	101	1∶0.75	631	
28	大华侨	106	1∶0.70	231.5	14～28
29	马堵山	107.5	1∶0.75	352.96	
30	功果桥	105	1∶0.70	356	14～27
31	临江	104	1∶0.72	531	15
32	水口	101		783	40

表 1-2　　我国已建在建的部分坝高大于100m的碾压混凝土拱坝表

序号	工程名称	坝高/m	坝长/m	坝顶厚/m	坝底厚/m	碾压混凝土方量/万 m^3	坝体混凝土总方量/万 m^3	分缝/条	
								横缝	诱导缝
1	万家口子	167.5	413.16	9	36	96	98		
2	云龙河三级	135	119	5.5	18	17.5	18.3		2
3	大花水	134.5	199	7	25	47.5	62.9	2 周边缝	2
4	三里坪	133	284.62	5.5	22.7	42.0		2	3
5	立洲	132.5	175.86				38.0		
6	沙牌	132	250	9.6	28	36.5	39.2	2	2
7	善泥坡	119.4							
8	云口	119	152	5	18		20.5	1	2
9	罗坡	114	191	6	20	18.2	20.7		4
10	天花板	113	160	6	24.2	17.5	18.2	1	2
11	黄花寨	110	287.62	6	25.5	27.6	31.0	2	3
12	石门子	109	177	5	30	19.0	20.5	短缝	
13	招徕河	105	198	6	18.5	18.0	20.4	2	3
14	白莲崖	104.6	421.86	8	25	13.6	7.194	5	4
15	蔺河口	100	311	6	27	22.0	29.5	1	6

1.2　碾压混凝土坝类型

1.2.1　按碾压混凝土坝型分类

碾压混凝土坝按坝型主要分为重力坝和拱坝两种。碾压混凝土拱坝又分为重力拱坝和拱坝两类。

(1) 碾压混凝土重力坝。碾压混凝土重力坝与常态混凝土重力坝设计准则基本相同，因混凝土材料性质和筑坝方法差异导致设计有所区别，需统筹考虑混凝土材料、坝体结构设计、附属建筑物、孔洞和构件布置，以充分发挥碾压混凝土快速施工优势。

1) 结构设计。碾压混凝土重力坝设计应保证坝体稳定，满足强度、抗渗性和耐久性要求，因当前碾压混凝土重力坝多采用全断面通仓薄层浇筑连续上升工艺，碾压混凝土坝的内部温度及应力分布与常态混凝土坝有较大不同，通常采用有限元法进行分析研究。高碾压混凝土重力坝的碾压层面结合质量对坝体的抗滑稳定极为重要，连续铺筑法层面结合效果良好，钻孔取芯率一般超过 98%，芯样的碾压层面折断率在 5%～8%之间，龙滩水电站工程钻取芯样的层面折断率仅为 2.5%。

坝体结构设计与总体布置应尽可能简单，简化坝体结构，合理分块分缝，做好防渗结构，简化排水、观测设备、辅助设施和坝体廊道布置，减少坝体孔洞，合理布置厂房，溢流坝面采用台阶消能，坝下游坡也常采用混凝土预制块形成阶梯状台阶，以利于充分发挥碾压混凝土快速施工的优点，加快进度、缩短工期、降低造价。

2) 坝体分缝分块。早期为满足碾压混凝土大仓面机械化施工需要，有些重力坝曾采用整体式结构，不设纵横缝或设置的横缝间距较长，较易产生劈头裂缝。随着轻便切缝设备研制和机械切缝、诱导缝技术的发展，目前碾压混凝土重力坝一般不设纵缝，横缝结构有永久横缝和诱导缝两种，间距一般为 20～30m。

3) 配合比设计。初步设计特别是高碾压混凝土坝设计应重视碾压混凝土配合比选择和层面处理方式。高碾压混凝土坝应进行生产性碾压试验，特殊工程的生产性碾压试验须专门设计。龙滩水电站重力坝进行了大量的生产性试验，成果表明，在夏季高温气候条件下碾压混凝土层面黏聚力可达到 2.0MPa 以上、摩擦系数大于 1.2。

优化混凝土强度等级分区，不少工程碾压混凝土仍采用 90d 设计龄期，大量工程试验成果表明 180d 或更长龄期的碾压混凝土，其物理力学性能有较大潜力，可根据实际情况进一步推广应用 180d 设计龄期碾压混凝土，充分利用碾压混凝土后期强度。

4) 防渗结构。早期在中低坝中先后探索过沥青砂浆护面、预制混凝土模板嵌缝、预应力补偿收缩钢筋混凝土、PVC 膜等防渗结构型式，后来又多采用“金包银”模式。目前，我国普遍采用了二级配富胶凝材料碾压混凝土为主外部增加变态混凝土的复合型防渗结构体系，其防渗效果可满足 W10、W12 的抗渗指标要求，少数高坝在上游面附加了防渗涂料保护。

5) 混凝土温度控制。通仓浇筑的碾压混凝土重力坝和柱状跳块浇筑的常态混凝土重力坝在基础温差、上下层温差、内外温差、坝体温度和温度应力分布等方面都有较大差别，碾压混凝土高坝应采用三维有限元法进行坝体温度控制分析，提出合理的温度控制标准及防裂措施。碾压混凝土具有水泥用量小、粉煤灰掺量高、绝热温升小、水化热温升慢、温度分布均匀等特点。温度控制设计应根据材料性能、结构尺寸、气候条件、铺筑层厚、连续升程及间歇方式，并结合仓面降温散热措施等进行研究，合理安排施工时段，降低温度控制难度。

(2) 碾压混凝土拱坝。拱坝主要利用拱圈和坝体强度来承担挡水荷载，常态混凝土拱坝通常采用柱状跳块浇筑、均衡上升工艺，常采用预埋冷却水管后期冷却将坝体冷却到最终稳定温度，在水库蓄水前，进行接缝灌浆封拱，形成拱圈效应。碾压混凝土拱坝原理类似于常态混凝土拱坝，适宜于在狭窄和陡峭峡谷中建设，具有体积小、投资省、成本低、施工速度快等特点。主要不同之处在于拱坝分缝与施工工艺，碾压混凝土拱坝一般采取全断面通仓薄层碾压、连续上升施工工艺，碾压混凝土拱坝的分缝结构型式和应力分布也与常态混凝土拱坝不同，两种坝体的温度应力场也就有明显差异。按结构型式碾压混凝土拱坝可分为重力拱坝和拱坝两种类型。

1）体型及断面选择。狭窄的V形河谷一般适于修建拱坝，较宽阔的U形河谷适于修建重力拱坝。拱坝通常采用试载法或三维有限元法进行结构分析。由于碾压混凝土拱坝通常采用通仓浇筑（设诱导缝），拱坝温度应力复杂，一般应进行详细的三维有限元分析，确定是否设置收缩缝，以及设缝间距。拱坝的应力水平通常高于重力坝，碾压混凝土设计强度也比大部分碾压混凝土重力坝的设计强度高，进行碾压混凝土拱坝配合比设计时应充分考虑尽可能多地掺加活性材料，降低碾压混凝土水化热温升。

碾压混凝土拱坝的平面布置型式与常态混凝土拱坝相似。如普定拱坝采用的是定圆心、变半径、变中心角的等厚、双曲非对称拱坝。沙牌拱坝采用了三心圆单曲拱坝。

碾压混凝土拱坝的断面选择也与常态混凝土拱坝无本质区别。拱坝的上游坝坡除溪柄溪坝有1：0.082的斜坡外，一般均为垂直，拱坝一般设有溢流设施，部分拱坝采取了坝体上游面的反坡倒悬结构，有利于改善坝体的应力状态。

2）分缝型式。碾压混凝土拱坝的分缝除要考虑满足温控防裂等要求外，还应充分考虑碾压混凝土仓面快速施工的要求。分缝型式一般设置为横缝和诱导缝。横缝是贯穿坝体上下游的连接缝，采用切缝机切缝；诱导缝则是部分缝面用预制混凝土块隔断，局部辅以振动切缝方法造缝形成断续缝，预制块之间用可重复灌浆的灌浆管路组成可重复灌浆体系。

普定水电站拱坝采取坝肩一道横缝、坝体两道诱导缝的分缝型式，诱导缝内设有灌浆管，在缝张开时能够多次灌浆；沙牌水电站拱坝采用了4条诱导缝并研发了可重复灌浆系统；大花水水电站和龙首水电站拱坝采用拱坝加重力坝的混合式布置，拱坝除设两条诱导缝外，还设置了周边缝；溪柄水电站拱坝和石门子水电站拱坝采用了应力释放短缝结构分缝，即在大坝上游面靠近坝肩附近约4～6m处，上游面设置2条伸入坝体的短缝，短缝长度约为该部位拱坝厚度的1/3，缝末端设有止缝结构，上游设有止水；石门子水电站拱坝温度应力突出，在上游面增设了柱式铰，下游面中间增设一条短缝，取得了良好效果。

1.2.2 按设计理念及碾压混凝土胶凝材料用量分类

按设计施工理念及碾压混凝土胶凝材料用量可分为贫胶凝材料碾压混凝土坝、RCD碾压混凝土坝、中胶凝材料碾压混凝土坝、富胶凝材料碾压混凝土坝等四大类。碾压混凝土坝分类见表1-3，其中，“硬填料坝”和胶凝砂砾石坝归类于贫胶凝材料碾压混凝土坝。

表 1-3　　碾压混凝土坝分类表

类　别	贫胶凝材料	RCD	中胶凝材料	富胶凝材料
胶凝材料用量/(kg/m³)	<99	120 ~130	100~149	>150
掺合料掺量/%	0~40	20~35	20~60	30~80
层厚/mm	约 300	500~1000	约 300	约 300
缝间距/m	<30	15	15~50	20~75
上游防渗	有	有	有	无

注　表中胶凝材料用量包括硅酸盐水泥和掺合料，贫胶凝材料分类中包括硬填料坝。

早期的碾压混凝土坝多采用低胶凝材料用量的贫胶凝材料碾压混凝土，随着碾压混凝土筑坝技术日趋成熟，特别是高碾压混凝土坝筑坝建设发展，目前多采用富胶凝材料碾压混凝土。

(1) 贫胶凝材料碾压混凝土坝。该类坝碾压混凝土混凝土胶凝材料（硅酸盐水泥和掺合料）用量一般小于 100kg/m³，掺合料掺量小于 40%，碾压层厚 300mm，碾压混凝土具有强度低、水化热低、抗渗性和耐久性较差等特点，一般永久构筑物需在上游面设置防渗结构。典型坝有威洛·克里克坝、格林德斯顿峡坝及蒙克斯威尔坝。

(2) RCD 碾压混凝土坝。该类坝起源于日本，采用典型的“金包银”模式，在碾压混凝土坝体的迎水面、背水面和基础均采用常规混凝土防渗和保护，碾压混凝土胶凝材料含量为 120～130kg/m³，掺合料掺量 20%～35%，碾压层厚 500～1000mm，切割成缝并设置止水及排水设施。典型坝有岛地川坝和玉川坝。

(3) 中胶凝材料碾压混凝土坝。该类坝碾压混凝土胶凝材料用量一般为 100～149kg/m³，掺合料掺量 20%～60%，碾压层厚 300mm，一般设有防渗保护结构，典型坝有 Copperfield、De Mist Kraal 及 Joumoua 坝。

(4) 富胶凝材料碾压混凝土坝。该类坝碾压混凝土胶凝材料含量通常在 150kg/m³ 以上，掺合料掺量 30%～80%，碾压层厚 300mm，富胶凝材料碾压混凝土因掺合料掺量大，硅酸盐水泥用量低，具有较低的孔隙率，层间结合良好。例如上静水水电站、普定水电站及龙滩水电站大坝。

1.2.3　主要国家碾压混凝土胶凝材料应用情况

碾压混凝土坝主要分布在中国、日本、美国、巴西和西班牙等国，4 个国家碾压混凝土胶凝材料应用情况见表 1-4。

表 1-4　　4 个国家碾压混凝土胶凝材料应用情况表　　单位：kg/m³

国家	水泥		活性掺合料		总胶凝材料	
	平均	最大	平均	最大	平均	最大
中国	79	140	94	140	173	230
日本	87	96	35	78	123	130
美国	85	184	53	173	138	252
西班牙	75	88	130	170	204	250

从表 4－1 中可看出，4 个国家碾压混凝土平均水泥用量基本上都在 75～87kg/m^3 范围内，胶凝材料用量的差异主要是因活性掺合料掺量不同所造成。日本的碾压混凝土胶凝材料用量最低，活性掺合料掺量也最低；西班牙胶凝材料用量最高，活性掺合料掺量也最高。

目前，日本、中国和西班牙都已形成了自己的风格，3 个国家的碾压混凝土坝都掺加了低钙粉煤灰活性掺合料，日本全部采用其特有的 RCD 坝，而中国和西班牙均采用了富胶凝材料碾压混凝土。美国碾压混凝土设计多变，从很低的胶凝材料用量（64kg/m^3）到很高用量（252kg/m^3），从不掺活性掺合料到采用很高掺量的活性掺合料等各种情况都有出现。

1.3 碾压混凝土防渗型式

自碾压混凝土筑坝技术问世以来，国内外一直不断地对碾压混凝土的渗透特性及防渗措施进行探索和研究。碾压混凝土的防渗结构主要有以下 3 种类型：常态混凝土“金包银”模式防渗结构、碾压混凝土自身防渗结构、坝体迎水面薄层防渗结构等。早期在中低坝工程中，曾先后探索应用过沥青砂浆护面、预制混凝土模块嵌缝、预应力补偿收缩钢筋混凝土、PVC 膜等防渗结构型式，后来曾采用“金包银”模式，自普定拱坝成功采用碾压混凝土自身防渗技术以来，目前我国已普遍采用二级配富胶凝材料碾压混凝土为主，外部增加变态混凝土的复合型碾压混凝土自身防渗结构体系。

1.3.1 常态混凝土“金包银”模式防渗结构

“金包银”模式防渗是日本 RCD 工法所采用的一种独特的防渗结构型式，一般在碾压混凝土坝体与坝基之间浇筑一层常态混凝土垫层，在坝体上下游面设厚 1.5～3.5m 的常态混凝土作为防渗体，上下游防渗体常态混凝土与坝体碾压混凝土同步浇筑上升。但因常态混凝土和碾压混凝土的施工工艺不同，施工干扰大，对碾压混凝土快速施工影响较大，防渗体易产生的贯穿性温度裂缝有时会严重影响防渗效果，除了日本 RCD 工法以外目前已很少采用。

1.3.2 碾压混凝土自身防渗结构

碾压混凝土自身防渗采用以二级配富胶凝材料碾压混凝土为主外部增加变态混凝土的复合型防渗结构体系，变态混凝土临靠上游坝面，厚度 30～50cm，二级配富胶凝材料碾压混凝土厚度为坝高的 1/20～1/15，其防渗效果可满足 W10、W12 的抗渗指标要求，少数高坝在上游面附加了防渗涂料保护。自普定水电站拱坝成功采用碾压混凝土自身防渗技术以来，充分体现了碾压混凝土快速筑坝施工优势，目前我国已普遍采用这种防渗结构体系。

在坝上游面一定范围内使用富胶凝材料含量的二级配碾压混凝土作为大坝防渗体主体，在其外部增加变态混凝土组成复合型防渗结构体系。变态混凝土防渗是在坝上游面一定范围的碾压混凝土摊铺表面泼洒适量的水泥浆，或在施工层面掺加水泥浆，使该处的混凝土变成具有坍落度的准常态混凝土，然后用人工插入式振捣器振幅密实，厚度通常为 0.3～2.0m。这种碾压混凝土自身防渗结构能确保两种混凝土同步上升，避免由于不能及时变换混凝土品种而使层面间隔时间过长，形成交界薄弱面甚至冷缝现象。同时，大大减小了坝体碾压混凝土的施工干扰，提高了施工速度。

1.3.3 坝体迎水面薄层防渗结构

(1) 常态混凝土薄层防渗结构。常态混凝土薄层结构是欧美常用的一种防渗结构型式。在坝的上游面浇筑厚0.3～1.0m与碾压混凝土铺筑层相同厚度的常态混凝土，在其后约1～3m范围的碾压混凝土层面上铺设厚2.5～7.0cm的细骨料常态混凝土或水泥砂浆垫层，下游面不设常态混凝土。由于常态混凝土的比例小，能较充分发挥碾压混凝土的优点，但薄层抗裂性能较差，结构的防渗效果有时不是十分理想。其施工工艺与常态混凝土"金包银"模式防渗结构相同。

(2) 钢筋混凝土面板防渗结构。钢筋混凝土面板防渗结构通过面板的分缝来避免防渗体产生过大的温度应力，通过布设钢筋来限制裂缝的扩展。面板的施工既可以先于碾压混凝土的铺筑，达一定强度后作为碾压混凝土施工时的模板，也可以滞后于坝体铺筑，选择适宜的条件单独施工，充分发挥碾压混凝土的施工优势。但钢筋混凝土面板分缝较多，必须布置严格的止水措施，面板与坝体之间的力学相互作用也较复杂。

(3) 沥青混合料防渗结构。沥青混合料防渗结构是由沥青砂浆或沥青混凝土与上游面保护层组成。沥青混合料渗透系数小，并且随水头增大有减小的趋势，且裂缝有自愈能力，适应变形能力大。防渗体施工较复杂，需采用专门的沥青混凝土凝土拌和系统，拌制出温度在160℃以上的沥青混凝土拌和料，然后由摊铺机摊铺，由摊铺机自带的振动板进行预压，用振动碾进行2～3遍碾压，沥青混凝土在运输过程中应尽量减少热量损失以及不被雨水、灰尘等污染。我国第一座碾压混凝土坝坑口水电站的重力坝，就是采用这种防渗结构型式，防渗效果良好，但沥青混合料的老化问题还有待充分论证和验证。

(4) 薄膜或涂层防渗结构。防渗薄膜有聚氯乙烯（PVC）、人工无纺布、土工织物等，也有现场喷制的合成材料橡胶膜或由几种材料贴合成的合成防渗薄膜等，一般分为内贴薄膜防渗和外贴薄膜防渗两种型式。新鲜薄膜的防渗效果好，且薄膜具有良好的拉伸性能，能适应坝体的变形，但薄膜的耐久性问题尚需进一步做深入研究。

1.4 我国碾压混凝土筑坝技术特点及成果

我国自20世纪80年代初开始对碾压混凝土筑坝技术进行全面研究探索以来，该项技术得以逐渐推广及应用。目前，碾压混凝土筑坝技术已由低坝向高坝发展，重力坝向拱坝和薄拱坝发展，并推广应用于围堰等方面，碾压混凝土筑坝技术日益成熟。

通过多年施工实践，我国碾压混凝土筑坝技术在"八五""九五"期间已取得重要成果的基础上，又有了进一步发展和突破。不仅掌握了高温、严寒、干热河谷、多风多雨等各种复杂地域和气候条件下的碾压混凝土筑坝技术，而且在碾压混凝土重力坝和拱坝设计施工等方面取得了许多重大突破，逐步形成了具有我国特色的技术模式，我国施工采用的碾压混凝土具有掺合料掺量高、低水泥用量、胶凝材料用量适中、混凝土绝热温升低、抗渗和抗冻性能良好的特点，并普遍采用不设纵缝、富胶凝材料碾压混凝土防渗、低VC值、全断面通仓薄层连续上升及变态混凝土、斜层平推铺筑法施工工艺等。尤其在研究和使用新技术、新材料、新工艺和新设备方面取得了一批突破性的科技成果，很多施工关键技术的研究已走在世界前列，碾压混凝土筑坝技术在整体上处于世界领先水平。

1.4.1 “八五”“九五”国家重点科技攻关成果

（1）“八五”国家重点科技攻关成果。1991—1995年，在“七五”国家重点科技攻关成果的基础上，我国再次把“高坝建设关键技术研究”列为国家重点科技攻关项目并列入第八个五年发展计划中。针对高坝建设中的高难关键技术，结合“八五”期间的重大水利水电工程，分高拱坝关键技术、高土石坝关键技术、高边坡稳定及处理技术和碾压混凝土拱坝筑坝技术等四个课题进行研究。经过5年的联合攻关取得了4项成套技术，13项新理论、新方法、新技术、新工艺、新材料，6项新仪器、新设备和12项重要的计算机软件等一系列成果。其中依托普定高拱坝进行了“碾压混凝土拱坝筑坝技术”专题研究，形成了普定水电站碾压混凝土拱坝成套技术，主要成果包括：采用整体碾压混凝土结构设计，在迎水面用二级配、富胶凝材料混凝土作为防渗体的自身防渗结构，采用全断面通仓、薄层连续浇筑快速施工技术等，取得了较多突破性创新成果，经济效益显著。

（2）“九五”国家重点科技攻关成果。为发展碾压混凝土高坝筑坝施工技术，我国又将“碾压混凝土高坝筑坝技术研究”列为“九五”国家重点科技攻关项目，设置了“100m以上高碾压混凝土拱坝研究”和“200m级高碾压混凝土重力坝筑坝研究”两个课题共8个专题研究，分别依托沙牌水电站碾压混凝土拱坝研究解决100m以上高碾压混凝土拱坝筑坝关键技术，依托龙滩水电站碾压混凝土重力坝研究解决200m级高碾压混凝土重力坝筑坝关键技术。

1）200m级高碾压混凝土重力坝技术研究。主要内容为：高碾压混凝土重力坝应力计算和极限承载能力；温度应力和防裂设计；碾压混凝土材料性能和耐久性的研究等。

2）100m级高碾压混凝土拱坝技术研究。主要内容为：高碾压混凝土拱坝分缝及建坝材料特性研究，包括：高碾压混凝土拱坝结构分缝及诱导缝特性，施工期全过程温度仿真计算及温控，碾压混凝土拱坝开裂和破坏机理，碾压混凝土拱坝重复灌浆，抗裂性碾压混凝土材料优化等研究；碾压混凝土拌和设备研制；碾压混凝土高拱坝快速施工研究，包括：高碾压混凝土拱坝快速施工技术，入仓工艺及带式输送机高速运输等研究；碾压混凝土高拱坝现场快速质量检测技术研究，包括：层面特性多参数质量控制综合测试技术及质量管理数据库等研究；高碾压混凝土拱坝原型观测技术研究，包括：高碾压混凝土拱坝安全监测设计，原型观测成果分析及其反馈分析应用，碾压混凝土埋入式测缝计的改进等研究。

攻关取得的重大研究成果：①两项配套技术：沙牌水电站碾压混凝土拱坝筑坝配套技术和龙滩碾压混凝土重力坝设计配套技术；②一项成套设备：200m^3/h双卧连续强制式碾压混凝土搅拌系统设备；③多项突破性成果：高气温和多雨条件下的碾压混凝土施工措施，碾压混凝土拱坝接缝重复灌浆技术，碾压混凝土拱坝埋管降温技术和碾压混凝土拱坝现场快速质量检测技术等。

1.4.2 碾压混凝土筑坝技术

（1）原材料及配合比。碾压混凝土胶凝材料一般由水泥和粉煤灰等组成，水泥常采用强度等级 32.5～42.5MPa 的中低热硅酸盐水泥或普通硅酸盐水泥及具有微膨胀性水泥，掺合材料多为Ⅱ级粉煤灰。通过大量试验研究与工程实践，我国碾压混凝土配合比特点为：低水泥用量、胶凝材料适中（三级配碾压混凝土的胶凝材料用量一般为 130～190kg/m^3，抗渗和抗冻指标要求较高的二级配碾压混凝土的胶凝材料用量为 200～220kg/m^3）、混凝土绝热温升低（一般在 12～20℃范围）；高掺合料，粉煤灰掺合料掺量不断提高（掺量 40%～70%）；掺具有高效缓凝减水及引气作用的复合外加剂，抗渗、抗冻性能好；外加剂的应用已经由普通缓凝减水剂向高效缓凝减水剂与引气剂复合的复合外加剂发展；适当增加石粉含量；根据实际情况适当降低碾压混凝土的 VC 值等。实践表明按此特点配制的碾压混凝土，不仅物理力学性能满足设计标准，而且改善了碾压混凝土和易性、可碾性，使层间结合的质量得到保证。

1）骨料。我国的碾压混凝土骨料大多为三级配骨料，近年来，个别工程开展了四级配碾压混凝土应用研究，最大粒径为 120mm，砂石骨料采用人工骨料或天然骨料。人工骨料宜优先选用灰岩骨料（膨胀系数较小，粒径较好，石粉含量适度），如龙滩、江垭、普定等水电站采用了灰岩骨料。大朝山、棉花滩和百色等水电站，因没有灰岩料场，经研究试验，分别采用玄武岩、花岗岩和绿辉岩加工成骨料。其中百色水电站辉绿岩人工骨料硬度大、弹性模量高、加工困难，人工砂石粉含量高，通过掺用含高分子材料缓凝高效减水剂，并根据温度变化调整外加剂掺量，解决碾压混凝土凝结时间短的问题，并利用石粉高出 20%部分的微石粉作为非活性掺合材料等量替代粉煤灰，改善了碾压混凝土的工作性能。

2）掺合料。对碾压混凝土原材料的试验研究也不断取得了新的进展。碾压混凝土掺合料主要为粉煤灰，部分工程因地制宜地采用了磷矿渣、凝灰岩、锰矿渣、钢渣或尾矿粉等，掺合料的掺量一般控制在 45%～65%范围。

人工砂中石粉含量的多少直接影响碾压混凝土性能，已普遍受到关注和重视，《水工碾压混凝土施工规范》（DL/T 5112—2009）在 2000 年版本“人工砂含量宜控制在 10%～22%，最佳石粉含量应通过试验确定”的基础上增加了“其中 $D\leqslant 0.08$mm 的微粒含量不宜小于 5%”的内容，适当规定了人工砂中石粉允许含量，以确保碾压混凝土的可碾性和泛浆性，改善混凝土的层面结合。粒径小于 0.15mm 的石粉特别是小于 0.08mm 的微石粉已成为碾压混凝土的重要组分，工程实践表明石粉含量在 16%～18%时碾压混凝土性能明显改善，石粉含量进一步扩大到 22%，仍可满足碾压混凝土的力学指标要求。外掺石粉研究，解决了不同砂外掺石粉用量对混凝土抗压、抗拉强度的影响。

大朝山水电站就地取材采用凝灰岩与磷矿渣混磨制成 PT 料代替常用的粉煤灰。磷矿渣掺入混凝土后，混凝土热峰值减小，后期强度增加，混凝土极限拉伸值增大，既有利于减少混凝土温度裂缝，保证混凝土耐久性。同时，又可充分利用外加剂的特殊性能延长混凝土初、终凝时间，降低大体积混凝土施工强度，有利于新老混凝土层间结合。此技术的采用不仅解决了当地无粉煤灰资源的大朝山水电站碾压混凝土重力坝的掺合料问题，为碾压混凝土掺合料的选择开辟了新的途径，为缺少粉煤灰资源地区采用碾压混凝土筑坝提供了可资借鉴的成功经验。索风营水电站碾压混凝土施工中将磷矿渣（P）和粉煤灰（F）复掺作为碾压混凝土掺合料成功应用于大坝左非溢流坝段。其他工程也分别就地取材采用粉煤灰与锰铁矿渣、凝灰岩与锰铁矿渣、铁矿渣与石灰岩、粉煤灰与磷矿渣等混合磨制成掺合料，应用情况良好。大量实验和观测资料、取岩芯试验表明，各项参数均可满足设计要求，并且耐久性也得到了提高，对扩大碾压混凝土坝的应用范围有益。

3）掺氧化镁技术。外掺 MgO 筑坝技术早期已在青溪水电站、水口水电站等工程得以应用，在严寒地区的石门子水电站碾压混凝土拱坝和蔺河口碾压混凝土拱坝下部结构中也掺用了 MgO 以补偿温降收缩。在索风营水电站大坝碾压混凝土施工中，采用了全断面外掺 MgO 微膨胀剂碾压混凝土施工工艺，对全断面掺 MgO 膨胀剂进行碾压混凝土施工进行了有益的探索。利用 MgO 微膨胀混凝土的延迟膨胀性补偿混凝土温降收缩，提高碾压混凝土的抗裂能力，减少碾压混凝土的裂缝，提高碾压混凝土的耐久性能，进一步简化了温控措施，并与预冷混凝土和初期通水冷却削峰等技术相配套，解决了该工程夏季连续施工的技术难题。该工程通过对拌和楼进行技术改造，增加了 MgO 输送、称量、控制系统，实现了外掺 MgO 的自动化作业，外掺 MgO 均匀性控制良好，离差系数 CV 值控制在 0.04 以内，保证了工程质量。

4）四级配碾压混凝土。沙陀水电站尝试开展了四级配碾压混凝土配合比研究与应用。研究成果表明，四级配碾压混凝土的用水量比三级配碾压混凝土降低 8～10kg/m^3，胶凝材料降低 16～20kg/m^3；在四级配碾压混凝土拌和物 VC 值与三级配碾压混凝土相同或稍低的情况下，有较好的抗分离性能和可碾性。四级配碾压混凝土和三级配碾压混凝土相比，抗压强度无明显差异，劈拉强度、极限拉伸值略低，抗压弹模略高，泊松比接近，干缩率约低 15%～25%；自生体积变形值略小；可降低混凝土水化热温升 2.2～2.5℃，导温系数接近，导热系数和比热略小；抗渗性能略低；抗冻融循环能力相当。

（2）碾压混凝土自身防渗技术。碾压混凝土自身防渗采用以二级配富胶凝材料碾压混凝土为主外部增加变态混凝土的复合型防渗结构体系。变态混凝土临靠上游坝面，厚度 30～50cm，二级配富胶凝材料碾压混凝土厚度为坝高的 1/20～1/15，其防渗效果可满足 W10、W12 的抗渗指标要求，碾压混凝土自身防渗结构能确保两种混凝土同步上升，避免由于不能及时变换混凝土品种而使层面间隔时间过长，形成交界薄弱面甚至冷缝现象。同时，大大减小了坝体碾压混凝土的施工干扰，提高了施工速度，充分体现了碾压混凝土快速筑坝施工优势。自普定水电站碾压混凝土拱坝成功采用二级配碾压混凝土自身防渗技术以来，目前，我国已普遍采用这种防渗结构体系。室内实验和工程实践均已证明，质量良好的碾压混凝土，无论是二级配、还是三级配，均有很好的防渗能力。江垭水电站在大坝上游面钻取垂直和水平混凝土芯样，进行专门抗渗试验研究，混凝土不仅能满足设计的 W8 抗渗指标，甚至超过了 W10，混凝土的渗透系数可达 10^{-9}～10^{-10}cm/s。在二级配碾压混凝土外缘加上一层厚 30～50cm 的变态混凝土，切断了层间结合的渗漏通道，其抗渗性能更有提高，渗透系数可达 10^{-10}～10^{-11}cm/s。

同时，在中低坝和高坝的上部还进行了全断面三级配碾压混凝土自身防渗技术研究与应用。在红坡水库碾压混凝土拱坝施工中，通过优化混凝土配合比设计，加强层间结合处理和施工工艺控制等，实现了全断面三级配碾压混凝土自身防渗，防渗效果良好。此后在沙牌水电站碾压混凝土拱坝的上部施工中也成功地采用了这一技术，三级配碾压混凝土自身防渗技术的成功应用为碾压混凝土中低坝及碾压混凝土围堰提供了有益的借鉴。

(3) 碾压混凝土生产。砂石料生产采用了干法和半干法生产工艺。棉花滩、百色、蔺河口等水电站工程人工砂石料采用干法生产，有效地提高了石粉含量；索风营等水电站砂石系统采用半干法生产工艺，不仅简化了砂石料生产流程，减少了系统用水量，增加了人工砂中的石粉含量，又可改善碾压混凝土的可碾性和层间结合质量，降低对空气的污染。

混凝土拌和楼分为：周期式拌和楼、连续式拌和楼。周期式拌和楼分为：自落式拌和楼、强制式拌和楼。连续式拌和楼分为：连续强制式拌和楼、无动力连续搅拌设备。碾压混凝土在水电工程中最初由自落式拌和楼生产，由于高效率的强制搅拌机在混凝土工程的应用，现在主要由强制式拌和楼生产碾压混凝土。随着科学技术的发展，连续强制式拌和楼也在水电工程中应用，我国自主研究开发了 200m^3/h 连续式强制式全自动碾压混凝土搅拌设备，与高校合作进行了无动力连续搅拌设备应用研究。随着夏季高温季节施工技术发展，混凝土预冷系统进一步完善和提高，彭水、龙滩等水电站均采用了高效空气冷却器及两次风冷技术、辅以片冰机制冰、少量掺冰的预冷碾压混凝土生产工艺。

连续强制式碾压混凝土搅拌设备的研制开发。通过国家"九五"国家重点科研攻关项目"碾压混凝土拌和设备"的研制开发工作，完整地设计出 200m^3/h 连续强制式碾压混凝土搅拌设备，并成功地应用于沙牌水电站碾压混凝土拱坝和索风营水电站大坝等工程。该设备采用了模块式设计、重量法连续配料和全自动控制方式，具有土建工程量小、体积小、重量轻、安装拆除快捷方便等特点，目前国内已有相似产品逐步得到推广应用。

MY-BOX 无动力搅拌系统的实施及试验研究。索风营水电站进行了 MY-BOX 无动力搅拌系统研究与生产试验（拌制的混凝土已应用于坝体施工，根据所取芯样试验结果显示，其各种物理力学指标均达到或超过设计值），是对传统碾压混凝土拌和生产的一个突破创新，因其结构简单、建设周期短，节能减排降耗效果显著，投资成本低，有待于进一步深入研究及推广应用。

(4) 混凝土运输及入仓。碾压混凝土运输入仓设备主要采用自卸汽车、带式输送机、箱式满管、真空溜管、真空溜槽、移动式布料机、胎带机、塔带机、履带吊、门塔机、缆机等，碾压混凝土运输入仓方式普遍采用自卸汽车直接入仓或自卸汽车与箱式满管、真空溜管、带式输送机、移动式布料机等不同运输设备根据不同需要组合入仓。

带式输送机是一种连续的运输机械，生产效率高，对碾压混凝土要求快速入仓适应性较强，高速带式输送机带宽 650～900mm、带速 3.5～4m/s，最大角度达 25°，带式输送机可在立柱上爬升，适合于坝高、工程量大的工程应用。龙滩水电站大坝工程碾压混凝土施工，也采用高速带式输送机配塔式布料机的入仓方式，塔式布料机生产率最高达 350m^3/h，最低达 150m^3/h，平均生产率达到 250m^3/h，日浇筑强度达 2.1 万 m^3，月浇筑强度达 32 万 m^3。

混凝土水平和垂直运输一体化，近年来由于塔带机（顶带机）和胎带机的引进及开发应用，将混凝土水平和垂直运输合二为一，实现了对混凝土运输传统方式的变革，带式输送机得到广泛应用，研究开发的移动式布料机和可伸缩式悬臂布料机等，已成功应用于多个工程的施工实践。

随着峡谷坝址高坝建设的发展，陡坡和垂直运输设备也得到发展和应用，在大朝山和沙牌采用了 100m 级负压（真空）溜管，其中大朝山水电站左右岸各布置了两条真空溜管，其中左岸真空溜管的最大高差为86.6m，槽身长120m，真空溜管的输送能力为$220m^3/h$。100m级真空溜管是解决高山狭谷地区、高落差条件下碾压混凝土垂直运输的一种简单经济的有效手段，提高了碾压混凝土的施工进度，使碾压混凝土快速施工的技术特点得到了充分发挥。

箱式满管是解决高山峡谷地区碾压混凝土垂直运输的一种成熟工艺和有效手段。光照水电站大坝工程采用大口径箱式满管混凝土垂直输送技术，实现了混凝土大方量、高强度、抗分离输送。该工程进行了深槽高速皮带机＋箱式满管输送混凝土系统的研究，克服了地形条件不利影响，在大坝高程622.50m以上碾压混凝土水平运输采用深槽高速皮带机进行输送，混凝土从拌和楼卸料后经深槽高速皮带输送至箱式满管受料斗，再由箱式满管输送至仓面。采用箱式满管输送碾压混凝土的输送能力可达$500m^3/h$，最大日浇筑强度$11161m^3$，最大月浇筑强度达$221831m^3$。供料顺畅且投资少，制作、安装、检修、拆除均较为方便，目前已在国内碾压混凝土工程中普遍推广应用。

在大花水、思林、格里桥等水电站施工中采用了一种新的碾压混凝土垂直运输方式，该技术利用真空原理，综合采用了自制水平运输胶带机与MY－BOX及真空溜筒（直接用带形成真空装置的钢管作溜筒）等按不同组合方式垂直运输碾压混凝土，成功地解决了高山狭谷地区、高落差（达120m）、陡倾角（60°～90°）条件下碾压混凝土高强度垂直运输难题，并实现了坝体连续浇筑上升34.5m。

沙陀水电站研发应用了大倾角碾压混凝土输送设备，可满足大倾角碾压混凝土输送需要。

（5）碾压混凝土施工工艺。碾压混凝土施工普遍采用了通仓薄层碾压连续上升的施工工艺。所采用的仓面平仓机、切缝机、振动碾、仓面吊及喷雾机、预埋冷却水管的材料和方法、预埋件的施工工艺等也随着碾压混凝土施工技术发展而发展。

1）摊铺、平仓及碾压。碾压混凝土摊铺一般采用自卸汽车卸料，推土机或平仓机进行平仓摊铺。为减轻骨料分离，采用叠压式卸料和串链式摊铺法，对局部出现的骨料分离，辅以人工散料处理，取得了较好效果。

碾压混凝土摊铺方法通常采用通仓平层铺筑法，自江垭水电站采用斜层平推铺筑法施工后，近年来斜层平推铺筑法因其可减小仓面覆盖面积，缩短层间间隔时间，对降低施工强度和夏季温控有利等特点，得以迅速推广应用。在大朝山、汾河二库、沙牌和招徕河等水电站施工中也根据需要部分采用了斜层平推铺筑法施工工艺。

2）薄层碾压连续上升施工工艺。多数工程采用通仓薄层碾压连续上升施工工艺，设计配制了符合碾压混凝土连续浇筑特性的连续翻升模板及下游面台阶模板，采取分块平层连续上升的方式进行大坝碾压混凝土浇筑，观音岩水电站、亭子口水电站缺口坝段碾压混凝土施工70d上升了46m，索风营、大花水水电站大坝施工中分别连续上升31m和34.5m，三峡水利枢纽三期工程上游围堰堰高121m，仅4个月完成了110万m^3碾压混凝土施工，充分体现了碾压混凝土快速施工的优势。

3）层间结合。VC值动态控制是保障碾压混凝土可碾性和层间结合的关键，碾压混凝土的VC值是施工现场质量控制的重要指标之一，采用低工作度是当前的发展趋势。我国的碾压混凝土施工规范规定VC值在2～12s范围内，实际很多工程多采用低值，龙滩水电站碾压混凝土坝实际采用的VC值在仓面上一般为3～5s。层间结合往往是最容易引起质量问题的关键环节，对此，许多单位进行了大量室内及现场原位抗剪断试验，采取加快浇筑速度、减少层间间隔时间、及时摊铺碾压、仓面喷雾形成小环境气候降温保湿及时进行仓面覆盖等措施，保证层间结合质量。

4）斜层平推铺筑法。为缩短碾压混凝土层间间隔时间，彻底解决碾压层面结合问题，江垭水电站施工中研发采用了斜层平推铺筑法。斜坡坡比为 1∶10 ～1∶20。这种施工方法可以在有限的拌和能力下，不受仓面面积的控制，使碾压混凝土作业得以大方量长时间地连续进行，大幅度提高全套碾压混凝土施工设备的综合效率，缩短施工工期，使生产成本降低。因斜层铺筑法的面积较小，覆盖时间较短，能防止预冷混凝土吸热太快，减小温度倒灌，若遇降雨，也可以降低雨水对新浇碾压混凝土的侵害。斜层平推铺筑法是解决高温、多雨季节施工的一种有效施工方法。

（6）新的诱导缝及横缝成缝方式，更有利于碾压混凝土的快速施工。碾压混凝土坝一般采用切缝成缝或预埋分缝板成缝。普定水电站等工程的诱导缝采用诱导板成对埋设的方式形成，存在要挖槽埋设和不好固定的问题。为克服这些缺点，结合沙牌水电站碾压混凝土拱坝开展了诱导缝成缝机理研究，在沙牌水电站碾压混凝土施工中采用了重力式的混凝土预制件型式，诱导缝预制件成对埋设，并设有重复灌浆系统。同时，沙牌水电站拱坝横缝也采用了重力式混凝土预制件，外形与诱导缝预制件稍有区别，且因横缝灌浆的需要，每一条横缝由 4 种不同的预制件组成。这种新的成缝形式比普定水电站等工程有了较大改进，安装更简单方便，且结构更可靠，由于构造轻巧，适合人工进行安装，已推广应用于国内招徕河水电站、大花水水电站等工程。

（7）变态混凝土使用范围扩大到了岸坡建基面，进一步简化了施工，加快了进度。变态混凝土是在碾压混凝土拌和物中铺洒一定量的水泥粉煤灰净浆，用振捣器振捣密实的混凝土。在“八五”国家重点科技攻关的普定水电站碾压混凝土拱坝施工中，成功地将变态混凝土应用于振动碾碾压不到的死角及模板周边，为了进一步发挥变态混凝土的作用，在沙牌水电站大坝的施工中，结合“九五”国家重点科技攻关项目的研究，成功地将与两岸岸坡基岩面接触的垫层混凝土和坝面上所需的常态混凝土绝大部分改用变态混凝土代替，整个大坝除了河床部位坝基垫层以及廊道底板为常态混凝土外，均不再浇筑常态混凝土。变态混凝土的使用范围已扩大到坝肩垫层混凝土等施工部位，使碾压混凝土施工工艺进一步简化，也加快了进度，保证了质量。

（8）垫层混凝土施工优化。早期大部分碾压混凝土坝垫层混凝土一般采用常态混凝土浇筑，需配置专门垂直运输设备进行常态混凝土分块跳仓浇筑，通过施工实践和研究，目前常采用碾压混凝土替代垫层常态混凝土，不仅有利于加快施工，同时也利于坝基强约束区混凝土温度控制。

（9）重复灌浆系统应用。碾压混凝土拱坝在蓄水时一般尚未达到稳定温度，为满足拱坝整体受力，需对横缝或诱导缝进行灌浆。但随着坝体温度的下降，坝体收缩有可能使已灌浆的缝面重新拉开，故需进行二次（或多次重复）灌浆。普定水电站和温泉堡水电站等碾压混凝土拱坝均采用预埋两套灌浆管路的办法来实现两次灌浆。沙牌水电站拱坝施工中，结合沙牌水电站碾压混凝土拱坝开展的诱导缝成缝机理、缝面构造尤其是拱坝接缝的重复灌浆技术研究有了关键性的突破，解决了碾压混凝土拱坝重复灌浆的技术难题。由于沙牌水电站大坝诱导缝采用重力式预制件成缝，其灌浆管路及排气管的埋设十分方便，采用了更为先进的单回路重复灌浆系统，实现了大坝的多次重复灌浆。单回路重复灌浆系统具有构造简单、造价低、安装容易、可实现多次重复灌浆等优点，已推广应用到其他拱坝工程。

（10）模板。模板是能否确保碾压混凝土连续上升的关键。碾压混凝土施工模板普遍采用了可上下交替上升的全悬臂钢模板型式，其上、下两块面板可脱开互换，交替上升，满足了坝体快速施工要求。同时，在部分工程坝体碾压混凝土连续上升过程中，采用连续上升式台阶模板，使溢流消能台阶一次浇筑成型。针对坝体体形复杂、曲率变化大的特点，招徕河水电站拱坝工程施工中专门研制了收缝式双向可调节连续翻升模板，为坝体快速施工创造了条件。

（11）温度控制。已建的中低碾压混凝土坝基本上依靠低温季节多浇筑混凝土（特别是基础约束部位）；夏季浇筑上部混凝土，辅助以仓面喷雾、保湿、成品料堆防晒等常规措施解决问题，一般没有进行混凝土预冷或水管冷却。一些100m级高碾压混凝土坝（如江垭水电站、大朝山水电站、棉花滩水电站）虽有一定温控指标要求，实际施工中基本上也是采取上述同样措施和夏季向上浇筑混凝土等方式。大坝上游面混凝土防止表面裂缝，除在寒冷地区的石门子水电站、龙首水电站等大坝表面采用了永久性保温措施外，大部分工程依然靠混凝土的自身性能抗裂，个别工程在个别时段采用了临时表面保护。混凝土的侧面永久保温已由过去的挂草席、布帘改为粘贴聚乙烯保温板或覆盖PEP保温被等具有良好保温性能的化工产品。

我国在研究碾压混凝土温度应力和温度控制、温度场和温度徐变应力场有限元计算新方法方面，做了大量开创性的研究。龙滩水电站大坝工程碾压混凝土施工根据施工进度安排、坝体全年施工要求、混凝土浇筑方式、浇筑过程及混凝土性能试验的相关物理力学热学参数，对挡水坝段、溢流坝段、底孔坝段的温度场和应力场进行了相应的三维仿真计算分析，将无温控措施和考虑综合温控措施的计算结果进行了对比。综合评价各个工况大坝三维有限元仿真计算成果，针对混凝土块体所在部位与浇筑时间，确定了常态及碾压混凝土的允许浇筑温度［T_p］和允许内部混凝土最高温度［T_{max}］，为高温或次高温季节混凝土连续施工及施工温控方案优化提出建设性建议。针对坝区的复杂气候特点，提出了优化混凝土配合比、拌制预冷混凝土、控制混凝土运输及浇筑过程中的温度回升、通水冷却、表面保护养护等综合温度控制措施。在混凝土浇筑过程中，采用仓面喷雾的方法，在仓面形成人工小气候环境，起到降温保湿、减少VC值增长、降低混凝土浇筑温度，保证了高温多雨条件下碾压混凝土的施工质量和进度，取得了良好的经济效益和社会效益。

龙滩水电站碾压混凝土重力坝工期紧、强度高，需进行夏季高温季节施工，通过“八五”“九五”国家重点科技攻关项目，对坝体抗震、防渗结构、抗滑稳定、温度应力及温度控制等进行了系列研究，采取预冷混凝土、运输保温、高强度浇筑、快速覆盖技术、高效喷雾机降温、低VC值、仓面覆盖保温及通水冷却降温等综合措施，解决了夏季施工难题，实现了碾压混凝土全年施工。

在龙首水电站碾压混凝土拱坝施工中，采用预热混凝土和加防冻剂及仓面坝面保温等措施，成功实现了－10℃低温条件下碾压混凝土浇筑，未发现受冻害现象。

在仓面施工中，新型仓面喷雾机的研制用，有利于形成仓面小气候。预冷碾压混凝土和预埋聚乙烯冷却水管初期通水冷却降温施工工艺先后在大朝山、沙牌、索风营、大花水、龙滩等水电站碾压混凝土工程施工中得到了广泛应用，促进了碾压混凝土夏季施工这一重大课题的解决；同时，斜层平推铺筑法的实施，为大仓面碾压混凝土的施工闯出了一条新路，该方法的应用，有效地缩短了碾压混凝土层间间歇时间，可改善碾压混凝土层间结合质量，有助于碾压混凝土夏季施工这一重大课题的解决。

索风营水电站大坝施工在混凝土入仓方式、温度控制、全断面外掺氧化镁（MgO）工艺等方面有所创新和发展。采用了全断面外掺 MgO 微膨胀剂碾压混凝土施工工艺，利用 MgO 微膨胀混凝土的延迟膨胀性补偿混凝土温降收缩，提高碾压混凝土的抗裂能力。同时，对夏季碾压混凝土施工采用埋设 PVC 冷却管进行初期通冷水控制削峰降低混凝土内部最高温度，进一步简化了温控措施。

（12）随着碾压混凝土技术的发展，我国在北方寒冷和严寒地区修建碾压混凝土坝方兴未艾，早期在严寒和寒冷地区修建的碾压混凝土坝温控防裂问题突出，2001 年以后，我国修建的碾压混凝土坝主要集中在西北地区，如龙首水电站、石门子水电站、喀腊塑克水电站等，在碾压混凝土坝的结构设计、温度控制、混凝土材料、施工方法与工艺、施工机具等方面积累了丰富的经验，并取得一批新技术成果和理论研究成果。龙首水电站大坝为双曲薄拱坝，两岸坝肩分别为重力坝和推力墩，为结构复杂的三接头混合坝型，是当时建成的世界最高碾压混凝土双曲拱坝。石门子水电站大坝最大坝高 109m，1998 年开工，2001 年已基本到达坝顶，2002 年完建。这两座拱坝均地处西北高寒地区，年温度变幅近 70℃，其中有高温、高寒、高地震、高蒸发等诸多不利因素，其成功建设对碾压混凝土筑坝技术的推广运用和新探索提供不少有益的经验。

（13）碾压混凝土信息化管理与数字化施工。碾压混凝土信息化管理与数字化施工是施工管理技术发展新趋势，国内科研院校和有关单位结合不同的工程对象，就水电工程施工系统的不同环节、不同侧面，进行了计算机仿真模拟和施工信息化研究。沙牌水电站、龙滩水电站等开展了相应的计算机仿真、动态模拟技术和施工信息管理系统研究与应用，黄登水电站、鲁地拉水电站等碾压混凝土坝开展了碾压混凝土数字化施工技术研究与应用，并取得了初步成果。

1）龙滩水电站进行了施工动态可视化仿真和施工信息化系统研究与应用，研制开发了碾压混凝土浇筑仓面管理系统，实现碾压混凝土浇筑仓面管理的“五化”，提出了合理分仓、并仓智能优化模型，实现了坝体施工方案和施工过程的实时控制。建立了碾压混凝土施工过程动态三维可视化仿真平台，进行了龙滩水电站碾压混凝土大坝施工仿真与实时控制，实现了仿真信息输出图形化。

2）鲁地拉水电站开发大坝数字监控软件系统，为大坝数字监控实践提供软件平台。运用大坝数字监控软件系统进行碾压混凝土坝施工期安全数字监控，为大坝施工期质量可控提供了技术支撑，改变了碾压混凝土坝施工期安全管理模式。

3）黄登水电站为有效解决建设过程中的动态质量监控，智能温度控制，施工进度动态调整与控制，施工信息的综合集成与高效管理，远程、移动、实时、便捷的工程建设管理与控制等问题，提出了“数字黄登·大坝施工信息化系统”。联合国内高校与科研单位共同研究，综合运用工程技术、计算机技术、无线网络技术、手持式数据采集技术、数据传感技术（物联网）、数据库技术等，开发出一套大坝施工质量智能控制及管理信息化系统，实现大坝混凝土从原材料、生产、运输、浇筑到运行的全面质量监控，并通过系统研制、现场试验、试运行等环节，最终应用于工程实际。

1.5 碾压混凝土筑坝技术展望

碾压混凝土施工技术虽日趋完善，但在坝工设计、运输入仓、温控防裂、防渗技术、施工设备及机具、数字化智能施工技术等方面仍有待进一步探索。

（1）当前国内高碾压混凝土坝，尽管在温度控制、防渗结构等方面已有一定开拓和发展，但碾压混凝土防渗、严寒或高温气候下的碾压混凝土施工技术等问题仍值得认真关注，逐步探索适宜中低碾压混凝坝的简化施工温控措施。同时，在掺氧化镁施工工艺、智能通水动态控制削峰技术等方面可进一步深入研究和发展应用。

（2）研究优化混凝土强度等级分区，不少工程碾压混凝土仍采用 90d 设计龄期，宜根据具体情况因地制宜地研究推广采用 180d 设计龄期碾压混凝土。

（3）高性能碾压混凝土研究。宜加强高掺粉煤灰碾压混凝土长龄期性能研究及应用。继续研究使用微膨胀（或不收缩）低碱水泥，高掺优质粉煤灰及高效减水剂，降低用水量、水泥用量并减小水胶比，提高碾压混凝土性能。

（4）继续发展全断面碾压混凝土运输入仓及快速施工技术，依托工程实践进行高陡边坡条件下混凝土垂直运输入仓方式及新工艺、新设备的研究。

（5）进一步深入进行碾压混凝土仓面施工机械设备研制开发。如变态混凝土洒浆振捣机研制、简易切缝机和大仓面高效喷雾设备设计完善及其系列化生产、长距离带式输送机输送保温装置等研制。依托工程实践，对变态混凝土在碾压混凝土摊铺中加浆工艺、加浆设备、浆体计量装置进行研制，满足变态混凝土机械化、标准化、一体化快速施工需要。

（6）对于中低水头碾压混凝土坝，采用全断面三级配碾压混凝土自身防渗可进一步深入研究。同时，深化研究 CSG 筑坝技术，完善其配合比设计、混凝土生产及施工工艺，推广应用于中低坝和围堰工程。

（7）目前高拱坝、碾压混凝土坝和混凝土面板堆石坝已成为坝工建设的重要发展方向，而将碾压混凝土筑坝技术与工艺用于高拱坝建设也将成为一种新的发展趋势。

（8）随着信息化技术的快速发展，基于互联网＋BIM 技术、GIS 技术的覆盖项目全生命周期的智能化、数字化施工技术将逐渐得以普遍应用和发展。

2 碾压混凝土原材料及配合比设计

2.1 碾压混凝土原材料选择

2.1.1 胶凝材料

2.1.1.1 水泥

用于配置碾压混凝土的水泥品种主要包括硅酸盐水泥、普通硅酸盐水泥、中热硅酸盐水泥、低热硅酸盐水泥。在选择配制碾压混凝土所用水泥时，应注意满足下列要求：

（1）水泥的品质及检验应符合《通用硅酸盐水泥》（GB 175—2007）、《中热、低热、低热矿渣硅酸盐水泥》（GB 200—2003）、《低热微膨胀水泥》（GB 2938—2008）等相关规定。

（2）碾压混凝土中的水泥品种及强度等级的选择主要考虑构筑物的设计强度和设计龄期要求，同时，应考虑碾压混凝土所处工程部位的运行条件，如抗冻融、抗冲磨、抗硫酸盐、抗侵蚀等。大体积碾压混凝土宜使用强度等级不低于 32.5MPa 的中热硅酸盐水泥、低热硅酸盐水泥、普通硅酸盐水泥并加掺合料。

（3）考虑到碾压混凝土防裂以及抑止某些有害物质反应的特殊要求，针对不同工程特性，宜对选用水泥品种的矿物成分、细度、水化热和碱含量等提出专门要求。

（4）在碾压混凝土施工生产过程中，优选采用散装水泥。

2.1.1.2 氧化镁（MgO）微膨胀水泥

（1）水泥熟料中内含的高镁水泥。大型水电站大坝混凝土工程多使用中热硅酸盐水泥，由于受到骨料特性等因素的影响，多数工程的混凝土配合比设计试验中，均发现混凝土自生体积变形性能呈现收缩型，其收缩量达到$-30\times10^{-6}\sim-50\times10^{-6}$，对混凝土抗裂性能不利，硅酸盐水泥在混凝土凝结和硬化过程中，必然会产生体积收缩。为补偿水泥这种收缩，采取适量提高水泥熟料中的 MgO 含量，即由一般水泥中 MgO 含量的 1.5%～2.0%，提高到 3.5%～5.0%，以期达到具有不收缩或减少收缩的效果。

我国自 20 世纪 80 年代起，就在一些大型水电站混凝土设计中，开始将中热水泥中的 MgO 含量适当提高作为改善和提高混凝土抗裂能力的一项措施，如在三峡水利枢纽工程、龙滩水电站、向家坝水电站等工程均采取了这一措施。这些工程根据混凝土的收缩特性把 MgO 含量提出了不同的要求，一般提高到 3.0%～4.0%；水泥熟料中 MgO 含量由 2.0%～3.0%，提高到 3.5%～5.0%，混凝土自生体积变形的收缩量由$-30\times10^{-6}\sim-50\times10^{-6}$，减少到$-20\times10^{-6}$左右。水泥中的 MgO 含量一般不超过 5.0%，若含量超过 5.0%时，须进行试验验证确定。

(2) 轻烧氧化镁(MgO)混凝土。轻烧 MgO 混凝土是指采取高品质的菱镁矿为原料，经 900～1100℃温度条件下煅烧，再经粉磨后而获得的产品，这种产品的 MgO 含量可达到 90%以上，而其中的 78%～96%均为方镁石，轻烧 MgO 是由 MgO 晶粒烧结而成的多晶体材料，内部形成多种孔结构，水化反应同时在轻烧 MgO 颗粒表面、内孔表面和 MgO 晶界发生。轻烧 MgO 内部水化产物的形成引起其自身体积膨胀，而作用于水泥水化产物机体，引起水泥浆体膨胀。

轻烧 MgO 粉末一般采用外掺法以活性掺合料的组分掺入混凝土中，1995 年水利水电规划设计总院，颁发了《关于水利水电工程轻烧氧化镁材料的品质技术要求(试行)》(水电规科〔1995〕0023 号)，对 MgO 制备和生产工艺、产品标准、MgO 膨胀反应机理、MgO 对混凝土性能的影响程度、MgO 混凝土的安定性评定方法等作了全面的研究和规定，轻烧 MgO 材料品质的物理化学控制标准见表 2-1。

表 2-1　　轻烧 MgO 材料品质的物理化学控制标准表

MgO 含量(纯度)/%	活性指标/s	CaO 含量/%	细度/%	烧失量/%	SO_3/%
≥90	240±40	<2	<3	<4	<4

2.1.1.3 掺合料

掺合料已经成为碾压混凝土中不可或缺的组分。碾压混凝土中应优先考虑掺入适量的Ⅰ级或Ⅱ级粉煤灰、粒化高炉矿渣粉、磷渣粉、火山灰等活性掺合料。施工现场若无粉煤灰资源时，可就近选择技术经济指标较合理的其他活性或非活性掺合料，如凝灰岩、磷矿渣、高炉矿渣、尾矿渣、石粉等，经磨细后掺合，其掺量应通过试验论证。

掺合料在掺入碾压混凝土时可采用一种活性掺合料单掺或多种掺合料混掺的方式，实际工程中已经用到的多种掺合料混掺的组合形式有：磷渣粉与天然凝灰岩混合、粉煤灰与石粉混合、铁矿渣与石灰石粉混合等。各种掺合料取代水泥的最大限量一般都有规定，其最大限量的大小与掺合料的活性直接相关，应通过试验验证确定。掺用掺合料混凝土拌和物应确保搅拌均匀，其搅拌时间应通过试验确定。

掺合料经过收集和加工，其细度与水泥的细度基本属于同一数量级，掺入混凝土中，可以代替部分水泥包裹骨料的表面以及填充骨料间的空隙，满足施工对混凝土拌和物的工作度要求。

(1) 粉煤灰。粉煤灰是燃煤电厂煤粉炉烟道气体中收集的粉末。粉煤灰在碾压混凝土中发挥形态效应、活性效应、微集料效应，同时还具有潜在的活性效应。

在进行碾压混凝土配合比试验前，须进行粉煤灰料源的调查研究和品质试验，碾压混凝土中掺入粉煤灰的品质检测需满足《用于水泥和混凝土中的粉煤灰》(GB/T 1596—2005)以及《水工混凝土掺用粉煤灰技术规范》(DL/T 5055—2007)中的相关规定。粉煤灰的分级和品质指标见表 2-2，永久性建筑物 F 类粉煤灰最大掺量见表 2-3。

表 2-2 粉煤灰的分级和品质指标表

<table>
<tr><th rowspan="2">序号</th><th rowspan="2" colspan="2">指　标</th><th colspan="3">级　别</th></tr>
<tr><th>Ⅰ</th><th>Ⅱ</th><th>Ⅲ</th></tr>
<tr><td>1</td><td colspan="2">细度（0.045mm）方孔筛筛余/%</td><td>≤12.0</td><td>≤25.0</td><td>≤45.0</td></tr>
<tr><td>2</td><td colspan="2">需水量比/%</td><td>≤95</td><td>≤105</td><td>≤115</td></tr>
<tr><td>3</td><td colspan="2">烧失量/%</td><td>≤5</td><td>≤8</td><td>≤15</td></tr>
<tr><td>4</td><td colspan="2">含水量/%</td><td>≤1.0</td><td>≤1.0</td><td>≤1.0</td></tr>
<tr><td>5</td><td colspan="2">三氧化硫含量/%</td><td>≤3.0</td><td>≤3.0</td><td>≤3.0</td></tr>
<tr><td rowspan="2">6</td><td rowspan="2">游离氧化钙</td><td>F类粉煤灰</td><td colspan="3">≤1.0</td></tr>
<tr><td>C类粉煤灰</td><td colspan="3">≤4.0</td></tr>
<tr><td>7</td><td colspan="2">安定性C类粉煤灰</td><td colspan="3">合格</td></tr>
</table>

表 2-3 永久性建筑物F类粉煤灰最大掺量表 %

<table>
<tr><th rowspan="2">序号</th><th rowspan="2" colspan="2">混凝土种类</th><th colspan="3">水泥品种</th></tr>
<tr><th>硅酸盐水泥</th><th>普通硅酸盐水泥</th><th>矿渣硅酸盐水泥</th></tr>
<tr><td>1</td><td rowspan="2">重力坝碾压混凝土</td><td>内部</td><td>70</td><td>65</td><td>40</td></tr>
<tr><td>2</td><td>外部</td><td>65</td><td>60</td><td>30</td></tr>
<tr><td>3</td><td colspan="2">拱坝碾压混凝土</td><td>65</td><td>60</td><td>30</td></tr>
</table>

（2）粒化高炉矿渣粉。

1）粒状高炉矿渣是融熔高炉矿渣，经过水或空气急速促冷而成的细小颗粒矿渣。粒状高炉矿渣粉是以粒状高炉矿渣粉为主要原料，可掺加少量的石膏磨制成一定细度的粉体，简称矿渣粉。

2）在碾压混凝土中掺入矿渣粉，其效果与粉煤灰相似。由于我国水淬矿渣是生产矿渣水泥的主要原料，用作混凝土掺合料的为数不多，已建工程中，景洪水电站大坝碾压混凝土掺用了60%的锰铁矿渣与石灰石粉。

3）粒化高炉矿渣粉的品质检测应满足《用于水泥和混凝土中的粒化高炉矿渣粉》（GB/T 18046—2008）的要求。

（3）磷渣粉。

1）磷渣粉是以粒化电炉磷渣磨细加工制成的粉末。磷渣粉作为掺合料掺入碾压混凝土中，在大朝山水电站工程中得到成功运用。

2）磷渣粉的品质检测应满足《水工混凝土掺用磷渣粉技术规范》（DL/T 5387—2007）规范要求。永久性建筑物磷渣粉最大掺量见表2-4。

表 2-4 永久性建筑物磷渣粉最大掺量表 %

<table>
<tr><th rowspan="2">序号</th><th rowspan="2" colspan="2">混凝土种类</th><th colspan="3">水泥品种</th></tr>
<tr><th>硅酸盐水泥</th><th>普通硅酸盐水泥</th><th>矿渣硅酸盐水泥</th></tr>
<tr><td>1</td><td rowspan="2">重力坝碾压混凝土</td><td>内部</td><td>65</td><td>60</td><td>35</td></tr>
<tr><td>2</td><td>外部</td><td>60</td><td>55</td><td>30</td></tr>
<tr><td>3</td><td colspan="2">拱坝碾压混凝土</td><td>60</td><td>55</td><td>30</td></tr>
</table>

(4) 火山灰质材料。

1) 天然火山灰质材料是指经过磨细加工的火山灰、凝灰岩、浮石、沸石岩、硅藻土等具有火山灰活性的天然矿物质粉体材料。火山灰活性是指自身不具有或只有微弱水化活性的硅酸盐或铝酸盐材料，磨细后，在常温有水的条件下可以与氢氧化钙反应生成胶凝性物质的特性。

2) 火山灰质材料的品质检测应满足《水工混凝土掺用天然火山灰质材料技术规范》(DL/T 5273—2012) 的要求。主要控制指标有：氧化硅、氧化铝和氧化铁的总含量不应小于70%；细度、需水量比、烧失量、含水量、三氧化硫含量满足要求；28d活性指数不小于60%。

3) 在碾压混凝土中掺入火山灰质材料应检测其与水泥、外加剂等原材料的适应性，并控制火山灰质材料取代水泥的最大掺量。天然火山灰材料取代水泥的最大掺量见表2-5。

表2-5　天然火山灰材料取代水泥的最大掺量表　%

序号	混凝土种类		水泥品种	
			硅酸盐水泥、中热水泥、低热硅酸盐水泥	普通硅酸盐水泥
1	重力坝碾压混凝土	内部	60	55
2		外部	55	50
3	拱坝碾压混凝土		55	50

(5) 石粉。石粉是各类岩石加工过程中形成的或者后期磨细加工而成的细颗粒成分。水工混凝土施工规范中石粉是指粒径不大于0.16mm的颗粒，但作为混凝土掺合料用的石粉一般情况下是指粒径不大于0.08mm的颗粒，或称为微石粉。

1) 石粉的品质及检测方法，暂无相应专用的规程规范。在使用过程中，一般采用粉煤灰的检测标准及方法。参照粉煤灰的检测标准，石粉的主要检测指标为需水量比、含水量、细度、比表面积、烧失量、活性指数等。

2) 石粉颗粒形貌接近水泥颗粒，不规则，多棱角，其在碾压混凝土中主要起微集料填充作用，能包裹骨料表面，提高拌和物的黏聚性、抗分散性，能有效降低碾压混凝土的空隙率，提高碾压混凝土的密实性，增强碾压混凝土的抗渗性，有利于提高碾压混凝土的振动液化效果。

3) 由于石粉的活性低（石粉的活性大小跟石粉的比表面积和岩性有关），一般情况下，石粉都是和其他活性较高的掺合料（主要是粉煤灰）一起混合掺入碾压混凝土中，在一般条件的地方不单独掺入。

4) 选择石粉作为掺合料掺入碾压混凝土中，一般是基于两种情况：①该工程砂石系统加工的人工砂石骨料本身石粉含量高；②工程所在地区其他掺合料比较缺乏或使用其他掺合料的成本较高。实际施工时，碾压混凝土中掺入的石粉一般都是由碾压混凝土所用骨料的母岩制成，如柬埔寨甘再水电站大坝碾压混凝土中掺入的是石灰岩石粉；马来西亚沐若水电站大坝碾压混凝土中掺入的是砂岩石粉；百色水电站大坝采用的是辉绿岩石粉。

5) 石粉在碾压混凝土中的掺量大小目前暂无相关的规范进行规定，实际使用时以满足碾压混凝土的各项设计技术指标为前提，通过试验确定合适的掺量。

2.1.2 骨料

骨料占碾压混凝土总质量的80%～85%，是碾压混凝土的主要组成材料。碾压混凝土对骨料的品质要求，只要能满足常态混凝土要求的骨料，一般都可用于碾压混凝土。针对碾压混凝土的施工特点，在选择碾压混凝土骨料的时候，还需注意以下两点：

(1) 要求骨料质地坚硬，表观密度合格，不能含过多的页岩、云母、活性氧化钙等有害物质。骨料的基本品质要求满足《水工混凝土施工规范》(DL/T 5144—2001) 的规定，骨料的试验检测依据《水工混凝土砂石骨料试验规程》(DL/T 5151—2005) 的规定进行。

(2) 选择良好的骨料级配和石粉含量，使碾压混凝土具有良好的抗分离能力和可碾性。

2.1.2.1 细骨料（砂）

碾压混凝土可以使用天然砂、人工砂或两者混合的砂作为细骨料。

(1) 细骨料要求质地坚硬，级配良好。人工砂细度模数宜为2.2～2.9，天然砂细度模数宜为2.0～3.0。应严格控制超径颗粒含量，砂含水率应不大于6%。使用细度模数小于2.0的天然砂，应经过试验论证。

(2) 人工砂中的石粉（$d \leqslant 0.16$mm）颗粒含量宜控制在12%～22%之间，其中$d \leqslant 0.08$mm的微粒含量不宜小于5%。最佳石粉含量随母岩不同而变化，应通过试验确定。

(3) 天然砂的含泥量应不大于5%。

2.1.2.2 粗骨料

(1) 碾压混凝土用粗骨料最大粒径选择。根据工程具体情况及施工条件，选择合适的粗骨料最大粒径，对减少施工过程中的粗骨料分离和降低胶凝材用量具有很现实的意义。增大粗骨料最大粒径可以降低粗骨料的空隙率，减少砂浆和胶凝材用量，但随着粗骨料最大粒径的增大，碾压混凝土拌和物骨料分离现象趋于严重，难以摊铺均匀。如何找到两者之间的平衡点，需通过试验确定。另外最大骨料粒径须小于铺料层厚度的1/3时，才不会影响振动碾的压实效果。

(2) 碾压混凝土用粗骨料的最佳粒形选择。考虑到粗骨料的颗粒形状对碾压混凝土的密实度也有较大影响，一般选取立方体形或球形的颗粒比较合适。

(3) 碾压混凝土用粗骨料的级配选择。碾压混凝土一般都选用连续级配的粗骨料。在进行骨料级配选择时，除本着减少空隙率和表面积，以达到相应降低单位用水量和胶凝材用量的原则外，还应从实际出发，本着优质、经济、就地取材的原则，将通过试验确定的最优级配与料场中骨料的天然级配结合起来，进行必要的调整和平衡。

2.1.3 外加剂

外加剂是配置高品质碾压混凝土中不可缺少的重要材料。根据碾压混凝土的设计指标、不同工程及施工季节的要求，掺入混凝土外加剂不但能够改善碾压混凝土的性能，使之便于施工，而且能节约工程费用。

在碾压混凝土中使用的外加剂，其品质须满足《水工混凝土外加剂技术规程》(DL/T 5100—2014) 及《混凝土外加剂》(GB 8076—2008) 的要求。在进行碾压混凝土的外加剂选择时，须了解以下各类外加剂的特性和作用。

(1) 在碾压混凝土中加入高效减水剂能够改善拌和物的和易性，降低拌和物VC值，改善其黏聚性，提高其抗分离能力。同时，有助于减少使碾压混凝土达到完全密实所需要的振动时间。

（2）在碾压混凝土中加入缓凝剂，能够满足碾压混凝土大仓面施工而要求拌和物有较长初凝时间的需要。能使碾压混凝土层间保持塑性结合，减少冷缝的出现和保证施工碾压层间的黏结特性。

（3）在碾压混凝土中加入引气剂，能够提高碾压混凝土的抗冻及耐久性能。同时，能改善混凝土拌和物的工作性，提高其可碾性。

外加剂的掺入效果随工程所用原材料的不同而不同。水泥品种以及骨料中的细粉含量均对外加剂的掺入效果有一定的影响。在选择碾压混凝土的外加剂品种时，应通过试验论证，尤其是外加剂与胶凝材的适应性最为重要。

2.1.4 拌和用水

（1）凡符合国家标准的饮用水，均可用于拌制和养护碾压混凝土。依据《混凝土用水标准》（JGJ 63—2006）和《水工混凝土施工规范》（DL/T 5144—2015）的相关规定。拌和与养护混凝土用水的主要指标要求见表2-6。

表2-6 拌和与养护混凝土用水的主要指标要求表

项 目	钢筋混凝土	素混凝土
pH值	＞4	＞4
不溶物/(mg/L)	＜2000	＜5000
可溶物/(mg/L)	＜5000	＜10000
氯化物（以 Cl^- 计）/(mg/L)	＜1200	＜3500
硫酸盐（以 SO_4^{2-} 计）/(mg/L)	＜2700	＜2700
硫化物（以 SO_4^{2-} 计）/(mg/L)	—	—

（2）碾压混凝土的拌和及养护用水的检测依据《水工混凝土水质分析试验规程》（DL/T 5152—2001）的规定进行。

2.2 碾压混凝土配合比设计

混凝土配合比设计至今尚无统一的方法和标准。其配合比设计思路系根据工程要求、结构型式和施工条件，通过试验论证，确定混凝土的组分，即水、胶凝材料和粗细骨料的配合比例。目前，已有的各种计算方法，总体归纳起来有：绝对体积法（或称为表观密度法、最大密度近似法）、重量法（或称为假定容重法）、包裹理论法等。

碾压混凝土的配合比计算，基本上类同于普通混凝土，一般推荐采用绝对体积法进行。

2.2.1 碾压混凝土配合比的特点及一般要求

2.2.1.1 碾压混凝土配合比的特点

碾压混凝土是一种干硬性混凝土，碾压混凝土具有零坍落度、粗细骨料用量大、水泥用量少、掺合料掺量高等特点。在进行碾压混凝土配合比设计时，需考虑下列特点：

（1）在设计时须考虑配置出来的碾压混凝土既满足强度要求和耐久性指标，又须满足绝热温升的限值，碾压混凝土配合比一般使用较少的水泥用量并掺用较大掺量的掺合料。

（2）由于碾压混凝土的易分离性，所以碾压混凝土配合比应控制粗骨料的最大粒径，最大骨料粒径和各级骨料之间的合理比例，适当加大砂率，避免施工过程中的分离及碾压后的不密实现象。

（3）碾压混凝土配合比中必须掺入外加剂，满足碾压混凝土的性能要求及大面积施工特性的要求。

（4）碾压混凝土施工配合比一般须通过现场的生产工艺性试验最终确定。

（5）早期碾压混凝土配合比设计的特征值主要采用α、β特征值（α表示胶凝材料浆体积与砂空隙体积的比值；β表示砂浆体积与粗骨料空隙体积的比值）。但由于α、β特征值受砂颗粒级配、石粉含量、骨料粒径等因素影响，计算条件复杂，导致α、β特征值变化幅度大，评价不直观，所以近年来，浆砂比 PV 值（PV 值是指灰浆体积与砂浆体积的比值，其中灰浆体积为水泥、粉煤灰、水以及小于 0.08mm 微石粉的混合体积之和）已经成为配合比设计的主要参数和评价碾压混凝土性能的重要指标。根据近年来的工程实践，PV 值一般不应小于 0.42，它不仅可以增加拌和物灰浆含量充填砂的空隙，可以有效提高拌和物的可碾性和层间结合质量，如百色、龙滩、关照、戈兰滩、金安桥、喀腊塑克等水电站碾压混凝土的 PV 值均大于 0.42。

2.2.1.2 碾压混凝土配合比的一般要求

在满足设计要求强度、耐久性和施工要求的工作度条件下，通过选择设计参数、计算、试拌和必要的调整，经济合理地确定碾压混凝土单位体积中各材料的用量。在进行碾压混凝土配合比设计时，应考虑下列要求：

（1）水胶比：根据设计要求的混凝土强度、拉伸变形、绝热温升和抗渗抗冻性等指标确定，其值不宜大于 0.65。

（2）砂率的选择：应通过试验选取最佳砂率值。一般情况下，采用天然砂石料时，三级配碾压混凝土的砂率为 28%～32%，二级配碾压混凝土的砂率为 32%～37%；采用人工砂石料时，各级配碾压混凝土的砂率相应地增加 3%～6%。

（3）单位用水量的选择：可根据碾压混凝土施工工作度（VC 值）、骨料最大粒径、砂率及外加剂等选定。

（4）掺合料：掺合料种类、掺量应通过试验确定，掺量若超过 65%时，应做专门的试验论证。

（5）必须掺加外加剂，以满足可碾性、缓凝性及其他特殊要求，外加剂的品种和掺量应通过试验确定。

（6）对于大体积建筑物内部的混凝土，其总胶凝材料用量（水泥、粉煤灰或其他有活性材料之和）不宜低于 130kg/m^3，当低于 130kg/m^3 时应专题试验论证。

（7）碾压混凝土拌和物的工作度（VC 值），现场宜选用 2～12s 为宜。机口 VC 值应根据施工现场施工的气候条件变化，动态地选用和控制，宜为 2～8s。

2.2.2 碾压混凝土拌和物特性

2.2.2.1 碾压混凝土拌和物维勃稠度值（VC 值）

VC 值是指拌和物在特定容器内，规定压重、规定振动频率和振幅，从开始振动至拌和物表面泛浆所需时间的秒数。VC 值大小与可塑性、易密性和稳定性密切相关。一定程度上，反映了拌和物振动压实的难易。

影响碾压混凝土坝质量因素很多，其中 VC 值被视为碾压混凝土施工可碾性和综合控制的一项质量指标，它是碾压混凝土生产质量控制中一项重要的参数。

大量工程实践证明：VC 值对碾压混凝土性能有着重要影响。随着碾压混凝土筑坝技术发展，VC 值的取值逐渐由大变小，碾压混凝土拌和物也从干硬性混凝土逐渐过渡到半塑性混凝土。

2.2.2.2 影响 VC 值的因素及其动态控制

由于碾压混凝土拌和物不具有流动性，不能用测定常态混凝土坍落度方法来测定其工作度，通常采用 VC 值衡量其施工性。

（1）影响 VC 值的因素。

1）单位用水量及水胶比。碾压混凝土拌和物的 VC 值主要是由用水量决定的。它与水泥、掺合料等构成的胶凝材料浆填充骨料空隙。拌和物受振时，当浆体数量较多、稠度较稀时，则容易泛浆。在水胶比一定的情况下，单位用浆量的多少实际上是单位胶凝材料用量和单位用水量的多少。这也反映了胶凝材料填充细骨料空隙的富余系数 α 的大小。它同样反映了灰骨比的大小。随着单位用浆量的增大，拌和物中骨料颗粒周围浆层增厚，游离浆体增多，拌和物的 VC 值减小。

若其他条件不变，随着水胶比的增大，仅用水量增加，拌和物中胶凝材料浆内聚力减小，黏度系数降低。骨料与浆体界面处的黏附力下降，临界浆层厚度变薄；此外，随着水胶比的增大，单位体积拌和物中浆的体积增大，拌和物游离浆体增多。因此，拌和物在受到振动情况下易出浆，即 VC 值随水胶比的增大而降低。

经验表明，当混凝土骨料最大粒径和砂率不变时，如果单位用水量不变，水胶比的变化实际上是胶凝材料用量的变化，水胶比在常用范围内 0.4～0.7 变化对拌和物流动性的影响不大。即只要单位用水量不变，在一定范围内改变水胶比可拌制出 VC 值大体相同的碾压混凝土，满足不同的工程需要。

2）细骨料的特性及用量。细骨料的特性（包括表面状态、粗细程度、微粒含量、吸水性等）和用量（用砂率或 β 表示）显著影响拌和物的工作度。人工砂的表面粗糙，浆体与砂的黏附力大，临界浆层厚度增大，拌和物中游离浆体减少，因而拌和物的屈服应力增大，与相同条件的天然砂相比 VC 值较大。细骨料的级配好，则其比表面积小、空隙小，这时包裹砂粒及填充空隙所需的浆量少，相应游离浆体多，拌和物的 VC 值小。由于碾压混凝土拌和物中单位浆量少，砂中微细颗粒减少了砂的空隙相当于增加了用浆量。因此，在一定范围内随着砂中微细颗粒含量的增加，拌和物的 VC 值减小。

在水胶比和胶凝材料用量不变的条件下增大砂率，实际上是减少了游离浆体量，因此，拌和物的 VC 值增大。砂率过小，砂浆不足以填充骨料的空隙，拌和物很粗涩，内摩擦力大，因此 VC 值也大。若保持 α 不变，增大砂率（即增大砂浆量），则拌和物的 VC 值降低。

3）粗骨料的特性及用量。混凝土拌和物在一个结构层次上可以看成是由砂浆和粗骨料组成的，在砂浆配合比一定的条件下，粗骨料用量多，砂浆量相对减少，粗骨料之间的接触面相对增大，在相同的振动能量下，液化泛浆困难，VC 值增大。当粗骨料多到砂浆不足以填充其空隙时，将根本无法碾压密实，也就发生骨料架空现象。

粗骨料的特性（粗骨料种类、级配、颗粒形状、最大粒径、吸水性等）影响黏附力及空隙率的大小，因而影响拌和物的 VC 值。砂表面粗糙，多棱角，它与浆体间的黏附力和机械咬合力较卵石的大；碎石骨料表面积大，附着的浆体也较卵石骨料的增多，故界面附力大，临界浆层厚度增加，造成拌和物中游离浆体减少。另外碎石的空隙率一般较大。因此，增大了拌和物的屈服应力。故用碎石代替卵石一般均使拌和物的 VC 值增大，若骨料中针片状颗粒含量多或级配不好，则空隙率大、比表面积也大，拌和物中游离浆体减少，VC 值增大。拌和物经过湿筛去掉较粗的骨料，这实际上是在 α 不变的情况下增大 β 值，也即增大了灰骨比，实际砂浆量和灰浆量相对增加，故湿筛后的拌和物测得的 VC 值较未湿筛时小。粗骨料的最大粒径越大，液化出浆所需振动能量越大，因而 VC 值越大。

4）掺合料的特性及用量。碾压混凝土所掺的掺合料，其品种、质量以及特性各不相同，都对 VC 值有较大的影响。以碾压混凝土使用最多的掺合料粉煤灰为例，由于种种原因品质相差很大，其形貌可能有较大的差异，颗粒球形度、表面光滑度、球体密实度、各类颗粒所占的比例、粉煤灰的粗细程度、含碳量及粉煤灰掺量等这些因素都影响粉煤灰的需水性，进而影响拌和物的工作度。

粉煤灰对碾压混凝土拌和物的 VC 值的影响与粉煤灰的形态效应有关。一般情况下，粉煤灰表孔粗糙、多孔、疏松颗粒越多，含碳量越大，其需水性越大；当粉煤灰中含有较多的球形微珠时，在混凝土中起“滚珠”作用，则使需水量减少。在粉煤灰掺量及水胶比一定的情况下，粉煤灰需水量越大则胶凝材料浆越稠，拌和物的 VC 值越大。

使用的粉煤灰是需水量比小于 100％的优质粉煤灰Ⅰ级灰，则随粉煤灰掺量的增大，拌和物的 VC 值降低。

5）外加剂的品种及掺量。由于外加剂的掺入影响浆体的内聚力，因而影响临界浆层厚度和游离浆体体积，进而影响拌和物的 VC 值。一般地说，掺入减水剂和引气剂，可以使拌和物的 VC 值降低。混凝土单位用水相同，选用不同种类的外加剂，混凝土间的 VC 值相差不大，但掺入外加剂的碾压混凝土拌和物较不掺外加剂的混凝土，可较大幅度地降低单位用水量且 VC 值小。

6）环境气候及拌和物停放时间。新拌混凝土会随时间的增长而逐渐变稠是一种正常现象，常态混凝土称为“坍落度损失”。随着拌和物停置时间的延长，拌和物的坍落度减小，对碾压混凝土而言，表现为 VC 值的增大。碾压混凝土拌和物出机后，随时间延长 VC 值增加的速度很快，停放仅 2h，VC 值可增大两三倍。

气象条件（环境的温度、湿度）对 VC 值随时间变化的影响很大。一般温度高、空气干燥、风速大的地方或季节 VC 值随时间增大的速度越快，所以在碾压混凝土施工时，应尽可能提高施工速度。

（2）动态控制。VC 值动态控制的时间在施工过程中，根据施工浇筑现场的气温和天气变化情况，对出机口碾压混凝土的 VC 值做出适时调整，以满足现场能碾压施工的要求。

拌和物的 VC 值应按不同情况选定不同 VC 基准值，在混凝土开始施工前应通过试验建立 VC 值与各类条件的关系曲线和图表作为施工中选择和控制 VC 值的依据，并根据 VC 值调整混凝土的用水量和配合比。

工程实践中，龙滩水电站大坝碾压混凝土仓内温度在 20℃以下时，入仓混凝土 VC 值控制在 3～5s；仓内温度在 20℃以上时，VC 值控制在 1～3s。既保持混凝土较好的可碾性，同时，又有利于保证层间结合质量。

受气温、湿度和风等气象因素的影响，碾压混凝土拌和物中的 VC 值损失较快。三峡水利枢纽工程曾做过试验，在平均气温 14℃，湿度 70%环境下，0.5h VC 值损失 2～3s。VC 值的损失直接影响到现场碾压混凝土的可碾性及压实度检测指标，同时也直接影响到碾压混凝土力学和耐久性能指标。

龙滩水电站碾压混凝土大坝工程曾做过专门试验：VC 值损失 30%，碾压混凝土整体抗压强度降低 1%，整体劈拉强度降低 3%，层面抗拉强度降低 10%；VC 值损失 60%，相应强度分别降低 2%、7%、16%。可见 VC 值的损失对碾压混凝土层面结合质量影响极大。为此，许多工程在高温、大风季节施工时，都采取缩小施工仓面，减少层间间隔时间，VC 值实施动态控制，并在仓面内通过喷雾降温增湿的措施，以期减小层面 VC 值的损失，保证碾压混凝土层间结合质量。

根据《水工碾压混凝土施工规范》（DL/T 5112—2009）的规定，碾压混凝土从拌和到碾压完成历时不宜超过 2h，也是考虑拌和物放置时间过长，VC 值损失大，影响碾压混凝土质量。

国内碾压混凝土大坝碾压混凝土 VC 值动态调整实例见表 2-7。

表 2-7　　　国内碾压混凝土大坝碾压混凝土 VC 值动态调整实例表

工程名称	设计 VC 值/s	VC 值动态调整情况
龙滩	3～5	仓内温度在 20℃以上，VC 值按 1～3s 控制 仓内温度在 20℃以下，VC 值按 3～5s 控制
汾河二库	3～15	夏季气温在 25℃以上，VC 值按 2～4s 控制
龙首	0～5	主要针对河西走廊气候干燥蒸发量大的特点，VC 值按 0～5s 控制
棉花滩	3～8	气温超过 25℃，VC 值按 1～5s 控制
大朝山	3～10	气温超过 25℃，VC 值按 1～5s 控制
百色	1～5	气温超过 25℃，VC 值按 1～5s 控制

2.2.2.3　凝结时间

（1）碾压混凝土凝结机理。碾压混凝土拌和物凝结过程是其内部胶凝材料浆体结构的变化，由凝聚结构逐渐转变为凝聚—结晶结构，最终全部转变为结晶结构的过程。初凝以前浆体的结构是凝聚结构，初凝以后浆体的结构为结晶结构，终凝标志着浆体凝聚结构的结束。

（2）碾压混凝土凝结时间测定方法。水泥浆凝结过程由凝聚结构向结晶结构转变时，对外力阻抗发生明显的变化作用。碾压混凝土的凝结时间测定采用贯入阻力法正是依据这个原理。碾压混凝土的凝结时间测定方法依据《水工混凝土试验规程》（SL 352—2006）以及《水工碾压混凝土试验规程》（DL/T 5433—2009）规定的相关条款进行。

（3）影响施工层面碾压混凝土初凝时间的因素。

1）环境因素对碾压混凝土拌和物初凝时间的影响。由于碾压混凝土施工是在一个受环境因素综合影响的情况下进行的，即使在同一天施工，昼夜之间的温度、相对湿度和风速等环境条件的变化，都会对碾压混凝土的初凝时间产生不同的影响，并且这个因素存在着相互影响。

2）缓凝剂对碾压混凝土初凝时间的影响。

A. 不同缓凝剂对碾压混凝土初凝时间的影响。通常使用的减水剂都可起到延缓碾压混凝土初凝时间的作用，只是在相同的条件下，各类缓凝剂的缓凝作用不同而已。

B. 同品种的缓凝剂不同掺量对碾压混凝土拌和物缓凝的影响。缓凝剂的缓凝效果是随着缓凝剂掺量的增加而增加。但存在着饱和掺量，即掺量超过一定限度后，会产生不凝现象。

2.2.2.4 离析性

离析系指拌和物各组分的分离造成不均匀或失去连续性的现象。混凝土拌和物中各种粒子大小及密度必然存在差异，离析是不可避免的。但适当的配合比和合理的施工操作可以减少离析现象的发生。

（1）产生离析的原因。拌和均匀的碾压混凝土拌和物发生离析的直接原因是其各类颗粒之间发生了不同的运动而产生相对位移。拌和物的黏聚性小、骨料最大粒径大、拌和物高速运动则易发生分离。

（2）减少离析的措施。

1）混凝土施工配合比方面：正确选定骨料的最大粒径、选择合适的砂率、保持适当的胶凝材用量、合理确定最大骨料粒径比例，掺用优质粉煤灰、掺用外加剂等。

2）施工拌和方面：严格按照通过试验确定的拌和工艺进行拌和；减少转运次数、降低卸料和堆料高度；采用防止或减少分离的铺料或平仓方式，必要时采用人工辅助减少分离。

2.2.3 碾压混凝土性能

2.2.3.1 碾压混凝土强度及影响因素

抗压强度是碾压混凝土结构设计的重要指标及施工配合比设计的重要参数。抗压强度试验一般采用立方体试件，振实机具有：振动台、平板振捣器、维勃试验振动台等。试模规格视骨料最大粒径而定，对于最大粒径分别为：20mm、40mm、80mm的骨料，相应采用的立方体试模边长分别为：100mm、150mm、300mm。试验步骤除了成型与普通混凝土不同外，其余均可参照普通混凝土的试验方法进行。

碾压混凝土成型方法与常态混凝土有异，并且碾压混凝土的组分比例也和常态混凝土有较大差别，影响碾压混凝土的强度因素比常态混凝土更复杂，主要包括：密实度、水胶比、砂率、粗骨料品质、外加剂、粉煤灰掺量等。

从碾压混凝土成型的角度来看，影响混凝土强度的主要因素有：

（1）抗压强度随着振动加速度增大而增大，当加速度大于重力加速度的5倍时，抗压强度的增长逐渐趋于稳定。

（2）抗压强度随着振动时间增长而增加，当振动时间超过两倍液化临界时间时，抗压强度的增长趋于稳定。

（3）只要碾压混凝土振实达到密实状态，无论采用何种振实机具成型试件，其抗压强度无显著差异。

2.2.3.2　碾压混凝土变形性能

（1）碾压混凝土的变形。碾压混凝土的变形包括荷载作用下的变形和非荷载作用下的变形。荷载作用下的变形性能主要有弹性模量、极限拉伸及徐变变形等；非荷载作用下的变形包括干缩湿胀、自身体积变形、温度变形等。

（2）碾压混凝土弹性模量。碾压混凝土弹性模量包括：抗压和抗拉弹性模量，两者大致相当，与常态混凝土一样，受骨料的弹性模量、硬化胶凝材料浆的结晶程度、混凝土的灰骨比、混凝土容重、硬化胶凝材料浆与骨料界面胶结情况、混凝土孔隙率以及孔隙分布情况、混凝土强度等级及其设计龄期等因素影响。

工程试验资料表明：一般 90d 龄期抗压强度 10～20MPa 的高掺粉煤灰碾压混凝土，其弹性模量 25～31GPa。

混凝土弹性模量与所含粗骨料量及其最大粒径有关。

混凝土弹性模量也与其强度直接相关，碾压混凝土早期强度较低，发展较慢，早期弹性模量较低，有利于碾压混凝土抗裂。

（3）碾压混凝土的极限拉伸值。碾压混凝土极限拉伸值是混凝土防裂的重要指标之一。混凝土极限拉伸值主要受胶凝材料用量、混凝土抗拉强度、混凝土弹性模量及其龄期等因素影响。

大量工程试验资料表明：28d 龄期碾压混凝土极限拉伸值 40×10^{-6}～70×10^{-6}，90d 龄期比 28d 龄期增长不多，高粉煤灰掺量碾压混凝土 90d 龄期极限拉伸值为 60×10^{-6}～90×10^{-6}。美国材料试验协会资料指出：水泥胶结砂砾石料碾压混凝土（低胶凝材料碾压混凝土）365d 的拉伸应变能力约为 60×10^{-6}，仅相当于高掺粉煤灰碾压混凝土 115×10^{-6}的一半，且后者的拉伸能力仍在持续增长。资料还表明：由于室内试验经过湿筛，筛去了粒径大于 40mm 的骨料，为此，获得的混凝土极限拉伸值大于坝体混凝土极限拉伸值。

（4）碾压混凝土徐变。碾压混凝土徐变的影响因素主要有：混凝土的灰浆率、混凝土配合比、水泥性质、骨料的矿物成分与级配、加荷龄期、持荷应力以及持荷时间、结构尺寸等。

国外资料表明：混凝土强度相当时，碾压混凝土徐变比常态混凝土约低 20%。国内资料也表明：碾压混凝土徐变比不掺粉煤灰常态混凝土徐变低约 30%～60%，比掺粉煤灰的常态混凝土低约 10% ～25%。

我国目前常用高粉煤灰掺量碾压混凝土的灰浆率低于常态混凝土，徐变变形应低于常态混凝土，然而碾压混凝土早期强度较低，增长率较小。因此，早期持荷徐变变形未必小于常态混凝土。另外，坝体内部常态混凝土一般使用四级配粗骨料，而碾压混凝土一般使用三级配粗骨料且大于 40mm 粗骨料所占比例较小。同时室内试验时，常态混凝土筛除的粗骨料比碾压混凝土筛除的相对较多，增大试件灰浆率的差距，也就使试验室所测徐变变形的差距拉大。

（5）碾压混凝土干缩。影响碾压混凝土干缩的主要因素是：配合比、水泥品种及掺合料种类和掺量等。单位用水量大、胶凝材料用量多，则干缩率大，相反则小。天然粗骨料一般认为是不收缩的且弹性模量大，故天然粗骨料使混凝土收缩小。若水泥浆量一定，砂率大则混凝土干缩也稍大。使用需水量大的水泥及掺合料品种，则混凝土干缩较大。优质粉煤灰（Ⅰ级灰）颗粒圆滑密实、需水量小。因此，掺加Ⅰ级灰粉煤灰的混凝土干缩较小。碾压混凝土与常态混凝土相比，用水量小，胶凝材料用量一般也较少，而且掺有较大比例粉煤灰，其干缩明显小。国内部分工程资料表明：碾压混凝土的干缩率小于常态混凝土，这对于减少以至避免干缩裂缝是非常有利的。

（6）碾压混凝土自生体积变形。碾压混凝土自生体积变形主要是：胶凝材料和在水化反应前后反应物，与生成物的密度不同所致。碾压混凝土自生体积变形多表现为收缩，若胶凝材料中含有某些膨胀成分，也会表现为膨胀。碾压混凝土的自生体积变形明显小于常态混凝土，这是因为碾压混凝土胶凝材料用量较少，水胶比较小，化学反应收缩量必然低。此外，碾压混凝土中掺有一定量的粉煤灰，而粉煤灰发生反应生成产物时，其周围产物结构多数已具有较高强度，这些后期生成的水化产物对自生体积变形影响较小，自生体积变形小对于减少混凝土的内应力是有利的。

（7）碾压混凝土的温度变形。混凝土具有热胀冷缩性质。变形大小可用温度变形系数（线膨胀系数）表示。碾压混凝土温度变形系数随所用骨料种类及配合比不同而变化，但其变化不大，一般在 $6\times10^{-6}\sim12\times10^{-6}/℃$。灰骨比大的混凝土温度变形系数也大。通常碾压混凝土与常态混凝土的温度变形系数无明显差别。由于碾压混凝土胶凝材料用量较少，且大部分为粉煤灰，其绝热温升值低，引起的温度变形明显低于常态混凝土。

2.2.3.3　热学性能

（1）混凝土热学性能是分析大体积混凝土内部温度、温度应力及温度变形的分布和变化规律主要依据。混凝土热学性能主要包括水泥（或胶凝材料）水化热、混凝土的绝热温升、导温系数、导热系数、温度变形系数和比热等。

（2）碾压混凝土与常态混凝土相比，除超干硬性态特点外，还掺有较大比例的掺合料（相应水泥用量较少）、缓凝减水剂、最大粗骨料粒径小等，这些特点都使碾压混凝土的热学性能有别于常态混凝土。

（3）碾压混凝土中骨料比例较大，混凝土的温度变形系数、导温系数、导热系数及比热等随骨料不同而发生明显变化。

（4）碾压混凝土因其掺用较多的掺合料而有较低的绝热温升。

2.2.3.4　抗裂性及耐久性

（1）碾压混凝土抗裂性。碾压混凝土开裂主要是由于其拉应力超过了抗拉强度。混凝土干缩、降温冷缩及自身体积收缩等变形，受到基础及周围环境约束时，在混凝土内引起拉应力，均可能引起混凝土构筑物结构性的开裂。为了提高混凝土的抗裂能力，通常采用提高混凝土的抗拉强度和极限拉伸值，降低混凝土的弹性模量及收缩变形等。但一般情况下，提高混凝土的强度会导致弹性模量的增大。同时，为提高混凝土的极限拉伸值而增加单位水泥用量则可能导致混凝土干缩变形增大，而且热变形值也将增加。因此，改善混凝土抗裂性能常在保证混凝土强度基本不变情况下，尽可能降低混凝土的弹性模量，提高混凝土极限拉伸变形能力。在均匀材料中，密度与弹性模量间存在直接关系。在非均质多相材料如混凝土中，各主要成分的密度和水泥浆与骨料界面过渡区存在直接关系。影响碾压混凝土抗裂性能因素很多，有的甚至相互交叉影响。为全面准确地评价碾压混凝土的抗裂性能，根据碾压混凝土的结构特性和变形性能，提出用于评价碾压混凝土抗裂能力的指标——抗裂参数 φ（φ 无量纲参数，其值越大，混凝土抗裂性越好），其表达式为：

$$\varphi=\varepsilon_p R_i/(\alpha\times\Delta T_i E_i)$$

式中 ε_p——n 天龄期时混凝土的极限拉伸值，$\times10^{-6}$；

R_i——n 天龄期时混凝土的抗拉强度，MPa；

α——混凝土的温度变形系数，1/℃；

ΔT_i——n 天龄期时混凝土的温升，℃；

E_i——n 天龄期时混凝土的抗拉弹性模量，MPa。

（2）碾压混凝土耐久性。与常态混凝土一样，碾压混凝土耐久性主要从抗渗性、抗冻性、抗冲耐磨性、抗碳化能力、抗侵蚀性及抗渗透溶蚀耐久性等方面来衡量。碾压混凝土坝混凝土的耐久性，除取决于碾压混凝土本身的耐久性外，还与坝体的施工质量及其环境因素等有关。下面就抗渗性及抗冻性加以说明。

1）抗渗性。碾压混凝土的抗渗性是指抵抗压力水渗透作用的能力，一般用渗透等级或渗透系数来表示。碾压混凝土的抗渗性主要取决于混凝土的配合比和混凝土的密实度。对于高粉煤灰掺量的碾压混凝土，随着龄期延长，粉煤灰逐渐水化，水化产物不断填充原生孔隙、部分连通的孔隙变成封闭孔隙，抗渗性能明显增强。

2）抗冻性。碾压混凝土的抗冻性与水泥品种、混凝土强度等级、水胶比、粉煤灰掺量以及引气剂是否掺入有关。具有较高抗冻性要求的碾压混凝土应该具有较高的强度等级、适当的粉煤灰掺量、掺适当的引气剂使混凝土中含有 4%～6%的微小分散气泡并保证施工密实。

2.2.3.5 碾压混凝土各项性能试验结果（龙滩水电站工程实例）

龙滩水电站碾压混凝土抗压强度及劈裂抗拉强度试验成果见表 2-8，龙滩水电站碾压混凝土极限拉伸及弹性模量试验成果见表 2-9。

2.2.4 常用配合比设计方法

（1）收集配合比设计所需资料。在进行碾压混凝土配合比设计之前，应收集与配合比设计有关的全部文件及技术资料。主要有：混凝土的设计指标及技术要求，如混凝土的强度、抗渗、变形、热学性能等；使用原材料的品质及单价等。

（2）初步配合比设计。

1）初步确定配合比参数。初步确定配合比参数，主要是确定水胶比、掺合料的掺量、砂率、浆砂比等。配合比参数的选择方法有：①单因素试验分析法；②正交试验设计选择法；③工程类比选择法。

2）计算单方混凝土中各材料的用量。

A. 采用绝对体积法进行计算。

基本原理：$1m^3$ 新拌混凝土拌和物的体积等于各组成材料的绝对体积与空气体积之

表 2-8 龙滩水电站碾压混凝土抗压强度及劈裂抗拉强度试验成果表

单位：MPa

配合比编号	强度等级	水泥品标	粉煤灰品种	抗压强度				劈裂抗拉强度				轴心抗压强度				轴心抗拉强度		
				7d	28d	90d	180d	7d	28d	90d	180d	7d	28d	90d	180d	28d	90d	180d
Z-1	大坝RⅠ C_{90}25W6F100	鱼峰中热42.5	宣威灰	11.2	22.2	34.9	43.0	0.84	1.97	3.37	3.42	7.91	18.3	26.5	31.8	2.20	3.32	3.40
J-1				13.2	25.1	33.5		1.16	1.90	3.00		11.1	19.1	29.6		2.08	3.09	
Z-2	大坝RⅡ C_{90}20W6F100			7.5	17.9	29.5	34.9	0.63	1.54	2.30	3.08	4.38	12.5	19.6	26.2	2.00	2.78	3.15
J-2				11.5	20.2	30.1		0.87	1.83	2.50		8.12	16.1	22.7		2.08	2.69	
Z-3	大坝RⅢ C_{90}15W4F50			3.9	12.0	24.8	35.0	0.18	1.07	2.27	2.73	0.48	7.9	18.8	24.4	1.52	2.58	2.98
J-3				—	13.6	23.0		—	1.95	2.37		—	—	20.4		—	2.30	
Z-4	大坝RⅣ C_{90}25W12F150			11.7	22.7	33.3	37.6	0.84	1.91	3.05	3.63	8.60	18.8	28.4	30.6	2.48	3.20	3.46
J-4				—	24.0	36.4		—	2.08	3.12		—	—	27.9		—	3.08	
J-5				7.0	13.7	22.7	31.9	0.55	1.17	1.78	2.82	4.80	10.0	15.6	23.3	1.31	2.17	2.85
Z-1	大坝RⅠ C_{90}25W6F100		凯里灰	12.7	24.0	37.5	43.6	0.92	2.13	3.35	3.66	10.1	23.9	27.3	27.7	2.90	3.20	3.58
Z-2	大坝RⅡ C_{90}20W6F100			9.4	21.3	33.0	39.3	0.81	1.82	2.90	3.58	7.2	15.9	21.4	29.0	2.11	2.86	3.04
Z-3	大坝RⅢ C_{90}15W4F50			7.4	14.2	28.5	34.7	0.61	1.35	2.70	3.19	4.24	11.4	23.6	29.8	—	2.59	3.23
Z-4	大坝RⅣ C_{90}25W12F150			11.7	23.8	39.5	45.3	1.15	2.50	3.20	3.99	9.65	20.9	30.4	31.8	2.67	3.20	3.50

表 2-9　　龙滩水电站碾压混凝土极限拉伸及弹性模量试验成果表　　单位：$\times 10^4$ MPa

编号	设计强度	水泥品标	煤灰品种	极限拉伸值/$\times 10^{-4}$						抗压弹性模量/抗拉弹性模量				
				28d		90d		180d		7d	28d	90d		180d
				30mm	40mm	30mm	40mm	30mm	40mm			弹性模量	泊松比 μ	
Z-1	大坝 RⅠ C_{90}25W6F100 ε_{p90}0.80	鱼峰中热 42.5	宣威灰	0.72	0.66	0.86	0.88	0.88	—	2.01	3.19/3.39	4.39/3.97	0.25	4.38/4.24
J-1				—	0.64	—	—	—	—	2.55	3.28/3.22	4.20	0.25	—
Z-2	大坝 RⅡ C_{90}20W6F100 ε_{p90}0.75			0.67	0.66	0.75	0.87	0.84		1.56	2.99/3.35	3.69/3.73	0.23	3.92/3.97
J-2				—	0.68	0.76	—			2.24	2.46/3.07	3.75	0.24	
Z-3	大坝 RⅢ C_{90}15W4F50 ε_{p90}0.70			—	0.53	0.72	0.71	0.84		0.55	2.43/2.83	3.59/3.73	0.23	3.89/3.92
J-3				—		0.70				—	—	3.61	0.23	
Z-4	大坝 RⅣ C_{90}25W12F150 ε_{p90}0.80			0.73	0.71	0.91	0.88	0.96		2.35	3.48/3.43	3.79/3.95	0.25	4.21/4.15
J-4				—	—	0.80		—	—	—	—	4.37/4.09	0.25	—
Z-5	围堰 C_{90}15MPa			0.55	0.60	0.70	0.70	0.87	—	1.03	2.38/2.34	3.29/3.65	0.21	3.82/3.77
J-5				0.52		0.70	—	0.87	—	0.87	2.53/2.60	3.44/3.30	0.24	3.71/3.79
Z-1	大坝 RⅠ C_{90}25W6F100		凯里灰	0.89	—	0.93	—	0.96	—	2.29	3.55/3.82	3.85/3.71	—	4.26/4.02
Z-2	大坝 RⅡ C_{90}20W6F100			0.71	—	0.80	—	0.83	—	1.68	3.20/3.30	3.60/3.64	0.20	4.18/4.23
Z-3	大坝 RⅢ C_{90}15W4F50				—	0.72	—	0.89	—	1.66	2.96	3.54/3.24	0.21	3.97/4.08
Z-4	大坝 RⅣ C_{90}25W12F150			0.77	—	0.92	—	0.94	—	2.42	3.77/3.60	4.34/4.20	0.26	4.61/4.39

和，其计算公式为：

$$C/\rho_C + F/\rho_F + W/\rho_W + S/\rho_S + G/\rho_G + E/\rho_E + A = 1$$

式中　C、F、W、S、G、E——水泥、掺合料、水、细骨料、粗骨料、外加剂用量，kg/m^3；

ρ_C、ρ_F、ρ_W、ρ_S、ρ_G、ρ_E——水泥密度、掺合料密度、水的密度、细骨料及粗骨料饱和面干表观密度、外加剂密度，kg/m^3；

A——混凝土含气量，%。

B. 假定表观密度法进行计算。

基本原理：$1m^3$ 新拌混凝土的质量等于各组成材料的质量之和。$1m^3$ 新拌混凝土的表观密度通过试验求得，试拌时假定混凝土的表观密度，若测得的混凝土密度与假定密度有差异，则各材料用量应分别乘以实测密度与假定密度比值，即得出碾压混凝土单位体积材料用量，计算公式为：

$$\rho = C + F + W + S + G$$

C. 采用填充包裹法进行计算。

基本原理：混凝土中细骨料孔隙恰好被灰浆所填充，即灰浆体积与砂孔隙体积之比为 $\alpha=1$；粗骨料孔隙恰好被砂浆所填充，即砂浆体积与粗骨料孔隙体积之比为 $\beta=1$。实际施工过程中为增加混凝土的工作性及可碾性，除了填充孔隙外，还应有富裕的灰浆比和砂浆来包裹粗、细骨料表面。

计算公式：

$$C/\rho_C + F/\rho_F + W/\rho_W + S/\rho_S + G/\rho_G + E/\rho_E + A = 1$$

$$\alpha = (1 - S/\rho_S - G/\rho_G)/(S/r_S - S/\rho_S)$$

$$\beta = (1 - G/\rho_G)/(G/r_G - G/\rho_G)$$

式中　r_S、r_G——粗、细骨料的紧密密度，kg/m^3。

（3）室内试拌调整。按初步确定的配合比进行室内试拌，测定拌和物的 VC 值，如 VC 值大于设计要求，则应在保持水胶比不变的情况下增加用水量；若拌和物的抗分离性差则增加砂率等。

（4）室内配合比确定。根据室内的试验结果，确定室内的配合比。

（5）现场碾压试验调整。一个工程在进行碾压混凝土施工之前宜进行现场碾压试验。其目的除了确定施工参数、检验施工生产系统的运行和配套情况，落实施工管理措施之外，通过现场碾压试验还可以检验设计出的碾压混凝土配合比对施工设备的适应性（包括可碾压性、易密性等）及拌和物的抗分离性能，必要时可以根据碾压试验情况适当调整。

2.2.5　典型配合比设计及计算实例

以龙滩水电站工程中部坝体碾压混凝土配合比设计为例。

（1）设计要求。龙滩水电站工程中部碾压混凝土 90d 龄期抗压强度 15MPa，强度保证率为 85%；90d 龄期抗渗等级 W6；90d 龄期抗冻等级 F100；90d 龄期混凝土极限拉伸 75×10^{-6}；极限水灰比 0.50；最大粉煤灰掺量 65%；施工采用粗骨料最大粒径 80mm。

（2）原材料。采用大法坪人工砂石系统的石灰岩砂石料；使用42.5中热硅酸盐水泥，掺合料主要为Ⅰ级粉煤灰，外加剂采用缓凝高效减水剂ZB-1RCC15和JM-Ⅱ及引气剂ZB-1G。

（3）配合比参数选择。

1）水胶比［$W/(C+F)$］及掺合料掺量［$F/(C+F)$］的选择。水胶比及掺合料掺量是决定碾压混凝土强度和耐久性的关键参数和主要因素。初选时，根据设计极限水灰比的要求，选择0.40、0.45、0.50三个不同的水胶比，50%、55%、60%三个不同的粉煤灰掺量，一共9种组合进行水胶比、粉煤灰掺量与碾压混凝土强度的关系曲线试验，初步选择水胶比为0.45，粉煤灰掺量为60%。

2）骨料级配组合及砂率选择。三级配选择5种不同的粗骨料级配组合为大石：中石：小石＝50：30：20、50：25：25、40：30：30、50：20：30、30：40：30。进行压重紧密密度试验，选择紧密密度最大，空隙率最小的石子比例组合，并综合考虑碾压混凝土骨料分离问题，选择三级配混凝土粗骨料的级配组合为：大石：中石：小石＝30：40：30。砂率选择方法是：初步选择四种不同的砂率为30%、32%、33%、34%。进行混凝土拌和，选择VC值、可碾性、液化泛浆良好的混凝土砂率作为最佳砂率，同时要考虑在此砂率下混凝土单位用水量最少。经过试验选择，确定该三级配碾压混凝土的砂率为33%。

（4）室内试拌调整。依据选定的配合比各参数，按绝对体积法计算出混凝土配合比，并对包裹系数（α值、β值）、浆砂比值进行复核，然后对选定的混凝土配合比进行室内拌和，检测混凝土拌和物的各项性能。龙滩水电站推荐用于现场碾压混凝土的三级配碾压混凝土配合比及部分性能（见表2-10）。表2-10中编号1为优化前配合比；编号2为优化后配合比。

表2-10　推荐的碾压混凝土配合比及部分性能表

编号	单方混凝土材料用量/kg						抗压强度/MPa				抗渗等级	极限拉伸/$\times 10^{-4}$	抗冻
	C	F	W	S	G	减水	引气	7d	28d	90d			
1	71	99	78	711	1520	1.02	0.0136	11.0	19.0	28.2	＞W6	0.76	＞F100
2	68	102	76	732	1503	1.02	0.0136	11.5	20.2	30.1	＞W6	0.76	＞F100

（5）现场碾压试验。2004年1月对表2-10中所列配合比1进行现场碾压试验。结果表明，混凝土拌和物的可碾性较好，施工过程中虽有一定的骨料分离，但不严重。混凝土芯样抗压强度为24～32Pa。

2004年7月，针对夏季施工的特点，对优化后的配合比2进行现场碾压试验，混凝土拌和物外观柔和，拌和物拌和均匀，骨料基本没有分离。混凝土芯样抗压强度为30Pa左右。

2.2.6　碾压混凝土配合比参考资料

部分碾压混凝土坝体内部三级配混凝土配合比见表2-11，部分碾压混凝土坝体迎水面二级配混凝土配合比见表2-12。

表 2-11　　部分碾压混凝土坝体内部三级配混凝土配合比表

序号	工程名称	建成年份	强度等级	水胶比	用水量 /(kg/m³)	水泥用量 /(kg/m³)	粉煤灰用量 /(kg/m³)	粉煤灰掺量 /%	砂率 /%	石子配合比 (大：中：小)	减水剂 /%	引气剂 /%	VC值 /s	备注
1	普定	1993	$C_{90}15$	0.55	84	54	99	65	34	30：40：30	0.85	—	10±5	
2	江垭	1999	$C_{90}15W8F50$	0.58	93	64	96	60	33	30：30：40	0.40	—	7±4	木钙
3	棉花滩	2001	$C_{180}15W2F50$	0.60	88	59	88	60	34	30：40：30	0.60	—	5～8	
4	龙首	2001	$C_{90}15W6F100$	0.48	82	60	111	65	30	35：35：30	0.90	0.045	5～7	天然骨料
5	石门子	2001	$C_{90}15W6F100$	0.55	88	56	104	65	31	35：35：30	0.95	0.010	6	天然骨料
6	大朝山	2002	$C_{90}15W4F25$	0.48	80	67	100	60	34	30：40：30	0.75	—	3～10	凝灰岩+磷矿渣
7	三峡三期围堰	2003	$C_{90}15W8F50$	0.50	83	75	91	55	34	30：40：30	0.60	0.030	1～8	花岩石
8	索风营	2006	$C_{90}15W6F50$	0.55	88	64	96	60	32	35：35：30	0.80	0.012	3～8	灰岩
9	百色	2006	$C_{180}15W2F50$	0.60	96	59	101	63	34	30：40：30	0.80	0.015	3～8	
10	大花水	2006	$C_{90}15W6F50$	0.55	87	71	87	55	33	40：30：30	0.70	0.020	3～5	
11	光照	2008	$C_{90}20W6F100$	0.48	76	71	87	55	32	35：35：30	0.70	0.20	4	
12	龙滩 RⅠ 250m 以下	2008	$C_{90}20W6F100$	0.42	84	90	110	55	33	30：40：30	0.60	0.020	5～7	灰岩
13	龙滩 RⅠ 250～342m	2008	$C_{90}15W6F100$	0.46	83	75	105	58	33	30：40：30	0.60	0.020	5～7	
14	思林	2009	$C_{90}15W6F50$	0.50	83	66	100	60	33	35：35：30	0.70	0.015	3～5	
15	喀腊塑克	2010	$C_{180}20W6F200$	0.45	83	66	100	60	33	30：40：30	0.90	0.1	1～5	
16	柬埔寨甘再	2011	$C_{180}20W8F50$	0.53	90	68	51+51	60	36	40：30：30	0.8	0.1	2～7	煤灰+石粉
17	马来西亚沐若	2013	$C_{180}15W6F50$	0.55	89	65	72+25	60	30	30：40：30	0.9	0.1	3～7	煤灰+石粉

表 2-12　　部分碾压混凝土坝体迎水面二级配混凝土配合比表

序号	工程名称	建成年份	强度等级	水胶比	用水量/(kg/m³)	水泥用量/(kg/m³)	粉煤灰用量/(kg/m³)	粉煤灰掺量/%	砂率/%	石子配合比(中:小)	减水剂/%	引气剂/%	VC值/s	备注
1	普定	1993	C_{90}20W8F100	0.50	94	85	103	55	38	60:40	0.85	—	10±5	
2	江垭	1999	C_{90}20W12F100	0.53	103	87	107	55	36	55:45	0.50	—	7±4	木钙
3	棉花滩	2001	C_{180}20W8F50	0.55	100	82	100	55	38	50:50	0.60	—	5～8	
4	龙首	2001	C_{90}20W8F100	0.43	88	96	109	53	32	60:40	0.70	0.050	6	天然骨料
5	石门子	2001	C_{90}20W8F100	0.50	95	86	104	55	31	60:40	0.95	0.010	6	天然骨料
6	大朝山	2002	C_{90}20W8F50	0.50	94	94	94	50	37	50:50	0.70	—	3～10	凝灰岩+磷矿渣
7	三峡三期围堰	2003	C_{90}15W8F50	0.50	93	84	102	55	39	60:40	0.60	0.030	1～8	花岗岩
8	索风营	2006	C_{90}20W8F100	0.50	94	94	94	50	38	60:40	0.80	0.012	3～8	灰岩
9	百色	2006	C_{180}20W10F50	0.50	108	91	125	58	38	55:45	0.80	0.015	3～8	
10	大花水	2006	C_{90}20W8F100	0.50	98	98	98	50	38	60:40	0.70	0.020	3～5	
11	光照	2008	C_{90}20W12F100	0.45	86	105	86	45	38	55:45	0.70	0.025	4	
12	龙滩	2008	C_{90}20W12F150	0.42	100	100	140	58	39	60:40	0.60	0.020	5～7	
13	思林	2009	C_{90}20W8F100	0.48	95	89	109	55	39	55:45	0.70	0.020	3～5	
14	喀腊塑克	2010	C_{180}20W10F300	0.45	98	131	87	40	35	55:45	1.0	0.12	1～5	

2.3 碾压混凝土试验

2.3.1 碾压混凝土试验

碾压混凝土拌和物及硬化或取芯后的试验方法，在《水工碾压混凝土试验规程》（DL/T 5433—2009）和《水工混凝土试验规程》（SL 352—2006）有详细的规定和说明。

碾压混凝土拌和物的试验主要包括：拌和物VC值试验、拌和物表观密度试验、拌和物的含气量测定、拌和物的凝结时间试验等。

碾压混凝土力学性能试验包括：劈裂抗拉强度试验、轴向拉伸强度试验、弯曲试验、抗剪强度试验、静力抗压弹性模量试验。

碾压混凝土的变形性能试验包括：压缩徐变实验、自生体积变形实验、线膨胀系数测定实验等。

碾压混凝土耐久性试验包括：抗冻、抗渗、渗透系数测定实验等。

碾压混凝土热学性能试验包括：导温系数、导热系数、比热测定、绝热温升等实验。

2.3.2 碾压混凝土生产性试验

（1）碾压混凝土生产性试验目的。为了确定碾压混凝土的拌和工艺参数、碾压施工参数（包括运输方式、平仓方式、摊铺厚度、碾压遍数和振动行进速度等）、骨料分离控制措施、层面处理技术措施、成缝工艺、变态混凝土施工工艺，验证室内选定混凝土配合比的可碾性和合理性，在碾压混凝土正式生产前，需进行碾压混凝土的生产性试验。

试验重点研究碾压混凝土的施工工艺；VC值的动态控制；实测碾压混凝土的物理力学指标，评定碾压混凝土的强度、抗渗、抗冻、弹性模量、极限拉伸、抗剪断强度等特性；确定碾压混凝土的质量控制标准和改善碾压混凝土层间结合的措施。

（2）碾压混凝土生产性试验主要内容。碾压混凝土生产性试验主要包括两方面内容：①拌和楼的拌和工艺参数试验；②现场碾压混凝土施工工艺参数试验。主要有下列几方面的内容：

1）碾压混凝土拌和工艺参数试验（如单机拌和量、拌和时间、投料顺序等）。

2）碾压混凝土运输入仓试验。

3）碾压遍数与压实度试验。

4）碾压混凝土连续上升层允许间歇试验。

5）层面处理试验。

6）变态混凝土施工工艺。

7）碾压混凝土性能试验及其质量控制。

（3）龙滩水电站碾压混凝土工艺性试验实例。

1）概述。2004年1月，龙滩水电站在下游引航道进行了第一次碾压混凝土工艺性试验，旨在确定碾压混凝土的拌和工艺参数、碾压施工参数、骨料分离控制措施、层面处理技术措施、变态混凝土施工工艺，验证室内选定混凝土配合比的可碾性和合理性，制定碾压混凝土质量控制标准和措施。2004年6—7月在上游碾压混凝土围堰和下游引航道260平台进行了第二次碾压混凝土工艺性试验。以第一次碾压混凝土工艺性试验的有关成果为基础，着重模拟高温季节条件下碾压混凝土的施工工艺；研究改善混凝土层间结合的措施；VC值控制；落实碾压混凝土在高温季节条件的温度控制措施（包括混凝土的预冷、高速带式输送机运输线的防晒与遮阳以及仓面喷雾等）；实测碾压混凝土的物理力学指标，评定碾压混凝土的强度、抗渗、抗冻、弹性模量、极限拉伸、抗剪断强度等特性；验证和确定高温季节条件下碾压混凝土的质量控制标准和措施。

2）工艺性试验内容。为了尽可能模拟大坝坝体施工工况，碾压混凝土工艺性试验的混凝土由308混凝土生产系统强制式拌和楼生产，原材料采用与坝体混凝土施工相同的原材料（包括水泥、粉煤灰、人工砂石骨料、外加剂等），采用高速带式输送机转仓面自卸汽车运输，仓内施工设备（包括摊铺、制浆、碾压、振捣等施工设备）与计划用于大坝碾压混凝土仓面施工的设备相同。主要工艺试验包括：碾压混凝土拌和工艺参数试验；碾压混凝土运输入仓试验；碾压遍数与压实度试验；变态混凝土施工工艺；现场原位抗剪断试验；连续升层允许间歇时间试验；碾压混凝土性能试验及其质量控制。

3）工艺性试验主要准备工作。工艺性试验开展前，需对整个工艺性试验做好布置和规划，编制好工艺性试验大纲，主要的试验准备工作有：

A. 工艺性试验碾压混凝土施工配合比准备以及混凝土各原材料的品质检测。

B. 做好场地布置与规划，龙滩水电站碾压混凝土工艺性试验场地布置（见表2-13～表2-15）。

C. 确定好施工工艺流程，龙滩水电站碾压混凝土工艺性试验施工工艺流程见图2-1），布置好施工运输线路，施工风水电。

表2-13　上游围堰右岸工艺性试验布置表

条带	Ⅰ区	Ⅱ区	Ⅲ区	Ⅳ区	Ⅴ区	Ⅵ区
A条带	长24.51m 宽3.50m	长22.00m 宽3.50m	长22.00m 宽3.50m	长16.00m 宽3.50m	长15.00m 宽3.50m	长24.08m 宽3.50m
B条带	长24.51m 宽3.50m	长22.00m 宽3.50m	长22.00m 宽3.50m	长16.00m 宽3.50m	长15.00m 宽3.50m	长24.08m 宽3.50m

表2-14　上游围堰左岸工艺性试验布置表

条　带	Ⅲ区	Ⅱ区	Ⅰ区
C条带	长21.00m 宽3.50m	长21.00m 宽3.50m	长22.64m 宽3.50m
D条带	长21.00m 宽3.50m	长21.00m 宽3.50m	长22.64m 宽3.50m

表2-15　下游引航道260平台工艺性试验布置表

条　带	Ⅰ区	Ⅱ区	Ⅲ区
A条带	长17.00m 宽4.50m	长16.00m 宽4.50m	长17.00m 宽4.50m
B条带	长17.00m 宽4.00m	长16.00m 宽4.00m	长17.00m 宽4.00m
C条带	长17.00m 宽5.00m	长16.00m 宽5.00m	长17.00m 宽5.00m

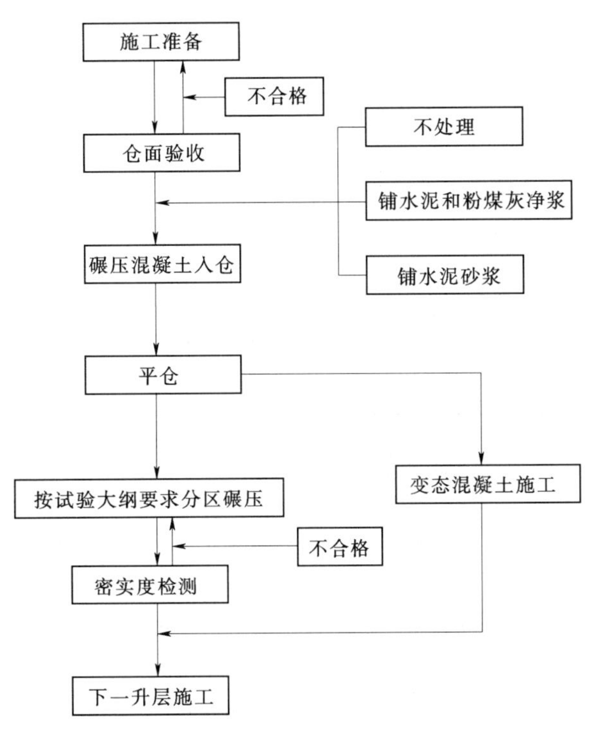

图 2-1　龙滩水电站碾压混凝土工艺性试验施工工艺流程图

D. 按试验大纲的设备配置要求，组织施工机具提前进入碾压现场，并保证施工机具完好可用。对所有参加碾压混凝土工艺性试验的施工人员进行技术培训，试验大纲下发到各班组，要求熟悉和了解工艺性试验的全部流程。碾压混凝土工艺性试验人员配备和设备配置分别见表 2-16 和表 2-17。

表 2-16　　碾压混凝土工艺性试验人员配备表

序　号	人员名称	人　数	备　注
1	试验室工程师	4	
2	试验员	6	
3	技术处工程师	3	
4	调度人员	4	
5	施工技术员	3	
6	混凝土工人	3	
7	模板工人	3	
8	普通劳务工人	24	
9	司机	9	
10	平仓机操作手	6	
11	大碾压机操作手	3	
12	小碾压机操作手	3	

续表

序　号	人员名称	人　数	备　注
13	制浆、铺浆工人	4	
14	洗车工人	6	
15	钻机操作手	6	
16	吊车操作手	12	
17	装载机操作手	3	模板吊装
18	切缝机操作手	2	封仓

表 2-17　　　　碾压混凝土工艺性试验设备配置表

序　号	设备名称及型号	单　位	数　量	备　注
1	BW202AD 碾压机	台	2	
2	BW75S 小碾压机	台	1	
3	平仓机	台	2	
4	20t 汽车	台	4	
5	变频机	台	2	
6	ZJH-400L 浆液搅拌机	台	1	
7	储浆搅拌机	台	1	
8	灌浆泵	台	1	
9	8t 吊车	台	1	
10	装载机	台	1	
11	XY-2PC 地质钻机	台	3	
12	混凝土拌和楼	台	3	
13	核子密度仪	台	2	
14	切缝机	台	1	
15	回弹仪	台	1	
16	喷雾机（东风车改装）	台	4	1 台备用
17	砂浆摊铺机（JD644）	台	5	1 台备用
18	冲毛机	台	2	附水枪 2 把
19	搅拌车	台	1	

4）工艺性试验实施：①碾压混凝土拌和物出机口质量控制及检测、仓面碾压混凝土拌和物性能检测试验；②碾压混凝土运输与入仓铺料平仓试验；③碾压遍数和压实度关系试验；④混凝土碾压工艺、变态混凝土施工工艺试验；⑤碾压混凝土连续升层间歇时间试验；⑥碾压混凝土浇筑质量检测试验，包括钻芯取样试验（做芯样评价、混凝土的力学性能试验、混凝土的耐久性试验等）、压水试验、混凝土原位抗剪试验。

5）工艺性试验评价、总结及工艺性试验报告编写。

3 碾压混凝土施工

3.1 施工规划

3.1.1 仓面划分及分层浇筑的影响因素

3.1.1.1 分仓、并仓原则

碾压混凝土施工的特点是大仓面连续快速浇筑。从工艺过程看，首先对相同高程的若干个连续相邻的坝段进行组合分仓，为了体现碾压混凝土大仓面连续快速浇筑施工的特点，在满足层间间隔时间要求的前提下，仓面越大，施工效率越高。

并仓方案的选择与坝体施工的控制性进度要求、混凝土生产系统的生产能力、浇筑机械的生产能力及坝体施工的成本控制等因素有关。在不同的阶段，优选的目标也不同。

(1) 施工时间最短的原则。施工时间最短指仓位或机械的等待时间在满足其他边界条件的前提下达到最短。

(2) 强度均衡的原则。坝体施工过程中，根据月浇筑强度及混凝土小时入仓强度的变化实时调整施工方案，使混凝土浇筑方案与机械设备的生产能力、混凝土的生产和运输能力相适应。在仿真程序设计中选择仓面方案时也要考虑强度的不均衡对施工方案可行性的影响，当混凝土的生产能力不足时，自动调整机械浇筑强度，并改变仓面浇筑方案。

(3) 进度控制要求的原则。混凝土坝的坝体结构复杂，存在孔洞等特殊部位，由于这些特殊部位的施工工序复杂，处理时间长，坝段上升速度比较慢，可能是影响整个坝体进度的控制性因素。为了达到施工导流对坝体最低高程的要求，在确定浇筑仓选择方案时，应考虑加快这些坝段施工进度的措施。

(4) 影响仓面划分的因素：①平层铺筑方式时可控最大仓面面积；②碾压混凝土运输方案的施工布置对浇筑分仓的影响；③防洪度汛对浇筑分仓的影响。

3.1.1.2 不同浇筑设备可控制面积计算

碾压混凝土施工一般视仓面大小考虑铺料方式。小仓面通常采用平层铺筑法，如仓面面积过大无法满足混凝土覆盖时间要求或保证率不高时，可考虑采用斜层平摊铺筑法。混凝土碾压层厚一般为30cm。根据碾压混凝土入仓方式，以及碾压混凝土层间允许间隔时间要求（按4h、5h、6h三种时间控制），某典型工程碾压混凝土主要入仓方式平层碾压仓面面积分析见表3-1。

表 3-1　　碾压混凝土主要入仓方式平层碾压仓面面积分析表

覆盖时间	主要入仓方式	入仓强度 /(m^3/h)	每碾压层混凝土量 /m^3	可控制仓面面积 /m^2
4h	自卸汽车＋真空负压溜槽（单条）	150	600	2000
	自卸汽车直接入仓	300	1200	4000
	自卸汽车＋缆机（单台）	54	216	720
5h	自卸汽车＋真空负压溜槽（单条）	150	750	2500
	自卸汽车直接入仓	300	1500	5000
	自卸汽车＋缆机（单台）	54	270	900
6h	自卸汽车＋真空负压溜槽（单条）	150	900	3000
	自卸汽车直接入仓	300	1800	6000
	自卸汽车＋缆机（单台）	54	324	1080

当碾压仓面面积大于 5000m^2 时，考虑采用斜层平摊铺筑法，面积小于 5000m^2 时，考虑采用通仓平层铺筑法。若采用斜层平摊铺筑法，其斜层摊铺可控制面积（一个斜碾压层）与表 3-1 中平层碾压可控制仓面面积相同。

该工程斜层摊铺采用 1∶15 斜坡坡比，只在平层铺筑和斜层铺筑按 1∶15 不能满足要求时才采用 1∶12 或更小坡比。经计算，3.0m、2.1m、1.5m 不同升层高度按 1∶15 坡比斜层摊铺碾压时，斜层平摊铺筑法最大坡长见表 3-2，其中碾压层上平段长度按 10.0m 控制，下平段长度按 4.5m 控制。

表 3-2　　斜层平摊铺筑法最大坡长表

升层高度 /m	上平段长 /m	斜坡坡比	下平段长 /m	最大坡长 /m
3.0	10.0	1∶15	4.5	55.10
2.1	10.0	1∶15	4.5	41.57
1.5	10.0	1∶15	4.5	32.55

根据各设备入仓保证强度可控制最大仓面面积，对不同升层高度，按 1∶15 坡比斜层铺筑时可控制坝段宽度（见表 3-3）。

该工程碾压混凝土浇筑升层高度以 3.0m 为主，局部采用 2.1m 升层。因高温季节（汛期）停工度汛，混凝土浇筑大多在常温季节，摊铺层间覆盖时间初拟按 6h 控制，个别高温时段可适当减小到 4～5h（需试验确定）。按上述指标，在混凝土入仓强度 300m^3/h 时，平层碾压可控制最大仓面面积为 6000m^2，斜层碾压可控制最大坝段宽度为 108.9m。

表 3-3　　各入仓保证强度斜层铺筑可控制最大坝段宽度表

覆盖时间	入仓强度/(m^3/h)	可控制最大斜层摊铺面积/m^2	各升层高度可控制最大坝段宽度/m			备注
			3.0m 升层	2.1m 升层	1.5m 升层	
4h	150	2000	36.30	48.10	61.40	单条溜槽
	300	4000	72.60	96.20	122.90	自卸汽车
	54	720	13.10	17.30	22.10	单台缆机
5h	150	2500	45.40	60.10	76.80	单条溜槽
	300	5000	90.70	120.30	153.60	自卸汽车
	54	900	16.30	21.70	27.60	单台缆机
6h	150	3000	54.40	72.20	92.20	单条溜槽
	300	6000	108.90	144.30	184.30	自卸汽车
	54	1080	19.60	26.00	33.20	单台缆机

3.1.1.3　分仓规划

某工程坝体碾压混凝土施工不设纵缝，只设横缝，横缝间距依据水工结构布置和大坝温控防裂要求确定。由于坝体下部层面面积过大，若不分仓，混凝土入仓设备的配置及布置均难以满足混凝土层间允许间隔时间要求；另外，大坝采用枯水期施工，汛期过水的浇筑方式，溢流坝段需预留缺口过水，使得诸坝段上升高程不同。因此，大坝必须采取分仓浇筑。

(1) 仓面划分的影响因素。坝体施工分仓规划需多方面综合考虑，主要有下列几个影响因素。

1) 根据不同季节碾压混凝土层间间隔允许时间，不同供料系统入仓强度，选择适宜的仓面面积。

2) 大坝结构布置对浇筑分仓影响较大。左、右岸底孔坝段高程 1152.0～1169.0m 以及闸门井周边均为常态混凝土，限制了坝体全断面通仓浇筑。

3) 为防止坝体过水时冲刷两岸坝肩，溢流坝段需预留度汛缺口，两个汛期缺口高程分别为 1140.00m 和 1195.00m，并与两侧坝段形成一定的高差。

4) 碾压混凝土有平层摊铺、斜层摊铺等浇筑方式，采用不同浇筑方式，其仓面划分也随之不同。

(2) 仓面划分方案。根据大坝运输入仓路线、运输浇筑设备能力、坝体结构布置以及不同浇筑碾压方式等诸多因素，主要比选分析了下列 3 种分仓方案：

方案 1：平层碾压方案（见图 3-1）。

方案 2：平行于水流方向斜层＋平层碾压方案（见图 3-2）。

方案 3：双向斜层＋平层碾压方案（见图 3-3）。

3.1.1.4　分仓方案比选

根据大坝仿真模拟结果，对三种分仓方案的优劣进行分析，大坝混凝土分仓浇筑方案

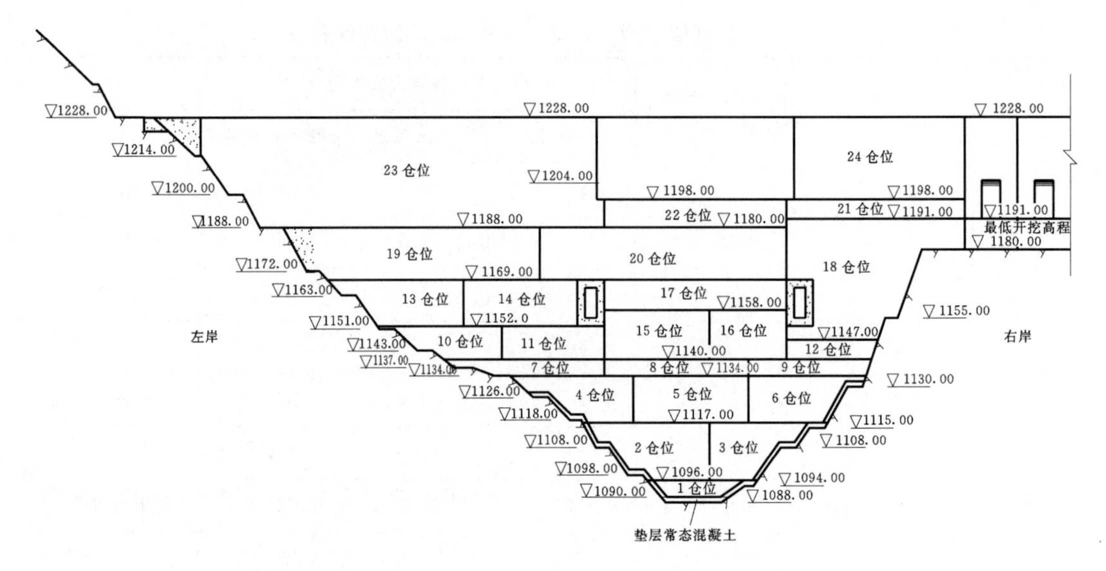

图 3-1　平层碾压方案混凝土分仓规划示意图（单位：m）

比较见表 3-4。

表 3-4　　　　大坝混凝土分仓浇筑方案比较表（仿真模拟理论值）

比 较 项 目	平层	平行于水流方向斜层＋平层	双向斜层＋平层
可能的分仓数量	138	128	103
最大仓面积/m^2	6025	11790	14817
高峰浇筑强度/(万 m^3/月)	14.43	15.07	16.17
平均浇筑强度/(万 m^3/月)	8.00	8.37	8.37
强度不均衡系数	1.80	1.80	1.93
浇筑工期/月	23	22	22

分析表明，无论从工期还是浇筑强度上，两种斜层浇筑方式比平层浇筑方式均有较大优势。而两种斜层浇筑方式差别不大，均能够满足施工工期的要求，并具有高强度、大仓面连续浇筑的特点。根据有关规范要求并借鉴类似工程施工经验，该工程碾压混凝土浇筑采用平行于水流方向斜层＋平层方式。

3.1.2　碾压混凝土快速施工的配套设备

碾压混凝土快速施工应根据施工期的气候因素和施工仓面划分需要来规划设计，大坝工程高温季节碾压混凝土施工多以 1～3 个坝段为一个浇筑仓，仓面面积 4000～6500m^2；低温季节碾压混凝土施工以多个坝段为一个浇筑仓，仓面面积应满足配套混凝土生产和运输能力。

仓面配套设备：仓面设备可按同时浇筑多个仓号进行配置，最高日浇筑能力应满足拌和系统生产能力。

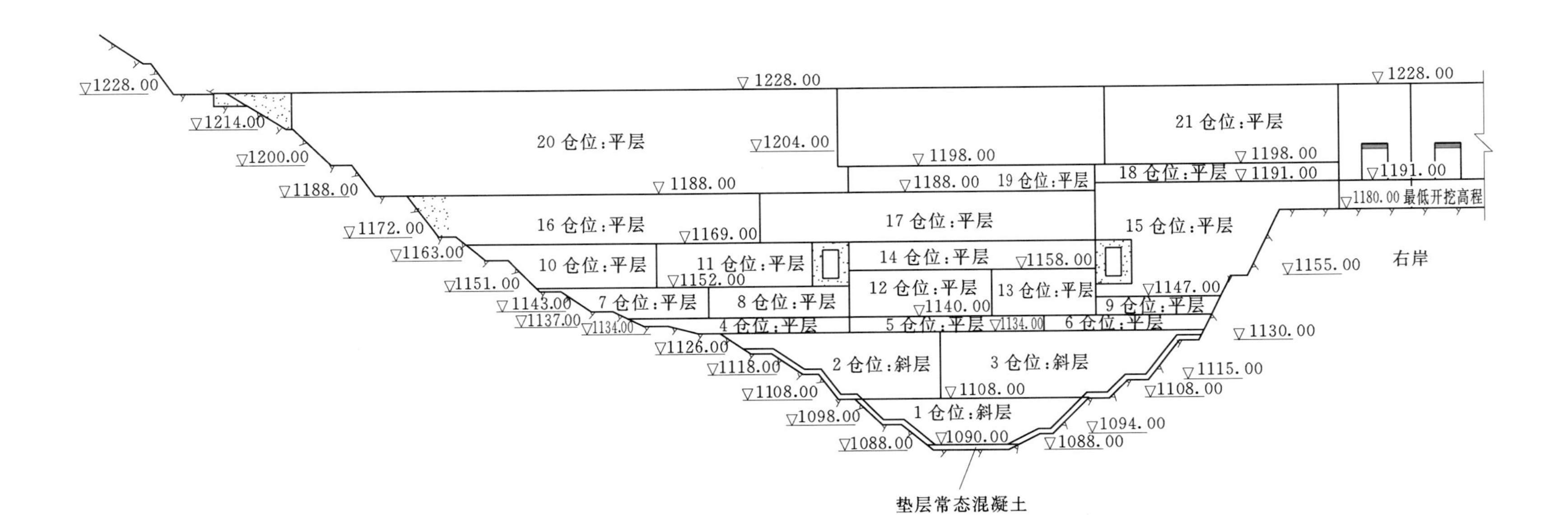

图 3-2　平行于水流方向斜层+平层碾压方案混凝土分仓规划示意图（单位：m）

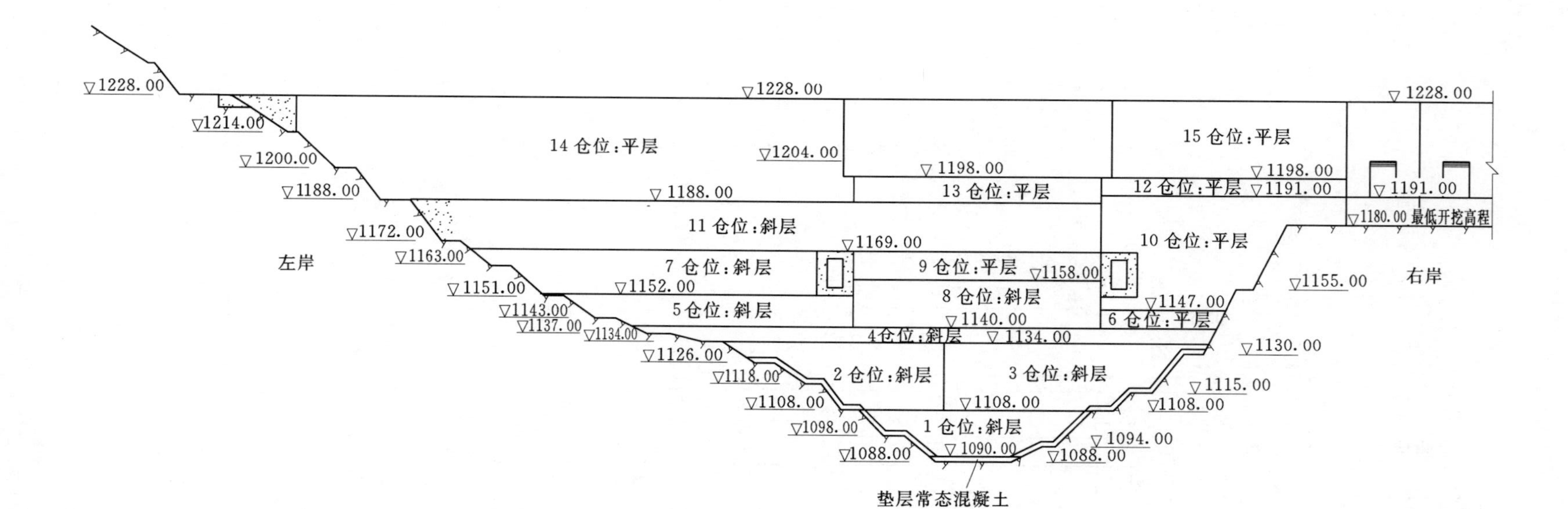

图 3-3 双向斜层+平层碾压方案混凝土分仓规划示意图（单位：m）

工具及其他器材：为了配合仓面施工，对仓面骨料分离、积水、泌水、变态混凝土施工、砂浆摊铺及机械难以施工的部位采用人工处理。故仓内需常备瓢、桶、抹布、拖把、铁锹、耙子、真空吸水器等工具，同时还要配备保温被、彩条布对碾压混凝土进行保温、保湿、防晒及防雨等保护。

3.1.3 碾压混凝土施工设备配置

3.1.3.1 砂石生产系统配置

原材料供应必须充分，尤其用量较多的砂石骨料。为满足碾压混凝土高强度的填筑施工，原材料成品必须有足够的储备，一般备料量应经常保持日平均填筑工程量的5～7倍。国内多数工程采用湿法或干湿结合工艺生产砂石料；江垭、棉花滩等水电站碾压混凝土坝采用干法生产人工砂石料，具有较好的技术经济效益。

砂石骨料系统的生产能力可按式（3-1）计算：

$$Q_h = KQ/T \qquad (3-1)$$

式中 Q_h——系统小时生产能力，t/h；

K——生产过程中的损耗系数，一般取1.1～1.2；

Q——高峰月混凝土骨料用量，t；

T——月生产小时数，h，一般按1个月25d、1d 12～15h计。

（1）江垭水电站人工砂石料生产。江垭水电站大坝混凝土浇筑高峰期平均日浇筑4700m^3，日需骨料10000t，骨料加工厂设计生产能力为10000t/d或500t/h，采石场开采能力为4664m^3/d或11.9万m^3/月（实方）。采石场分三班作业，骨料加工厂分两班作业。加工工艺满足碾压混凝土对石粉含量的要求。

（2）大朝山水电站人工砂石料生产。大朝山水电站人工砂石料生产系统按满足混凝土浇筑强度10万m^3/月设计，毛料处理能力800t/h，成品生产能力684t/h（其中砂235t/h），岩石抗压强度85～150MPa。

（3）棉花滩水电站大坝人工砂石料生产。棉花滩水电站大坝人工砂石料生产采用全干法生产工艺，石料为中粗粒黑云母花岗岩，平均饱和抗压强度为132.7MPa。粗碎选用JM1211HD颚式破碎机1台，并配备VMHC60/12棒条式振动给料机，二级破碎选用S4000MC旋回破碎机1台，三级破碎选用H4000MC圆锥破碎机1台，制砂选用B9000巴马克立轴式石打石破碎机2台。

3.1.3.2 混凝土生产系统配置

（1）混凝土生产系统应根据高峰月混凝土浇筑强度配置，其生产能力可按式（3-2）计算并满足最大仓面浇筑要求：

$$Q_h = KQ_m/T \qquad (3-2)$$

式中 Q_h——混凝土小时拌和强度，m^3/h；

K——不均匀系数，与使用时段有关，一般取1.5～2.0；

Q_m——高峰月混凝土浇筑量；

T——月拌和时间，h，一般取400～500h。

一般常态混凝土拌和机均可用于同级配的碾压混凝土拌和，但是拌和时间较常规混凝土延长适当，在选择混凝土拌和设备时，应考虑拌和时间的延长对生产率的影响，一般按铭牌产量乘以0.7～0.9的系数即可，拌和能力配备必须满足施工需要并有一定的富余。

（2）连续强制式混凝土搅拌机。通过沙牌水电站为"九五"国家重点科技攻关项目研究，在德国进口机型的基础上研制了连续强制式混凝土搅拌站。连续强制式搅拌机的搅拌时间一般较短，如德国的BHS搅拌机在没对其进行改装前，其搅拌时间仅为7～8s；改装后最大搅拌时间也仅为10s。若仅按8s计算，物料在搅拌机内就将经过16次左右的搅拌，加上连续式配料本身的特点，物料在进入搅拌机时已按比例预先分布好，因而通过搅拌机搅拌出的混凝土均匀性良好。经反复测试，连续强制式搅拌机生产的混凝土砂浆容重相对误差均在0.2%～0.72%之间，粗骨料含量相对误差在1%～3.9%之间，远低于《混凝土质量控制标准》（GB 50164—2011）的规定砂浆容重相对误差不大于0.8%，粗骨料含量相对误差不大于5%的要求。

（3）国内专业公司生产的连续强制式混凝土搅拌站在工民建领域得到了较好的发展与应用，技术已成熟。这套国产系统具有较高的衡量精度和可靠性，对拌和物进行全流程监控，质量控制更直观，在伺服中采用了变频器调速方案降低系统的故障率从而提高拌和性能，采用了微波探测进行粗细骨料含水量的测定，通过电脑自动调节用水量，整套系统为全自动化控制。国内专业公司生产的连续强制式混凝土搅拌站，产品系列已有DW150、DW180、DW200、DW240等。招徕河水电站双曲拱坝混凝土拌和物试件统计，离差系数CV值仅为0.10，说明拌和机性能稳定，质量均匀，且体积小安装方便。

目前，许多工程应用连续强制式混凝土搅拌站，如沙牌、招徕河和冲呼尔等水电站。冲呼尔使用2台DW200型国产的连续强制式混凝土搅拌站，月浇筑RCC达到10万m^3。

3.1.3.3 混凝土运输设备配置

碾压混凝土常用的运输设备有自卸汽车、带式输送机、塔带机和胎带机、真空负压溜槽、仓面资源配置等。运输设备及运输方式的选择不仅要满足施工强度需要，还要满足防止混凝土骨料分离的要求。相比较而言，汽车运输适应性强、机动灵活可直接入仓，可减少分离。其他运输工具一般采取组合运输方式，如机车与吊机组合、带式输送机与溜槽组合等。自卸汽车、带式输送机、箱式满管、真空负压溜槽（管）等已成为碾压混凝土运输的主要手段。

运输碾压混凝土的设备必须同拌和楼生产能力、仓面铺筑能力相匹配。常用运输设备的配置计算方法如下：

（1）自卸汽车运碾压混凝土生产率的计算。

1）自卸汽车运输一次的循环时间C_m：

$$C_m = T_1 + T_2 + T_3 + T_4 + T_5 + T_6 + T_7 \quad (3-3)$$

$$T_4 = (L_1/30 + L_2/10) \times 3600$$

上两式中　T_1——定位装载时间，可按45～60s计；

T_2——洗车时间，可按45～60s计；

T_3——定位卸料时间，可按60～90s计；

T_4——重车运行时间；

L_1——坝外运输距离，km；

L_2——坝内可能运行最大距离，km；

T_5——空车返回行走时间，可取$T_5=0.9T_4$；

T_6——拌和楼处停等时间，可按60～90s计；

T_7——混凝土倒车待卸时间，可按60～90s计。

2）考虑汽车配置时还要考虑一定的备用系数。

（2）带式输送机输送碾压混凝土能力见表3-5。

表3-5　带式输送机输送能力表　单位：t/h

带速/(m/s)		0.8	1.0	1.25	1.6	2.0	2.5	3.15	4.0
带宽/mm	500	156	184	244	312	382	464		
	650	262	328	412	528	646	782		
	800		556	696	890	1092	1322	1648	
	1000		870	1088	1392	1706	2066	2466	
	1200		1310	1638	2096	2568	3112	3716	4404
	1400		1882	2230	2854	3496	4236	5056	5992

（3）塔带机和胎带机。塔带机和胎带机基本特性见表3-6。

表3-6　塔带机和胎带机基本特性表

名称	型号	基本特性	输送能力
塔带机	TG2400-84	工作幅度84m，输送带宽76cm，固定式，塔柱抗弯力矩3400t·m，吊钩以下高度95m，给料胶带和送料胶带长分别为90m和130m，电源总功率300kW，塔柱有自升功能，也可改作塔吊使用。操作、维护、管理每班3人	三级配：$7m^3/min$ 四级配：$5m^3/min$
胎带机	CC200X24	工作幅度61m，输送带宽61cm，自行式360°回转伸缩臂最大仰角30°，最大俯角15°，给料胶带长19.8m，电源总功率220kW，自重99880kg，螺旋给料机型号为AM20/20型，料斗容量$8m^3$，混凝土运输车型号为BigDog，斗容量$12m^3$。配有电子秤的橡胶鼻管	三级配：$4.5m^3/min$ 四级配：$2.5m^3/min$

（4）真空负压溜槽。真空负压溜槽的输送能力取决于溜槽的大小和倾角，且与进料和出口接料密切相关，一般50cm半圆形真空负压溜槽的输送能力为$200m^3/h$。

（5）仓面资源配置。

1）仓面设备配置。仓面机械很多，有供料机械、摊铺机械、碾压机械、保温机械、切缝机械和冲毛机械等。各机械的作业区域随着供料铺料、碾压、保温、切缝、冲毛工序的完成而随时调换。因此，必须根据工程实际，对作业分区图进行总体规划，并加强现场调度管理，避免各种机械作业的相互干扰和工序之间的脱节。仓面宜设专职指挥人员，统一指挥和协调仓面作业。

A. 平仓设备。碾压混凝土施工，大多采用大仓面通仓铺筑，应配备足够数量的平仓设备。平仓设备一般选用平仓机，也有采用大型推土机。平仓设备的配置由式（3-4）计算：

$$N=Q/q \tag{3-4}$$

$$q=WVDE$$

上两式中 N——平仓机数量，台；

Q——摊铺强度，m^3/h，等于最大仓面摊铺层混凝土量除以摊铺层层间覆盖时间；

q——平仓机的生产率，m^3/h；

W——平仓机作业宽度，m；

V——平仓机作业速度，m/h；

D——摊铺层厚度，m；

E——平仓机作业效率，一般取 0.4。

B. 碾压设备。宜采用自行式振动碾，重量 10t 左右，频率 1500～2700 次/min，最好在 2400 次/min 以上；边角部位可使用手扶式振动碾碾压。碾压设备的配置由式（3-5）计算：

$$N=Q/q \tag{3-5}$$

$$q=\frac{V(B-b)HK}{n}$$

上两式中 N——碾压机数量，台；

Q——碾压强度，m^3/h，等于最大仓面碾压层混凝土量除以碾压层层间履盖时间；

q——碾压机的生产率，m^3/h；

B——碾压机作业宽度，m；

$B-b$——一次有效碾压宽度，m；

K——碾压作业综合效率，一般取 0.8；

V——碾压机作业速度，m/h；

b——要求的重叠宽度，m；

H——摊铺层厚度，m；

n——碾压遍数，由试验确定。

常用设备配套数量见表 3-7。

表 3-7　　常用设备配套数量表

仓面面积 /m^2	层厚 /cm	10t 自卸汽车/台			平仓机/台	振动碾/台
		运距/m				
		500～1000	1000～2000	2000～3000		
1000 以内	30	4～8	7～9	8～12	1	1～2
1000～2000	30	7～14	10～15	15～20	1～2	2～3
2000～4000	30	15	15～20	20～25	2～3	2～3
4000～5000	30	15～25	20～30	25～35	2～3	3～4
5000 以上	30	宜采用分仓或斜层浇筑				

C. 冲毛设备、切缝机、喷雾装置。碾压混凝土施工层面普遍采用高压水冲毛机冲毛（最大工作压力为 30～50MPa），一般情况下，仓面面积在 $2000m^2$ 以内的可配置 1 台冲毛机，2000～$5000m^2$ 配置 2 台，$5000m^2$ 以上配置 3 台。

碾压混凝土坝的横缝有多种成缝方式，高坝工程趋向使用切缝机。例如江垭水电站采用MPKHPQ13型切缝机（由EX120型液压挖掘机改装），棉花滩水电站大坝采用MPFQ-1型切缝机，大朝山水电站、龙滩等众多工程均采用切缝机成缝。

当日照强烈、风速较大、湿度较低时，为保持湿润环境，应特别做好仓面喷雾工作，以使碾压混凝土的VC值不要迅速损失，影响碾压和层面结合质量。喷雾一般由压缩空气和水混合喷射后形成，各工程要根据不同施工季节和施工条件采用不同的喷雾方式。

D. 养护和保护。碾压混凝土浇筑完成后要及时进行养护，养护方式有蓄水，喷水及流水养护等。供水管路的布设、需水流量及压力等需根据浇筑仓面进行统一设计。在冬季及遇有寒潮冲击的条件下施工，须注意碾压混凝土的保温工作，保护方法有设置保温模板、装设苯板或保温被、浇筑层顶面覆盖保温塑料布及保温被等。

2）仓面人员配置。5000m^2 以内仓面人员配置实例见表3-8。

表3-8　5000m^2 以内仓面人员配置实例表

工种	人数	工种	人数	工种	人数
平仓机驾驶员	2	振捣人员	约3	质控人员	约5
振动碾驾驶员	3	值班模板工	2	引导员	约2
切缝人员	3	值班电工	1	仓面指挥长	1
铺浆人员	约3	配合人员	约15	合计	约40

3.2 仓面工艺设计

3.2.1 仓面工艺设计的原则与依据

碾压混凝土坝由于浇筑量大、仓面面积大、施工快速、施工强度高，为保证混凝土施工质量，须根据不同的浇筑高程、气象条件、浇筑设备的能力、不同坝段的形象面貌要求等合理地划分浇筑仓，并在混凝土浇筑之前，对浇筑仓号进行仓面工艺设计。

对碾压混凝土而言，仓面划分大，既有利于仓面设备效率的发挥，又有利于减少坝段之间的模板使用数量，同时也有利于仓面的管理；但是仓面过大也有不利的一面，当层间间隔时间超过初凝时间容易影响碾压混凝土层间结合质量。所以，每一个浇筑仓均要进行仓面设计，仓面工艺设计的原则是将所要浇筑仓面的特性、技术要求、施工方法、质量要求、资源配置等简洁地汇集到仓面工艺设计中，以指导作业队严格按照仓面工艺设计的要求进行有序、高效施工。

仓面工艺设计的原则如下：

（1）仓面工艺设计应尽可能采取图表格式，力求简洁明了、方便实用。

（2）典型仓面要做成标准化设计。

（3）仓面资源配置应合理优化，充分发挥资源效率。

（4）应按照高效准确的原则，简化铺料顺序，减少标号、级配的切换次数，缩短浇筑设备入仓运行路线，来料流程要优化。

（5）应有必要的备用方案。

（6）应尽量采用办公自动化系统。

3.2.2 仓面工艺设计的内容及步骤

3.2.2.1 仓面设计内容

（1）仓面特性是指浇筑部位的结构特征和浇筑特点。结构特征和浇筑特点包括：仓面高程、所属坝段、面积大小、预埋件及配筋情况；混凝土标号级配分区、升层高度、混凝土方量、入仓强度和预计浇筑历时。

分析仓面特性，确定浇筑参数和进行资源配置，可避免周边部位的施工干扰；有利于当外界条件发生变化时采用对应措施和备用方案。

（2）技术要求和浇筑方法。技术要求包括：质量要求和施工技术要求，如温控要求、过流面质量标准、允许铺料间隔时间等。浇筑方法包括：铺料厚度、铺料方法、铺料顺序和平仓振捣等施工方法。温控要求明确混凝土入仓温度、浇筑温度、通水冷却时间等；根据混凝土标号、气温和温控要求确定允许铺料间隔时间；根据仓位埋件、配筋情况和入仓强度确定铺料厚度；根据混凝土入仓手段，混凝土初凝时间等因素确定铺料方法。上述内容应根据设计图纸、文件和技术规范确定。

（3）资源配置。资源配置包括设备、材料和人员配置。设备应包括混凝土入仓、铺料、平仓碾压、温控保温设备和仓面保洁机具；材料包括防雨和保温材料；人员包括仓面指挥、仓面操作人员，相关工种值班人员和质量、安全监控人员。资源配置根据仓面特性、技术要求和周边条件进行配置。

（4）质量保证措施。仓面设计中，对混凝土温度控制、特殊部位均应提出必要的质量保证措施，如喷雾降温、仓面覆盖保温材料等温控措施；止水、止浆片周围，预埋件周围，建筑物结构狭小部位变态混凝土的铺料、振捣措施。

一般仓位的质量保证措施，在仓面设计表格中填写，对于结构复杂、浇筑难度大及特别重要的部位，必须编制专门的质量保证措施，作为仓面设计的补充，并在仓面设计中予以注明。

3.2.2.2 仓面设计步骤

仓面设计要在认真分析仓面特征的基础上，结合现场施工条件，按照有关技术要求，结合资源配置，对混凝土浇筑过程详细规划。仓面设计编制流程见图 3-4。

3.2.2.3 仓面设计要点

（1）分析仓面特征。仓面特征主要包括升层厚度、混凝土标号及配筋情况分析周边影响的因素、混凝土入仓强度、相关技术要求等。

1）升层厚度。升层厚度对混凝土施工速度、施工质量和施工费用有很大影响，根据结构特点、仓面面积、浇筑难度、入仓手段、模板配置、温控要求及气象等因素确定浇筑高度。一般分仓浇筑仓面升层厚度为 3m，局部位置为 1～2m，通仓连续浇筑可更高，龙滩水电站上游碾压混凝土围堰一次连续浇筑上升 24m。

2）混凝土标号级配及配筋情况。混凝土标号级配应符合设计要求，对于找平层混凝土、钢筋密集区和浇筑盲区混凝土，可采取小级配（或富浆）替代方案，减少混凝土骨料分离。仓面设计及审核人员应熟悉仓内钢筋分布情况，认真分析钢筋部位的施工难度及浇

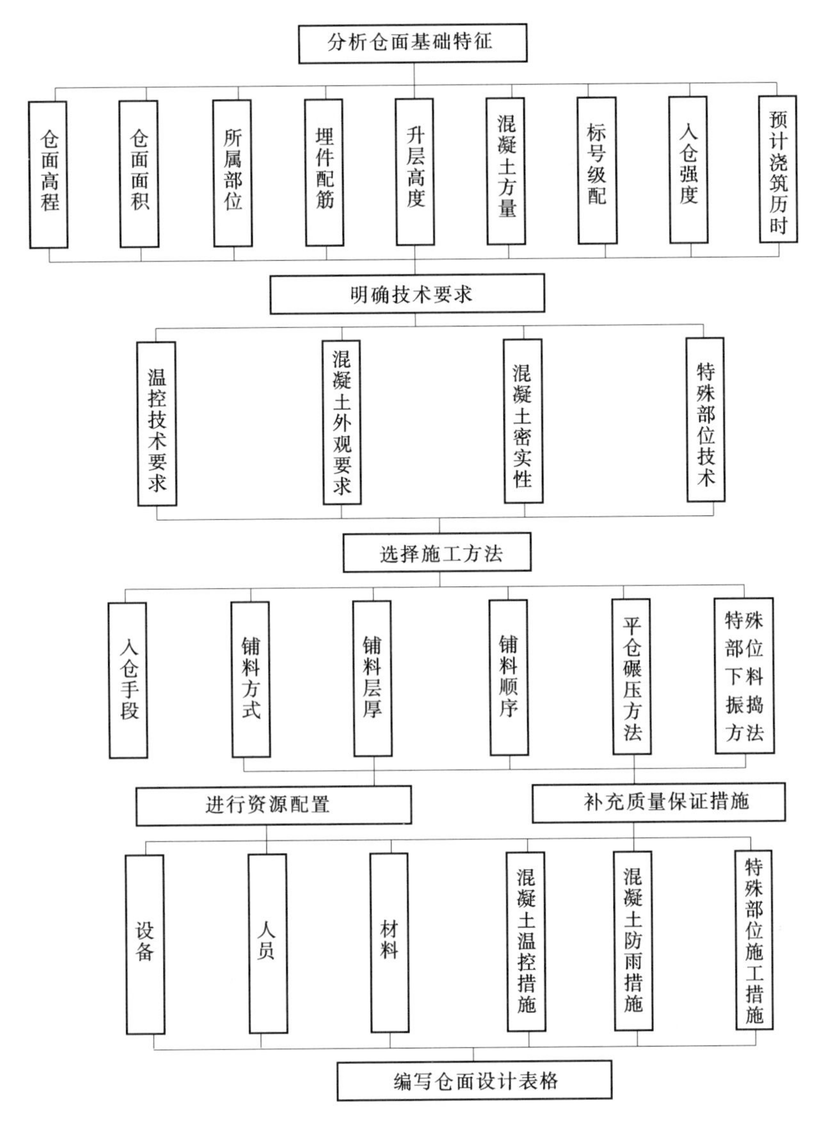

图 3－4　仓面设计编制流程图

筑强度。混凝土标号、级配品种过多，会造成混凝土铺料过程中，切换混凝土品种次数频繁，造成施工程序复杂，影响混凝土入仓速度和施工质量。不同标号、级配的混凝土价格不同，使用不当会影响混凝土质量和施工成本。

3）分析周边影响浇筑的因素。相邻结构块高差、备仓安排、渗水处理及其他平行作业等对混凝土浇筑均有一定的影响，需提前审查施工计划及制定相应的施工保证措施。

4）混凝土入仓强度。混凝土入仓强度决定了仓面资源配置，混凝土入仓、平仓、碾压设备及人员的配置。

5）相关技术要求。仓面设计时，不同的施工部位、不同的浇筑时段，其施工技术要求会有所不同。如在夏季高温季节时和基础约束区的部位，温控要求较高，而对于溢流面等高速水流通过的部位，则混凝土外观质量要求较严；在钢衬、闸门槽等与金属结构埋件相关联的施工部位，则对混凝土密实性控制较严。

（2）确定浇筑参数。

1）浇筑手段。确定浇筑方案时应综合考虑设备性能、拌和楼维护、钢筋密集区及盲区平仓振捣困难等因素，作为仓面设计依据。当采用两台或两台以上的设备浇筑同一仓面时，应确定各台设备的浇筑范围和顺序，以达到铺料顺序的要求，必要时对浇筑设备的运行方式作限定，以确保设备的安全运行。

2）允许铺料间歇时间。综合考虑不同标号混凝土初凝时间、气温影响及温控要求，确定合理的混凝土接头覆盖时间。如超过允许间歇时间，由现场质量工程师和监理工程师共同判断混凝土接头是否出现初凝。当出现初凝时，应视初凝面积、部位决定采取处理措施后继续浇筑或停仓处理。

3）铺料方法。碾压混凝土施工可根据仓面面积的大小、拌和楼生产强度、运输设备的入仓强度、平仓碾压设备的平仓碾压强度、变态混凝土的处理强度以及气候条件，可采用平层法和斜层法铺料，斜层法铺料的斜度在1：10～1：15之间。

4）铺层厚度。铺层厚度综合考虑入仓手段、入仓强度、允许铺料间歇时间等因素，一般为30cm；对于特殊情况，可采用25cm，并要求在仓面设计上注明原因。

5）特殊部位混凝土下料、振捣方法。对于仓内止水、灌浆、观测仪器等不能直接下料的部位，以及闸墩门槽和钢衬下部等钢筋密集、空间狭窄、进料困难的部位，应按照相关技术要求，调整混凝土下料、平仓振捣方法。混凝土下料可采用下料皮筒、缓降溜槽、混凝土泵车和人工进料等方法。上述部位的混凝土振捣应采用小型手持振捣器，适当加强振捣。

（3）确定资源配置。资源配置主要包括机械设备和人员两个方面。主要机械设备有：入仓设备、振捣机、插入式振捣器、降（保）温设施、平仓机、振动碾、切缝机等；一般工具有：分散骨料工具、排除泌水工具、仓内保洁工具等。人员包括：仓面指挥、盯仓质检员、安全员、卸料指挥、机械操作手、辅助工及各工种值班人员。对大坝混凝土仓的资源配置应根据浇筑强度明确规定。对存在浇筑盲区、抹面层区或有特殊要求的仓位，根据实际情况增加资源投入。

（4）制定质量保证措施。对于一般仓位，在仓面设计图表“注意事项”栏加以说明；对于结构复杂、浇筑难度大及有特殊要求的仓位，要求提供专项质量保证措施，作为仓面设计的补充，并在仓内组织技术交底，使仓面指挥、盯仓质检员直至施工班组均作到心中人数。

3.2.2.4 仓面设计标准格式

仓面设计主要内容包括：①仓面情况，包括仓面所在坝段、坝块、高程、面积、方量、混凝土级配种类要求，仓位施工特点等；②仓面预计开仓时间、收仓时间、浇筑历时、入仓强度、供料拌和楼；③仓面资源配置，包括机具、工具、材料、人员数量要求；④仓面设计图，图上标明混凝土分区线、混凝土种类标号、埋件、浇筑顺序等，若内容较多可附图；⑤混凝土来料流程表；⑥对仓面特殊部位如止水、止浆片周围、钢筋密集、过流表面等重要部位指定专人负责混凝土浇筑质量工作；⑦对特别重要部位，必须编制专门的施工措施；⑧仓面“浇筑情况评述”，收仓后，由质检人员和监理工程师对该仓混凝土浇筑情况进行简要评述，对可能存在的浇筑质量问题提出处理意见。某工程典型仓面浇筑工艺设计见图3－5。

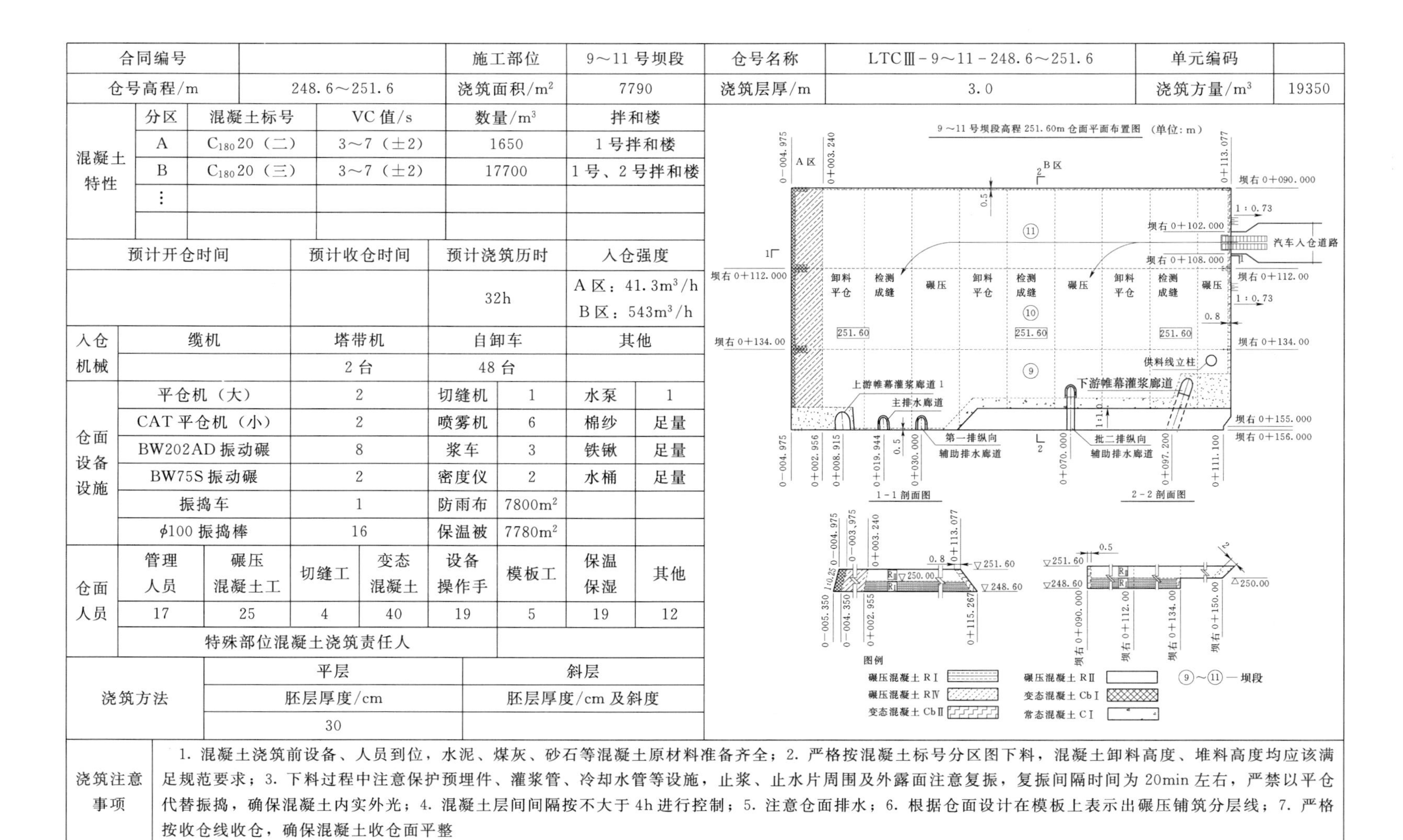

合同编号		施工部位	9～11 号坝段	仓号名称	LTCⅢ－9～11－248.6～251.6	单元编码	
仓号高程/m	248.6～251.6	浇筑面积/m²	7790	浇筑层厚/m	3.0	浇筑方量/m³	19350

混凝土特性	分区	混凝土标号	VC 值/s	数量/m³	拌和楼
	A	C_{180}20（二）	3～7（±2）	1650	1 号拌和楼
	B	C_{180}20（三）	3～7（±2）	17700	1 号、2 号拌和楼
	⋮				

预计开仓时间	预计收仓时间	预计浇筑历时	入仓强度
		32h	A 区：41.3m³/h B 区：543m³/h

入仓机械	缆机	塔带机	自卸车	其他
		2 台	48 台	

仓面设备设施					
平仓机（大）	2	切缝机	1	水泵	1
CAT 平仓机（小）	2	喷雾机	6	棉纱	足量
BW202AD 振动碾	8	浆车	3	铁锹	足量
BW75S 振动碾	2	密度仪	2	水桶	足量
振捣车	1	防雨布	7800m²		
ϕ100 振捣棒	16	保温被	7780m²		

仓面人员	管理人员	碾压混凝土工	切缝工	变态混凝土	设备操作手	模板工	保温保湿	其他
	17	25	4	40	19	5	19	12
	特殊部位混凝土浇筑责任人							

浇筑方法	平层	斜层
	胚层厚度/cm	胚层厚度/cm 及斜度
	30	

浇筑注意事项	1. 混凝土浇筑前设备、人员到位，水泥、煤灰、砂石等混凝土原材料准备齐全；2. 严格按混凝土标号分区图下料，混凝土卸料高度、堆料高度均应该满足规范要求；3. 下料过程中注意保护预埋件、灌浆管、冷却水管等设施，止浆、止水片周围及外露面注意复振，复振间隔时间为 20min 左右，严禁以平仓代替振捣，确保混凝土内实外光；4. 混凝土层间间隔按不大于 4h 进行控制；5. 注意仓面排水；6. 根据仓面设计在模板上表示出碾压铺筑分层线；7. 严格按收仓线收仓，确保混凝土收仓面平整

设计		校核		审查		质检员		施工单位		监理单位	

图 3－5　典型仓面浇筑工艺设计图

3.2.3 仓面组织管理

为了保证碾压混凝土“一条龙”正常、连续、快速进行，应建立一个组织严密、运行高效、信息反馈及时的仓面组织管理体系，同时在现场指挥中心设置现场监视系统，以便及时了解、掌握、处理现场问题。典型工程仓面组织管理体系见图3-6。

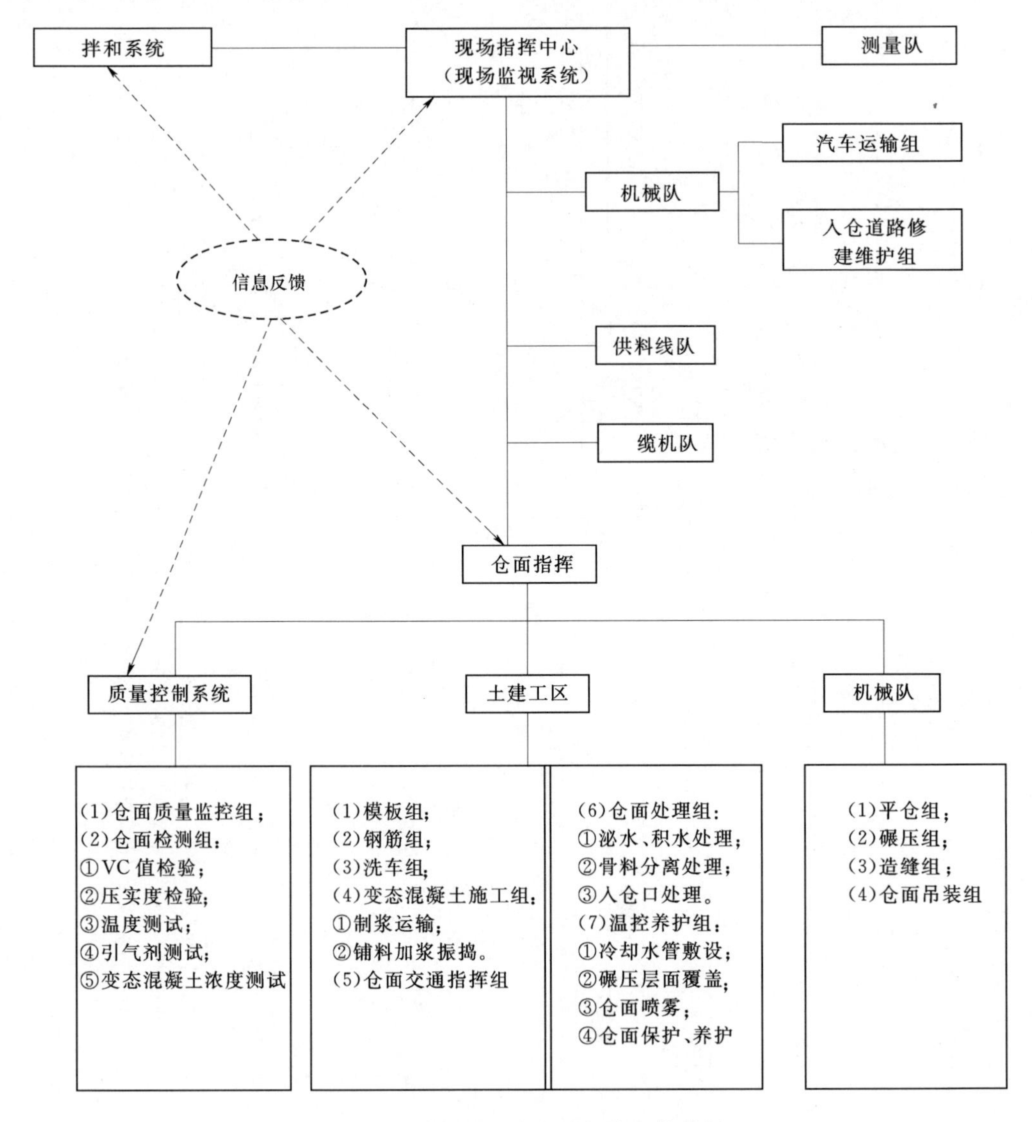

图3-6 典型工程仓面组织管理体系图

3.3 模板工程

3.3.1 设计原则

（1）碾压混凝土模板要求适应其快速施工的特性，并有足够刚度和稳定性，保证混凝土浇筑后结构物的形状、尺寸和相互位置等符合设计要求。

(2) 适应于碾压混凝土施工的模板有钢模板、木模板、混凝土模板等。模板结构型式有组合钢模板、半悬臂模板、悬臂模板、连续上升式翻转模板、混凝土预制模板。在选择碾压混凝土模板时，须根据碾压混凝土浇筑升层高度来确定，并考虑其经济性。

(3) 在进行模板设计计算时，首先模板所承受的基本荷载是混凝土对模板的侧压力，其次是模板自重、施工荷载及风荷载。碾压混凝土模板侧压力目前在国内暂无成熟的经验公式可应用。根据有关实验研究文献资料，碾压混凝土的侧压力与VC值、碾压遍数、浇筑速度等关系密切。如VC值越小，侧压力越大，VC值越大，侧压力越小，尤其是在模板边加浆浇筑变态混凝土时，侧压力增大得越多；碾压混凝土的动态侧压力随碾压遍数的增加而增大，当达到一定遍数后侧压力反而略有下降；碾压混凝土的上升速度越快，其侧压力也就相应要大，而且浇筑碾压层越厚，相对比碾压层薄的侧压力要大；间歇时间对碾压混凝土侧压力影响很大，间歇时间越长，上层碾压对下层施加的影响就越小，尤其是对24h前浇筑的碾压混凝土，基本没有影响，即侧压力接近为零。碾压混凝土的侧压力一般为0.0035～0.008MPa，大的有0.01～0.017MPa，加浆振捣的碾压混凝土侧压力比未加浆振捣的侧压力大约1倍，碾压混凝土侧压力的计算厚度，可初步按24～36h内的最大浇筑厚度考虑。

在实际工程中，由于模板周边50cm或更大范围内普遍采用浇筑变态混凝土，一般习惯碾压混凝土的侧压力仍按常态混凝土的规律取值。如三峡水利枢纽三期工程碾压混凝土围堰的翻转模板设计，在振捣变态混凝土时模板所受侧压力合力为20.28kN/m^2，而连续上升式翻转模板承受最大碾压混凝土侧压力按15kN/m^2设计。

3.3.2 悬臂模板

3.3.2.1 模板结构

悬臂模板结构较复杂，由模板面板与悬臂支撑体系两大部件组成。悬臂模板结构型式多样，主要变化在模板的悬臂支撑体系，有型钢梁式和三角桁架式，也有矩形桁架式支撑体系。目前，国内比较广泛应用的悬臂模板为三角桁架式支撑体系的悬臂模板。

大朝山水电站碾压混凝土重力坝上游面采用悬臂模板立模，模板周边50cm范围内浇筑变态混凝土。该模板曾在二滩混凝土拱坝工程中使用。模板面板厚21mm的胶合板，其表面涂刷一层釉质防水层，使表面平整、光滑而不吸水。胶合板四周用厚21mm钢条镶边保护。面板后面的加强格栅采用Z形型钢，模板的支撑体系为型钢制作的刚性三角形桁架。面板尺寸为360cm×315cm（长×高），面板的倾角通过背后的可变撑杆的长度变化来调节，面板的水平与铅直调整分别由设置在下部三角桁架的横梁和竖梁内的水平与铅直调节装置来调节。悬臂模板结构见图3-7。

模板的固定系统由预埋锚筋、锥形连接螺栓和高强紧固螺杆组成。国内的一种悬臂模板结构型式与其类似，只在调节装置、锚固件等细部结构上有所差异，且面板为全钢面板。

3.3.2.2 悬臂模板操作程序

悬臂模板总体安装程序见图3-8。

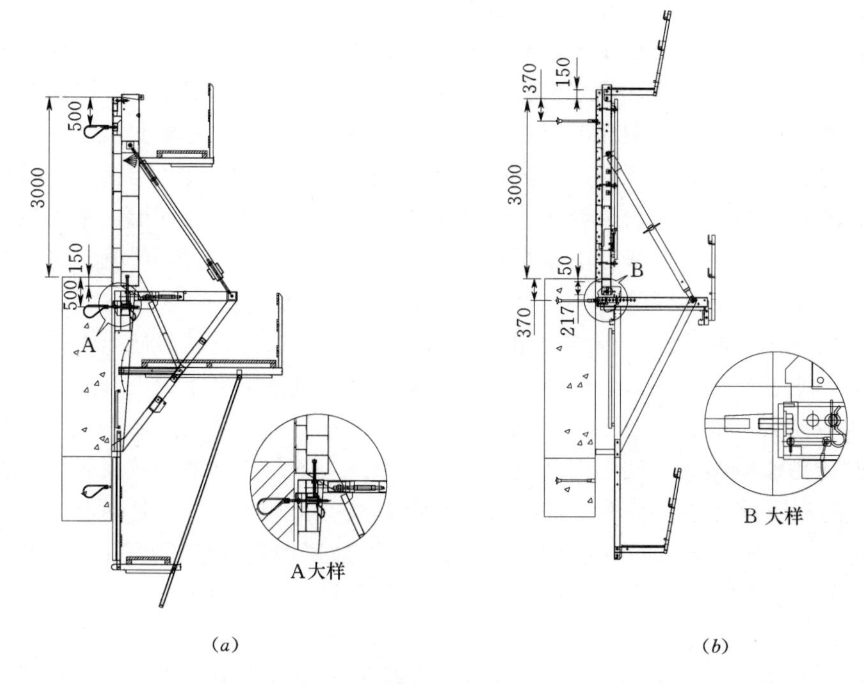

图 3-7　悬臂模板结构图（单位：mm）

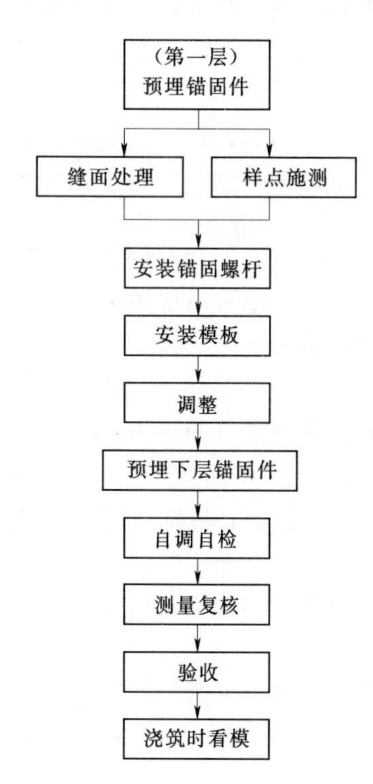

图 3-8　悬臂模板总体安装程序图

（1）模板初次立模。

1）根据仓位配板图及锚筋布置图，利用小钢模或无腿支架悬臂模板浇筑 3.0m 起始仓。若是用小钢模立起始层时，定位锥、锚筋必须按模板位置精确埋设，且在同一水平线上。

2）当起始仓锚固点混凝土的强度达到要求后，装上爬升锥及悬挂螺栓（多卡模板称 B7 螺栓），准备好第一层悬挂锚固点。从仓位末端或仓位转角处开始，根据模板配板图将组装好的模板依次挂到混凝土面上。第一块模板立模时，应使用水平仪和铅垂线，以保证立模时模板水平、垂直。

（2）模板调节。

1）模板悬挂好后，沿整个仓位拉一条直线，用轴杆调节模板的倾斜度，用高度调节件进行竖向调节，用锤子敲打楔块，使模板贴紧混凝土面，将模板校正对直。

2）模板单元之间用 U 形卡连接。若模板间有空隙，在面板空隙之间插入拼缝板，用大号螺母将其固定。

3）模板第一次立模时，面板比仓位设计线前倾 10mm（可根据实际情况调整），确保模板在浇筑受力后复位。以后各次立模时，将面板前倾 6mm（可根据实际情况调整）。

4）面板涂刷脱模剂，上好定位锥及预埋锚筋，调整好抗倾装置，准备开仓浇筑。

（3）混凝土浇筑。模板验收合格后，开始浇筑混凝土，浇筑过程中应注意避免对模板产生冲击，巡视、检查模板各部件的工作情况。

（4）模板提升。第一层浇筑完成，混凝土达到强度后，再进行模板的提升，具体操作如下：

1）取出模板面板上的悬挂螺栓。

2）取出模板面板之间的U形卡。

3）松开抗倾装置。

4）取出连接模件三角楔块，将其插入连接模件另一孔中，用锤子敲打，使模板底部脱离混凝土面。

5）调节轴杆，使面板后倾，脱离混凝土面，将悬挂螺栓旋入定位锥。

6）用钢丝绳、吊环（卸扣）扣住模板竖围图专用吊点（起吊角度不大于60°，两个吊点各使用一根起吊钢丝绳，钢丝绳长度相等，且强度留有足够的安全系数），并用汽车吊带紧钢丝绳。

7）松开安全销，起吊整套模板单元。

8）将模板悬挂到第二个悬挂锚固点上，固定安全销，松开吊钩。

9）松开连接模件插销，操作后退装置，使模板后退70cm。

10）清理模板表面，完成仓面准备工作。

11）工作人员站在下工作平台上取出第一层悬挂定位锥及悬挂螺栓，并在混凝土预留孔内补填细石混凝土。

12）按步骤（2）调节模板，准备浇筑第二层混凝土。

3.3.3 连续上升式翻转模板

翻转模板采用悬臂结构型式，通过水平方向预埋的锚筋固定，无需在仓内设置斜拉筋，模板受力条件好，仓面安装简单，可连续翻升，便于碾压混凝土机械化、快速施工作业。目前，连续上升式翻转模板是国内大体积碾压混凝土施工普遍采用的模板型式。

1993年完工的普定水电站碾压混凝土拱坝工程，其施工采用的模板是用两块尺寸各为400cm×300cm（长×高）的模板通过活动铰组成400cm×600cm（长×高）能交替连续上的可调式悬臂模板。该模板体系分上下两层，下层模板是上层模板的支撑体系，当上层模板快浇满时，拆除下层模板，安装到上层之上，通过连接铰、连接杆将模板组成新的悬臂模板，原上层模板成为支撑体系，如此循环翻升。模板面上不同的高度布置3排拉筋，每排4根拉模筋。为加强拉模筋的抗拔力，在现场施工中，每根拉模筋端都弯钩处均挂拉锚块。仓面汽车吊起吊，正常情况下10～15min内可完成一个循环作业。该模板在拱坝上游面和下游面（坡度1∶0.35）应用，最高连续上升达12.7m，率先实现了碾压混凝土真正意义上的连续浇筑。400cm×300cm翻转模板结构见图3-9。

目前，使用最广泛的连续上升式翻转模板已形成系列品牌产品。该模板面板有300cm×310cm、300cm×210cm、300cm×155cm三种，其结构型式见图3-10和图3-11。由三块模板组合成一单元连续上升。上、下层模板面板之间通过连接销连接，左右之间用U形卡连接；上、下桁架之间通过插销和调节螺杆连接，桁架与面板用连接螺栓固定。在转

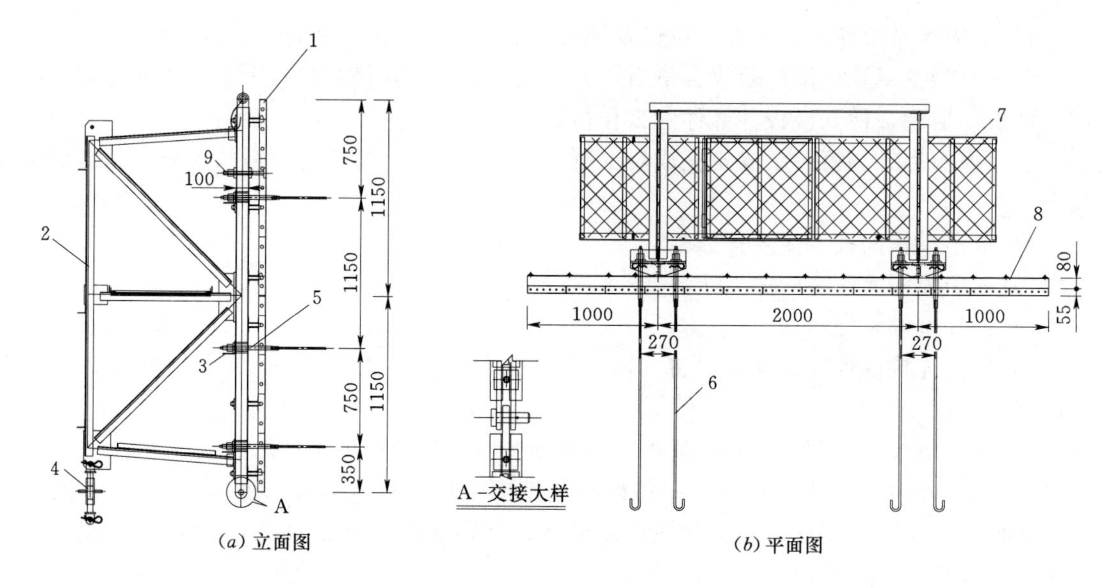

图 3-9　400cm×300cm 翻转模板结构图（单位：mm）

1—组合钢模板；2—桁架；3—∟ 100×10 角钢锚筋梁；4—调节杆；5—预埋螺栓套筒；6—ϕ20 拉模筋（长 160cm）；7—工作平台；8—2［8 槽钢围楞；9—脱模千斤顶

折处，可通过调节螺杆实现变坡，不影响仓内混凝土连续浇筑。

该系列翻转模板的主要技术参数：①翻转模板承受最大混凝土侧压力为 15kN/m²；②锚筋 D15 拉拔力 60kN/m²；③混凝土的浇筑速度宜为 30cm/8h，最大不超过 1.2m/d；④持力层锚筋所在的混凝土浇筑完毕后 48h 方能受力。

3.3.3.1　翻转模板的组装

（1）装配前的准备工作。

1）在附近选择一装配场地，场地要求平整，最好为混凝土地面。

2）准备好组装平台（根据工地实际情况，可用方木放在混凝土地坪上形成简易工作平台）。

3）模板组装材料准备好，要求模板系统各部件、各部件的堆放应分类分项，整齐有序。

4）组装工具：木工角尺、锤子、撬棍、活动扳手、5m 钢卷尺、水平尺、颜料画笔等。

（2）模板组装方法。

1）在组装平台上，将钢面板背面朝上放置在已调整好的方木上，注意有预埋孔的一边朝上，钢筋方向向下。

2）在面板上根据组装图，按尺寸把两榀桁架放在面板背面，用 M16×45 螺栓将其固定在面板上，螺栓轻微带紧。

3）将桁架的两端规方，同时用脚手架钢管加固，再将面板与桁架连接的 M16×45 螺栓拧紧。

4）装配工作平台及装配锚筋梁：装配时，为使锚筋梁位置精确，应预先将预埋螺栓

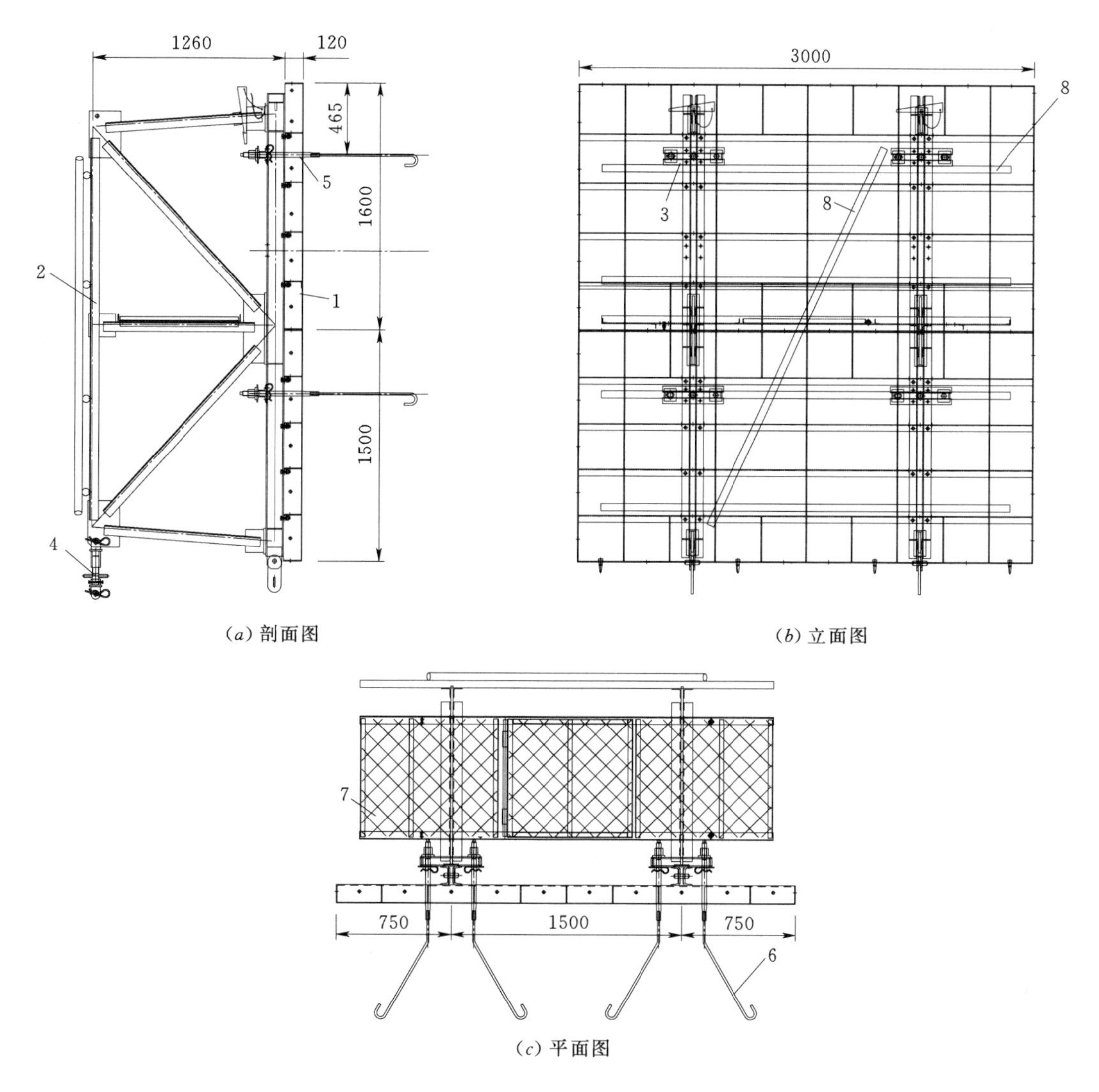

图 3-10　300cm×310cm 翻转模板结构型式图（单位：mm）

1—定型钢面板；2—桁架；3—锚筋梁；4—调节杆；5—预埋螺栓套筒；6—锚筋；7—工作平台；8—组装钢管

与锚筋梁、面板连接起来，再将 M12×45 螺栓拧紧。

5）装配调节杆：调节杆在直面（斜面）与变坡处的装配孔位不同，具体请参见厂家出具的桁架连接放大图。

6）将装配好的模板编号，标明仓面及装置号，以备运往浇筑混凝土仓面。

7）模板至仓内后装配预埋螺栓和锚筋。

3.3.3.2　翻转模板操作程序

(1) 模板初次立模。从仓位的一端或仓位转角处开始，根据模板配板图将组装好的模板依次在仓面上就位，第一块模板立模时，应使用水平仪和铅垂线，必须保证立模时模板水平、垂直。第一仓模板采用传统方式加固。

(2) 模板调节。模板就位后，沿整个仓面拉一条直线，用调节杆调节模板的倾斜度，

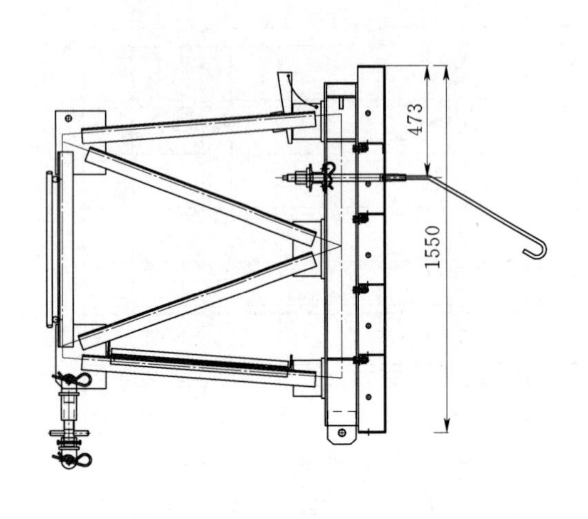

(a) 300cm×155cm 翻转模板

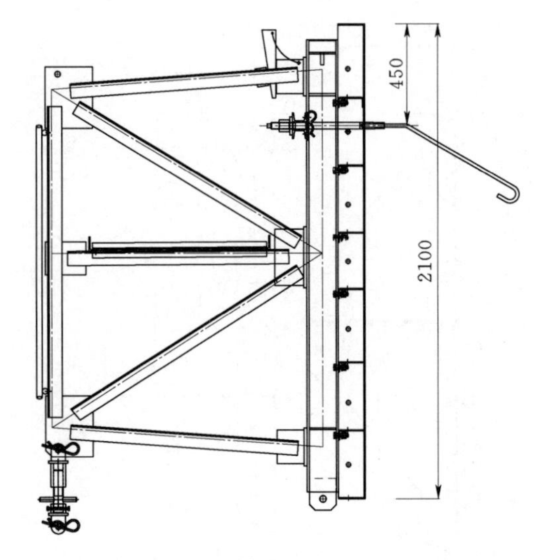

(b) 翻转模板

图 3-11　300cm×155cm、300cm×210cm 翻转模板结构型式图（单位：mm）

并用锤子敲打楔块，使上下层模板相互贴紧，将模板校正对直。模板单元之间用 U 形卡连接。在面板空隙之间插入拼缝板，用大号螺母将其固定。模板第一次立模时，面板比仓面设计边线前倾 10mm，以后各次立模时，将面板前倾 6mm。模板工作面涂刷脱模剂，当混凝土浇筑至预埋螺栓孔附近时，装好预埋螺栓及锚筋，准备开仓浇筑。

（3）立模验收合格后，开始浇筑混凝土，注意浇筑过程中应避免吊罐及入仓汽车撞击模板。

（4）模板（三块组合）第一次提升。浇筑至第三层距模板上口 600～900mm 时，拆模、提升第一层模板并与第三层翻转模连接：

1）放下起吊梁（下），用工字钢和销钉使之连接成一整体，同时钢丝绳轻微带力。

2）松开预埋螺栓上的 M30 加厚螺母，用专用扳手卸下预埋螺栓。

3）松开面板之间的竖向 U 形卡连接，取下面板之间的横向销钉。

4）松开楔铁，并把楔铁楔入到桁架上端的角钢之间。

5）卸下调节螺杆，并用拆模装置脱模或紧缩调节螺杆使模板脱开混凝土面。

6）吊车放下钢丝绳，后退、上升并吊装到最上一层翻转模（之前将拆除下来的模板上残留的灰浆及时铲除干净）。

7）用销钉横向连接模板，楔铁楔紧两桁架。

8）装上调节杆并调整桁架到合适位置。

9）装上预埋螺栓和锚筋，再次调节模板，准备浇筑第四层混凝土。

以后各层混凝土浇筑，按以上程序操作，依次上升至所设计高程。翻转模板上升见图 3-12。

3.3.3.3　劳动力组合

每块模板拆装按 16t 吊车 1 台、操作人员 4 人（不包括吊车司机）进行组合，其中吊装指挥 1 人，拆装操作 2 人，辅工 1 人。

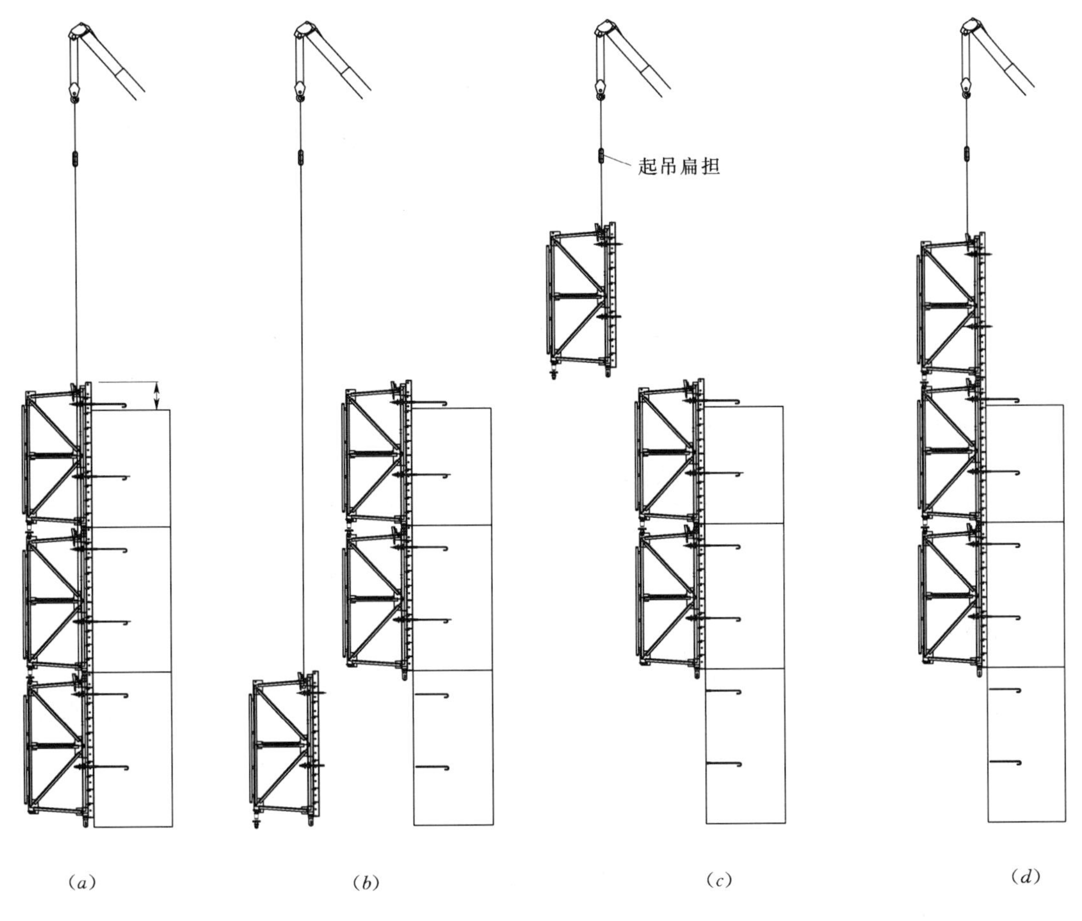

图 3-12　翻转模板上升示意图

3.3.3.4　质量控制

（1）翻转模板出厂组装检验标准按表 3-9 要求验收。

表 3-9　　**翻转模板出厂组装检验标准表**

序号	项　　目	允许偏差 /mm	检 查 方 法	量具
1	两块模板之间的拼缝宽	≤1.5	用 1.5mm 塞尺插拼缝通不过 通不过	塞尺
2	相邻模板面宽度差	≤1.0	用 2m 平尺靠模板拼缝 1mm 塞尺通不过	2m 平尺、塞尺
3	组装模板板面平整度	≤2.0	用 2m 平尺靠板面 可见缝用 2mm 塞尺通不过	2m 平尺、塞尺
4	组装模板长度	+1.0，−2.0	用钢卷尺检查	钢卷尺
	组装模板宽度	+1.0，−2.0	模板的两端和中间部位	
5	组装模板两对角线长度差	≤3.0	用钢卷尺检查组装模板两对角线	钢卷尺

续表

<table>
<tr><th>序号</th><th>项　　目</th><th>允许偏差
/mm</th><th>检 查 方 法</th><th>量具</th></tr>
<tr><td>6</td><td>组装模板厚度（120mm）</td><td>±1</td><td>用钢卷尺检查模板边框</td><td>钢卷尺</td></tr>
<tr><td>7</td><td>组装模板孔距中心偏差</td><td>±2</td><td>用钢卷尺检查模板板面孔距中心</td><td>钢卷尺</td></tr>
<tr><td>8</td><td>组装桁架轴线偏差（1500mm）</td><td>±2</td><td>用 5mm 钢卷尺检查桁架</td><td>钢卷尺</td></tr>
<tr><td rowspan="2">9</td><td rowspan="2">轴线左右 300mm 内面板筋板不平度</td><td rowspan="2">0～－2</td><td>用 2m 平尺靠面板筋板</td><td rowspan="2">2m 平尺、塞尺</td></tr>
<tr><td>可见缝用 2mm 塞尺通不过</td></tr>
</table>

（2）翻转模板安装质量执行《水利水电工程模板施工规范》（DL/T 5110—2000），翻转模板安装允许偏差见表 3－10。

表 3－10　　翻转模板安装允许偏差表　　单位：mm

<table>
<tr><th colspan="3" rowspan="2">偏　差　项　目</th><th colspan="2">混凝土结构的部位</th></tr>
<tr><th>外露表面</th><th>隐蔽内面</th></tr>
<tr><td rowspan="2">模板平整度</td><td colspan="2">相邻两面板错台</td><td>2</td><td>5</td></tr>
<tr><td colspan="2">局部不平（用 2m 直尺检查）</td><td>5</td><td>10</td></tr>
<tr><td colspan="3">板面缝隙</td><td>2</td><td>2</td></tr>
<tr><td colspan="2" rowspan="4">结构物边线与设计边线</td><td rowspan="2">外模板</td><td>0</td><td rowspan="4">15</td></tr>
<tr><td>－10</td></tr>
<tr><td rowspan="2">内模板</td><td>＋10</td></tr>
<tr><td>0</td></tr>
<tr><td colspan="3">结构物水平截面内部尺寸</td><td colspan="2">±20</td></tr>
<tr><td colspan="3" rowspan="2">承重模板标高</td><td colspan="2">＋5</td></tr>
<tr><td colspan="2">0</td></tr>
<tr><td rowspan="3">预留孔洞</td><td colspan="2">中心线位置</td><td colspan="2">5</td></tr>
<tr><td colspan="2" rowspan="2">截面内部尺寸</td><td colspan="2">＋10</td></tr>
<tr><td colspan="2">0</td></tr>
</table>

（3）过程控制措施。

1）模板安装严格按照施工图纸和测量放样点拉线进行控制。模板每翻高 1 次，测量放样 1 次，根据放样点检查模板变形情况并及时调整。

2）立模过程中，须及时清洗模板表面及侧面灰浆，安装好后的模板表面应光洁、平整，且接缝严密。

3）面板之间的垂直缝用 U 形卡连接，U 形卡不应少于 4 个，水平缝用连接销连接，不少于 3 个。

4）模板安装时顶部按向仓内预倾 6～10mm 控制，预埋螺栓应保持在同一水平线上，预埋螺栓内的特殊内螺纹应涂抹黄油。

5）控制碾压混凝土上升速度不大于 1.2m/d。

6）混凝土浇筑过程中，经常检查模板的形状及位置，如发现模板变形走样，立即紧固调节螺杆，上紧U形卡。

7）模板周边碾压混凝土需使用小型振动碾碾压。

8）埋设中间层模板锚筋的该层碾压混凝土凝期未达到要求时不得拆除其下层模板。

9）对使用中的模板定期校正与保养。

3.3.4 混凝土预制模板

混凝土预制模板一般采用重力式，并作为建筑物结构一部分，不需拆除。断面形式有矩形、梯形及Ⅱ形等，可用于直立面、斜面和台阶。坝体内的廊道、小孔洞等也可采用混凝土预制模板。

3.3.4.1 坝面重力式混凝土模板

在我国碾压混凝土坝体施工中，坝面为台阶或斜面的坝体一般采用预制重力式混凝土模板，垂直面采用Ⅱ形重力板式混凝土模板，内部常态（或变态）混凝土过度。随着变态混凝土的广泛应用，以及碾压混凝土特制模板技术的成熟，坝面预制混凝土模板的使用逐渐减少或基本不用。

(1) 模板结构尺寸。矩形或梯形重力式混凝土模板规格一般长2～2.5m、高60cm、宽80cm，内配构造筋。Ⅱ形重力板式混凝土模板高120cm，宽198cm，板厚15cm，内配结构钢筋。预制模板混凝土的标号依据坝体混凝土标号确定，一般有结构钢筋配置的不宜低于C20标号混凝土。

(2) 模板的预制与安装。混凝土模板在后方预制构件厂预制，汽车运到现场安装。预制时，底模场地要平整，采用定型模板批量生产，及时养护。所有预制模板与新浇混凝土接触的外表面在拆模后须做打毛处理，只有当预制混凝土强度达到75%时，才能吊运，达到设计强度时方可使用。

现场安装前，先在原混凝土面上铺水泥砂浆，并用木水平尺找平，若高差过大时，可用铁片、扁平石块垫平，灌满砂浆，然后安装混凝土模板，并校正平面位置及保持垂直。两块木板之间预留2cm缝隙，固定好拉模条。在浇筑混凝土时，用砂浆填满缝隙，并勾缝。台阶、斜面混凝土预制模板见图3-13，Ⅱ形预制模板结构及安装见图3-14。

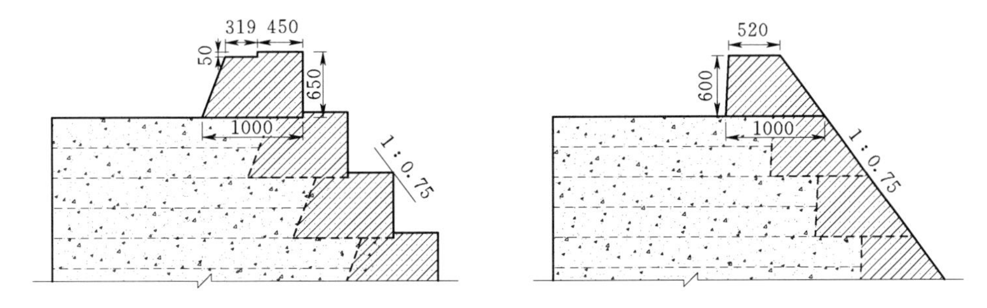

图3-13 台阶、斜面混凝土预制模板图（单位：mm）

3.3.4.2 坝内孔洞模板

坝体内的孔洞主要是廊道、电梯井等，这些部位均可采用预制混凝土模板施工，周边浇筑变态混凝土过度。

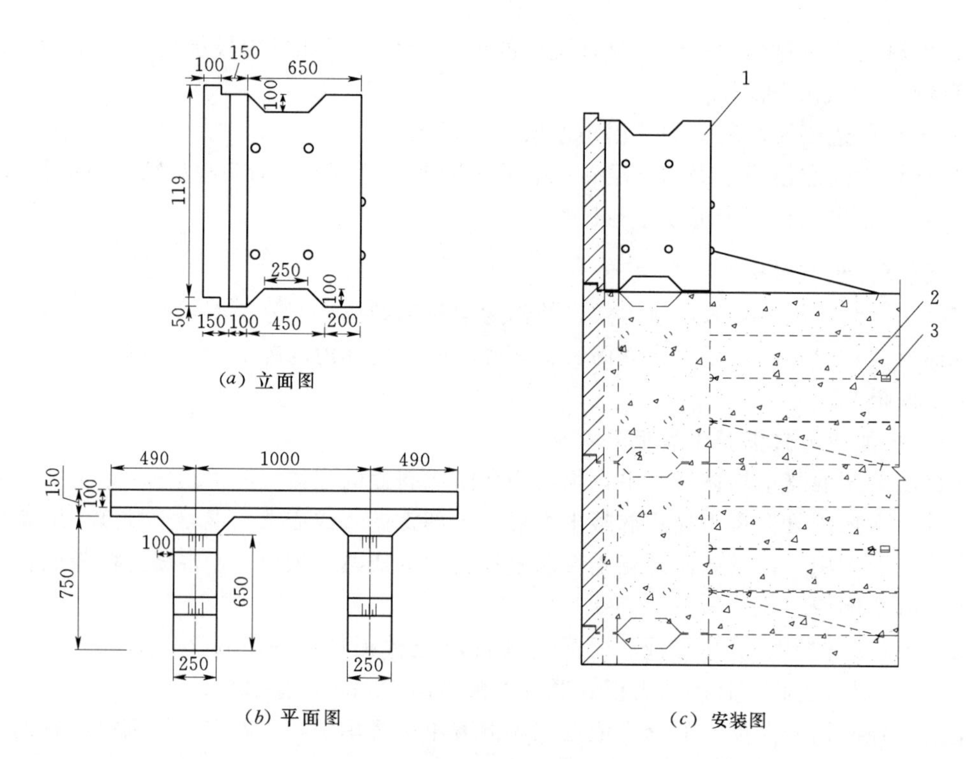

图 3-14 Ⅱ形预制模板结构及安装示意图（单位：mm）

1—预制混凝土模板；2—ϕ16mm 预埋拉模条，拉模条长度 L=150cm；3—预埋拉模块

在以往的施工中，对碾压混凝土坝中廊道的形成，应用最普遍的方式是在模板内同步浇筑常态混凝土形成廊道。其次是采用先充填砂砾石后挖除的方式形成廊道，如美国的 Willow Creek 坝内廊道就是采用该方式，该方法在早期修建的碾压混凝土坝中应用普遍，但现在基本不采用。只有少量的是采用预制混凝土廊道或碾压混凝土浇筑之前先形成廊道，或模板浇筑碾压混凝土形成廊道。目前，在我国，随着变态混凝土的广泛应用，采用预制混凝土廊道已成为最普遍的方式。

(1) 廊道预制模板。坝体内廊道断面尺寸一般为 2m×2.5m，3m×3.5m 等各种尺寸。采用钢筋混凝土全断面预制，壁厚 15～18cm，每节长度 1.48m。侧墙及顶部均留有 ϕ80mm 的吊装孔及 ϕ50mm 的拉模筋、接缝灌浆管预留孔等（见图 3-15）。

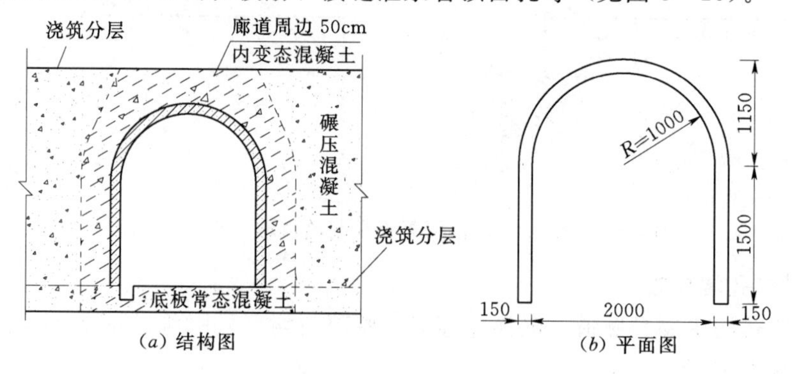

图 3-15 2m×2.5m 预制廊道图（单位：mm）

对爬坡拐弯段及水平交叉段，现立模板费时费工，也消耗大量材料，可采用预制异型廊道模板替代现立，爬坡廊道底板浇筑常态混凝土。

水平交叉的十字形、丁字形、L字形廊道段，可采用两块半边三通预制件、四通预制件，组成所需的接头形式，代替现立模板（见图3-16）。

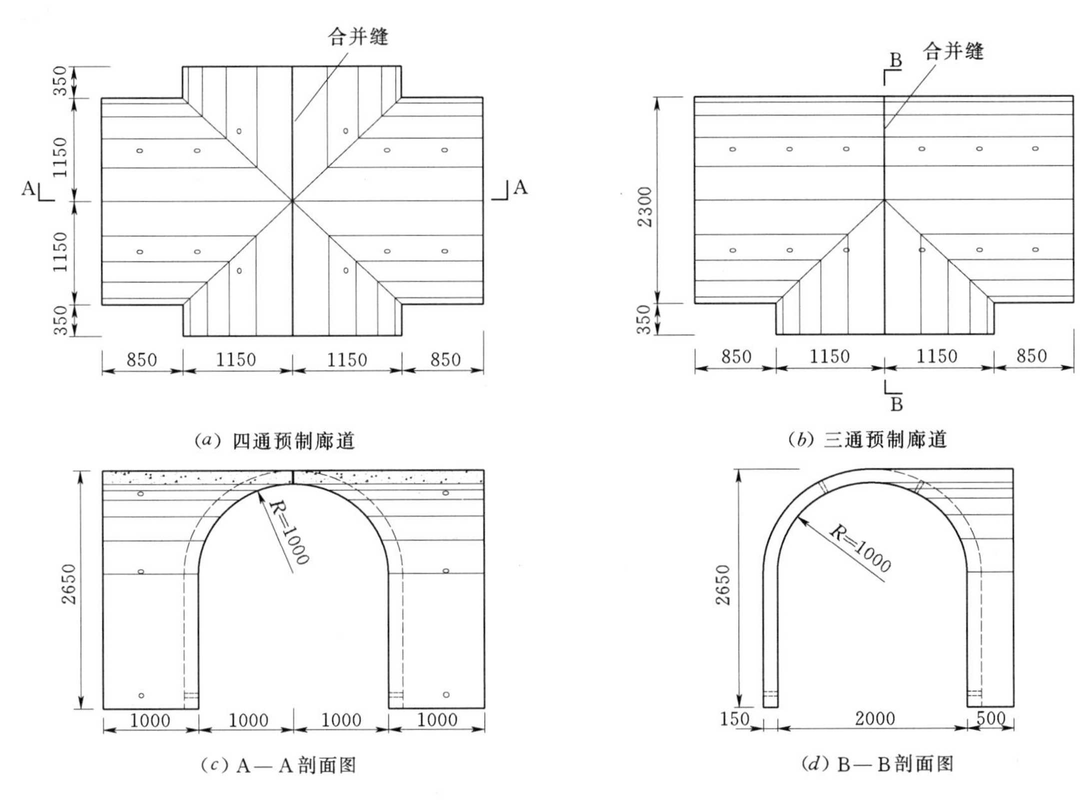

图3-16　四通预制廊道、三通预制廊道图（单位：m）

1）廊道预制混凝土模板的配筋。计算2m×2.5m或3m×3.5m廊道配筋时，考虑到模板底脚设有对称木或拉筋条固定，可按∩形刚架计算。事实上，当顶拱受力时，下部混凝土已凝固，顶拱也可按无铰等切面圆拱计算，顶拱荷载按厚3m混凝土压重计算。

2）模板预制。预制廊道可集中在工地预制场现场，采用定型的钢模板批量预制。廊道模板所有与混凝土接触外表面须在拆模后打毛处理，并做好养护。

3）预制廊道模板安装。廊道模板尽量安装在老混凝土面上，在确定坝体浇筑分层时要考虑这一因素。有廊道安装层的混凝土浇筑收仓时，要求廊道底板安装部位表面平整，并做好排水沟，避免以后再修整廊道。

预制廊道安装时，可采用各种起吊设备。吊装时廊道模板内底部须将对撑木安装好，避免折断廊道。安装时两节廊道模板之间须留有2cm的空隙，廊道模板底部用水泥砂浆坐浆，不平处用铁块或石块垫平，廊道两侧底部用拉模筋固定。安装完后廊道模板上多余的预留孔及模板间空隙采用水泥砂浆封闭。

遇有廊道群时，廊道将浇筑仓面分隔为两个或多个小区。施工时，可在廊道群间预留通道，架设临时栈桥，以便混凝土运输车或平仓机、碾压机等设备通过。待碾压混凝土浇筑收仓后，采用常态混凝土回填廊道预留缺口段。

(2) 电梯井、竖井模板。电梯井、竖井等矩形断面尺寸一般不大于 3m×3m，可采用整体预制模板，分节吊装。模板配筋一般按原结构所需钢筋配置，并按混凝土浇筑时的施工荷载进行核算，视其配筋情况是否能满足施工要求。对有些特殊部位原结构设计的钢筋配置量较大，无法全部置于预制模板内时，分两层配置，待预制模板安装、定位后，再沿其外层按设计要求布置钢筋。但是，当设计有特殊要求，模板钢筋不能做结构设计钢筋时，沿模板外围的钢筋须按设计量布置钢筋，模板周边 50cm 范围内浇筑变态混凝土。

坝体内一些尺寸较小的圆筒形通气孔等竖井结构，同样可采取预制模板，分节吊装。

3.3.4.3 倒悬预制模板

对坝体上下游倒悬部位，仍可采用钢筋混凝土倒悬预制模板。模板基本形式为 T 形或Ⅱ形，面板倒悬（见图 3-17)。

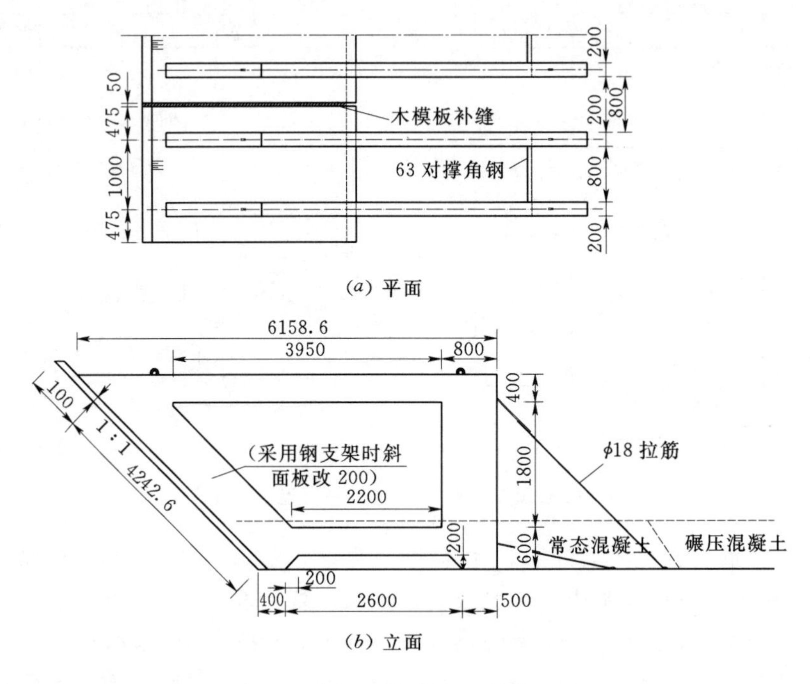

图 3-17 倒悬预制模板（单位：mm）

模板肋内采用常态混凝土填筑，浇筑速度与内侧的碾压混凝土同步，浇筑升层以 3m 或 3m 以下为宜。

3.3.4.4 横缝、诱导缝预制模板

碾压混凝土坝体因碾压混凝土技术的不断成熟与改进而逐步向高坝发展。在重力坝中，因各个断面单独承受荷载和维持稳定，无论横缝或诱导缝，采用切缝方式即可成型。但在拱坝设计中，因拱坝是整体性承受荷载，为防止坝体施工期温度应力产生贯穿性裂缝，破坏坝体整体稳定性，结构设计上设置一定数量的横缝或诱导缝，后期需灌浆连成整体。

如南非的 Wolwedans 碾压混凝土拱形重力坝中，设置了按 10m 间距布置的可灌浆的诱导缝。诱导缝采用塑料板隔断混凝土起诱导作用，并安装止水片，止水片也起止浆作用。在上下游诱导板之间，沿径向埋设高 250mm 的折叠塑料片，并在其中装有带孔的塑料灌浆管，折叠塑料片的垂直间隔高度 1.0m（每隔 4 个碾压层）。

在我国的普定水电站碾压混凝土拱坝中，共设置 3 条诱导缝将坝体分为四段，缝间设有灌浆系统。诱导缝是采用两块对接的多孔混凝土成缝板，成缝板事先预制，板长 1.0m，高 30cm，厚 4～5cm。按双向间断的形式布置，水平方向间距 2.0m，垂直方向间距 60cm（每隔 2 个碾压层），并在诱导缝中预埋灌浆管。成缝方法是在埋设层碾压混凝土施工完成后，再挖沟掏槽埋设多孔混凝土成缝板。沙牌水电站碾压混凝土拱坝，坝高 130m，是我国第一座高碾压混凝土拱坝。坝内结构分缝设置为“2 条诱导缝+2 条横缝”的组合方式。

在沙牌水电站拱坝中，无论是横缝还是诱导缝，均采用重力式预制混凝土成缝模板。预制模板长 1.0m，高 30cm，底宽 35cm。诱导缝模板每两块模板对接成缝，沿水平径向间隔 0.5m，垂直方向间隔 0.6m（即每两个碾压层）布设一间断诱导缝；横缝模板设有两种类型，一种是适应埋设灌浆管路用的；另一种设置有弧形键槽。在缝面上每上升一个碾压层埋设一次模板，每高 6.0m 设置一个灌区。

诱导缝及预制模板结构见图 3-18；横缝及预制模板结构见图 3-19。

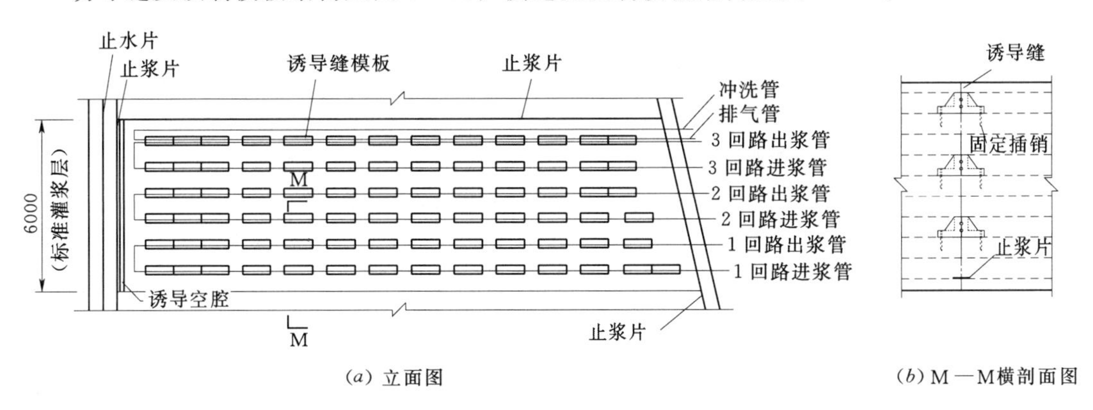

图 3-18　诱导缝及预制模板结构示意图

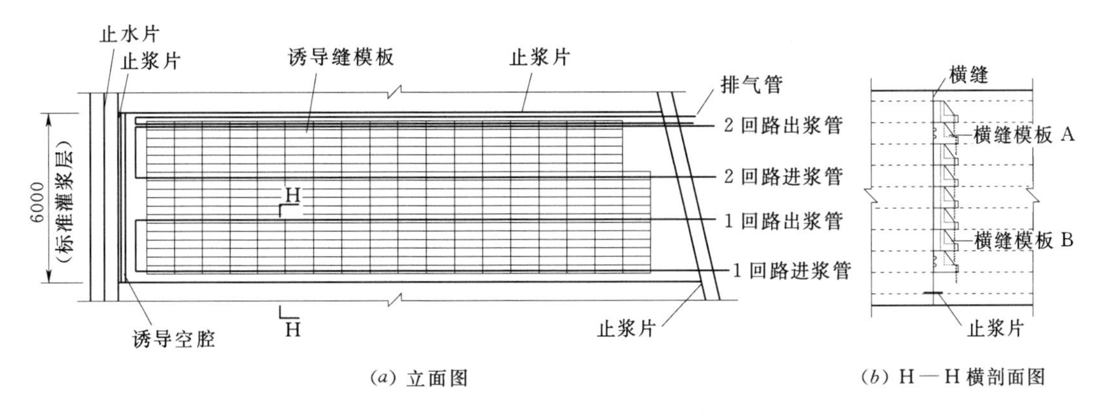

图 3-19　横缝及预制模板结构示意图

3.3.5 其他模板

3.3.5.1 组合钢模板

坝面铅直面、斜面采用标准散钢模现场组合立模，以脚手架钢管或薄壁矩形钢管为围楞，拉模筋固定，间距60cm，每升高60cm埋设一层拉模筋，单块模板之间用U形卡连接。模板竖向围楞在加高时须错位连接（见图3-20）。碾压混凝土的浇筑上升速度宜控制在0.9m/d，以防模板跑模，模板50cm范围内浇筑变态混凝土。五强溪水电站二期围堰为重力式碾压混凝土坝，上游面采用钢管、组合钢模，下游台阶式坡面采用梯形混凝土预制块立模。

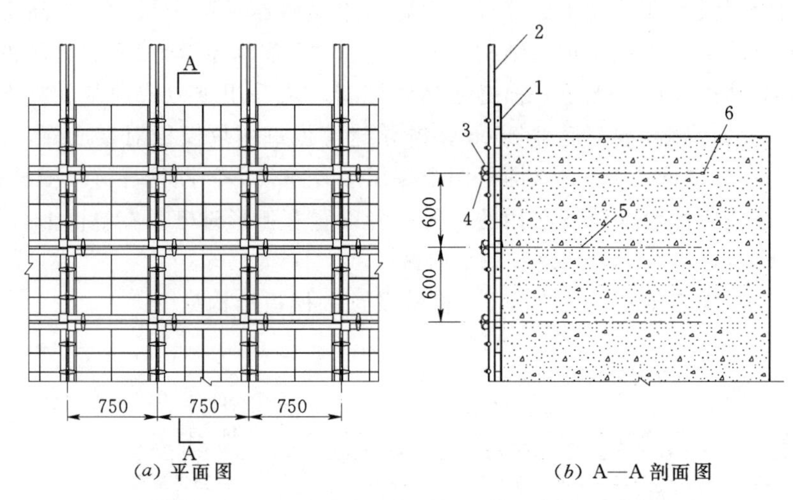

(*a*) 平面图　　(*b*) A—A剖面图

图3-20　组合钢模板结构示意图（单位：mm）

1—标准钢模板；2—2ϕ48×3.5钢管立柱；3—2ϕ48×3.5钢管围楞；4—蝶形扣件；5—ϕ16mm预埋拉模条，L=150cm；6—预埋拉模块

组合钢模板安装形式适用于结构物尺寸不高，工程量较小部位，如临时围堰工程等。

3.3.5.2 坝面台阶

在早期，碾压混凝土坝面台阶一般采用预制模板，随着施工工艺的改善，坝面台阶普遍采用定型的台阶钢模板。如构皮滩水电站上游碾压混凝土围堰，堰体下游面设计为60cm×45cm（高×宽）台阶状，最大堰体高度为72.6m。在施工时，针对下游台阶专门设计一款定型组合模板。该模板由组合钢模板与背后支架组成（见图3-21），面板长3.0m，高70cm。由三块组成一个单元，交替上升，拉模筋固定，两组合模板之间用U形卡连接，离模板50cm内浇筑变态混凝土。

3.3.5.3 溢流面一次成型模板

在溢流面施工中，为简化施工程序，有些溢流面常态混凝土与碾压混凝土同步浇筑，模板采用悬臂模板或定型模板，浇筑分层按0.75～1.5m控制，如观音阁水库碾压混凝土坝工程。

3.3.6 工程实例

3.3.6.1 招徕河水电站碾压混凝土双曲拱坝工程

（1）工程概况。招徕河水电站碾压混凝土双曲拱坝位于湖北省长阳县境内、清江左岸

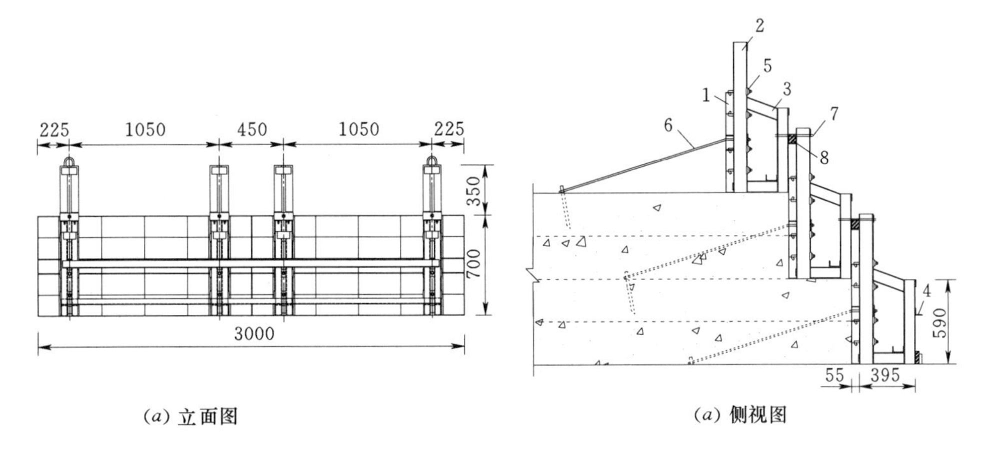

(a) 立面图　　(a) 侧视图

图 3-21　台阶模板结构示意图（单位：mm）

1—标准钢模板；2—2□100 方钢或槽钢立柱；3—2［80 槽钢支架；4—联系角钢 L50×4；5—蝶形扣件；6—ϕ16mm 预埋拉模筋，L=110cm；7—铁丝；8—木楔

的一级之流招徕河上，大坝设计为同层变厚的对数螺旋线型全断面碾压混凝土双曲薄拱坝，坝顶高程 305.50m，最大坝高 105m，坝顶厚 6m，坝底厚 18.5m，厚高比 0.176。坝顶轴线弧长 198.05m，相应弦长 178.2m，坝体最小曲率半径 30.72m，最大曲率半径 167.85m，拱中心角 97°。

坝体上游部位采用二级配碾压混凝土防渗，设计标号 C_{90}20F150W8，坝体内部采用三级配，标号为 C_{90}20F100W6，上下游面及两岸岩坡设 50cm 宽变态混凝土。

坝体设置 3 条诱导缝和 2 条横缝，诱导缝和横缝将坝体分成 6 个坝段。

坝体混凝土总量约 18 万 m^3，其中约碾压混凝土 16.5 万 m^3，占混凝土总量的 88.9%。

(2) 施工情况。该工程于 2001 年年底开工，2005 年 6 月建成，其中大坝碾压混凝土施工历时 7 个月零 5d，平均月上升 15.3m，最高月上升 27.3m。

大坝碾压混凝土施工方案：采用全断面通仓连续上升浇筑工艺，浇筑分层为 3～12m。每天上升 3～4 个碾压层，碾压层厚为 0.3m，以平层碾压为主，部分大仓面采用斜层碾压。入仓方式采用汽车直接入仓（高程 248.00m 以下），坝体高程 248.50～305.50m 采用真空负压溜槽入仓浇筑，小部分仓面采用塔机入仓。碾压混凝土模板全部采用连续翻转大模板，坝内灌浆廊道及排水廊道采用全断面钢筋混凝土预制。诱导缝采用预埋双向间隔诱导板或重力式预制混凝土块成缝，诱导缝和横缝内均设置重复灌浆系统，横缝采用预埋双向连续板成缝。该诱导板长 100cm，高 25cm，诱导板布置水平间距 20cm，上下游坝面附近沿水平方向连续布置 2～3 块。而重力式预制混凝土块呈双向间断、间距不等布置，即沿水平径向间距 0.25cm 或 0.6m，且每两个碾压层中有一层设一间断的诱导缝。

根据招徕河水电站拱坝的体型结构特性，招徕河水电站拱坝的翻转模板设计为“面板双向可调、上下套模板可相对移动、可连续上升的收缝式翻身模板，三套模板竖向组成使用”的结构型式（见图 3-22）。

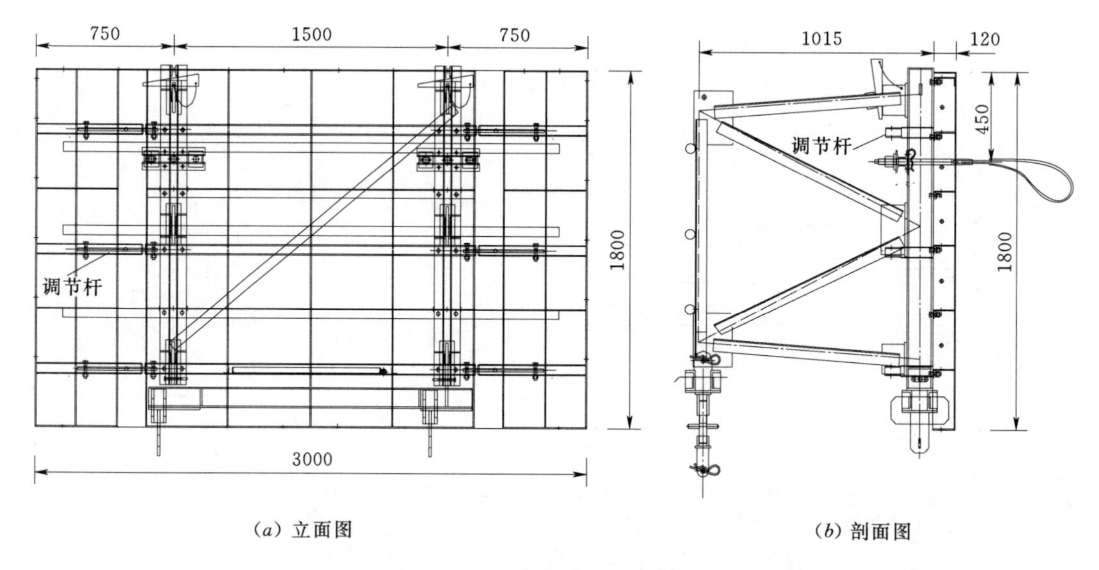

(*a*) 立面图　　(*b*) 剖面图

图 3-22　可连续上升的收缝式翻身模板结构示意图（单位：mm）

单套模板高 1.8m、宽 3m，水平方向设可调装置，平直段长 1.5m，可调节段长各 0.75m，可调 6～10cm，实现模板沿坝体工方向的调节，可适应最小曲度半径为 30m 的坝面。

单套模板主要由面板、桁架、水平调节及竖向调节系统、锚固体等组成。每组模板由上中下 3 套组成，高 5.4m。上下套之间采用调节装置进行力的传递和实现俯仰调节功能，使模板沿坝体梁方向的调节和模板连续翻升。在拱方向，则通过水平向的调节装置，在模板两端调节以满足拱的曲度。由此，随着大坝曲率的变化，模板在拱方向和梁方向也在不断变化以满足体型要求。模板锚筋在低温季节覆盖 48h，其他时间覆盖 40h 后才能作为受力锚筋用。

3.3.6.2　惠州抽水蓄能电站上库碾压混凝土坝工程

(1) 工程概况。惠州抽水蓄能电站上水库为范家田水库，位于小金河的上游。上水库枢纽包括：主坝、副坝。上库主坝为碾压混凝土重力坝，坝顶高程 765.60m，坝顶宽 7m。坝体上游面垂直，防深层为 C20（W6）常态混凝土并加钢筋；下游面坡比 1∶0.75，下游面及台阶溢流面为同碾压混凝土标号的常态混凝土。主坝采用开敞式自由溢流面，溢流坝段采用台阶消能，每级台阶高度 90cm，副坝为黏土心墙堆石坝。

(2) 施工工艺及模板。根据主坝结构特点，碾压混凝土与上下游常态混凝土同步浇筑，浇筑冷升层一般按 3m 控制。上下游面采用悬臂模板或半悬臂模板。溢流坝段的台阶面采用翻升模板，模板固定的基础是钢筋骨架，模板宽度按溢流台阶结构尺寸制作为 2.833m 和 1.833m 两种，浇筑后每层台阶模板之间的台阶面须用混凝土原浆抹面控制平整度。

(3) 坝内廊道施工。廊道模板采用全断面预制混凝土模板，水平廊道在廊道下升层混凝土浇筑至廊道底板，再在底板混凝土上安装预制廊道模板，逐节安装，标准节 1.48m 长，不足 1.5m 段安装费标准节或现场立模补充。坝内斜坡廊道采用的工艺是在每升层混凝土浇筑后，在廊道安装位置埋设插筋，架立型钢支撑架并固定，再逐节安装预制廊道模板，廊道底部混凝土（含踏步，采用变态或常态混凝土）与同仓层混凝土一起浇筑（见图3-23）。而在后期，为减少施工难度，在每升层混凝土浇筑后，紧接着单独先进行廊道底板混凝土，在其达到拆模强度后拆除模板并对踏步外的其他部位打毛处理，再逐节安装廊道预制模板，然后仓面准备完后进行该仓混凝土浇筑（见图3-24）。

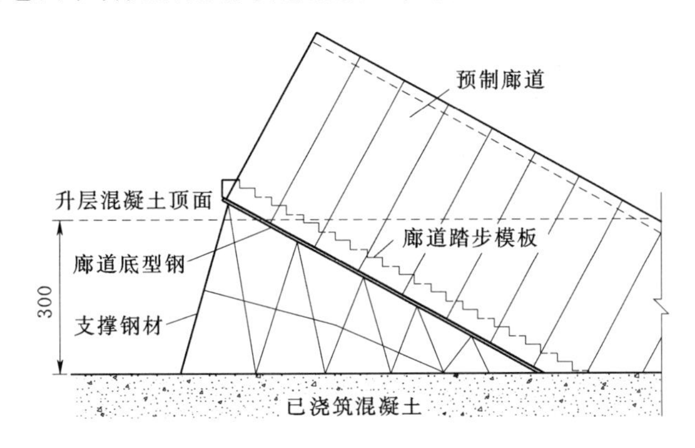

图3-23　预制廊道施工（钢材支撑法）示意图（单位：cm）

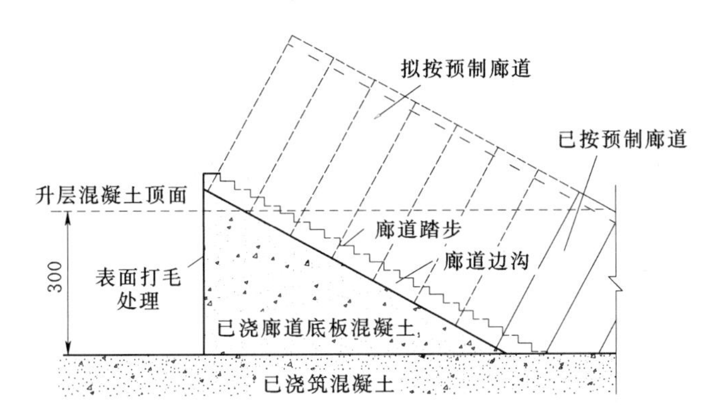

图3-24　预制廊道施工（先浇块法）示意图（单位：cm）

3.3.6.3　观音阁水库碾压混凝土坝溢流面一次成型施工

（1）工程概况。观音阁水库大坝枢纽由挡水坝段、溢流坝段和电站坝段组成。水库拦河坝为碾压混凝土重力坝，坝顶长1040m，坝顶宽10m，最大坝高82m。共分65个坝段，其中15～27号坝段为溢流坝段，溢流坝段长192m。有12个溢流孔，每孔净宽12m。

大坝剖面为“金包银”形式，外部和基础为常态混凝土，内部为碾压混凝土。常态混凝土上游防渗层厚3m，下游保护层厚2.5m，基础垫层厚2m，廊道周围采用厚1m钢筋混凝土，其余为含粉煤灰30%的低贫碾压混凝土。

观音阁水库大坝采用RCD工法施工技术。在溢流面坝段施工中，根据坝体结构特性，采取坝体碾压混凝土与溢流面常态混凝土同步上升、一次成型的施工工艺，浇筑升层0.75m。

（2）溢流面弧段内混凝土施工。溢流面反弧段设置于高程209.657m以下，高程206.25m以下设预留台阶。反弧段50°内最低段采用轴向液压滑模施工，其上至高程

209.657m 弧段溢流面混凝土，则采用弧形悬臂模板施工（见图 3－25）。该模板由平面悬臂模板改造而成，即在工地现有悬臂模板的围楞上增加 4 道弧形方木，面板由 P2015 建筑模板水平拼装，组成 3m×2.1m 的大模板。

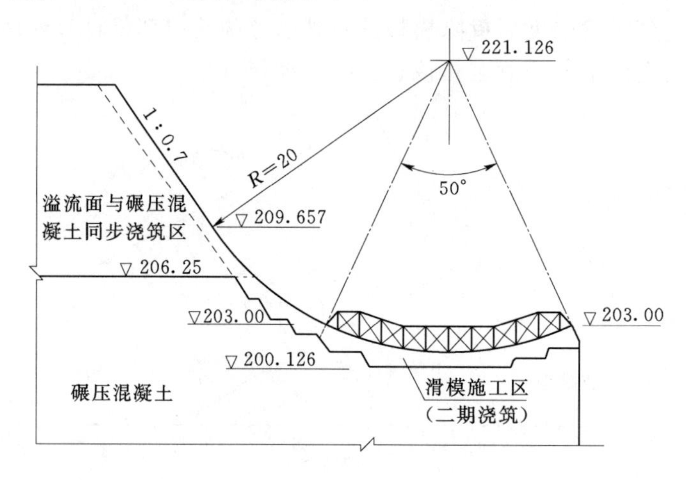

图 3－25　溢流面浇筑分区图（单位：m）

其中高程 203.00～206.25m 段先预留台阶，后浇筑二期溢流面混凝土，高程206.25～209.657m 段溢流面与坝体碾压混凝土同步浇筑，一次立模 1.5m，分两次浇筑。

（3）溢流面直线段混凝土施工。高程 209.657m 段以上溢流面与坝体碾压混凝土同步浇筑的方式。每次立模 1.5m，分两次浇筑。模板安装中使用调整螺栓进行调整，确保模板边线准确。开仓时先浇筑上游面常态混凝土，然后浇筑碾压混凝土，在最后一个条带碾压混凝土浇筑前浇筑下游面宽 2.5m 的溢流面常态混凝土，用振捣车振捣混凝土。碾压混凝土与常态混凝土结合部，采用变态混凝土过渡。

直线段模板由面板、围楞、立柱操作平台组成的悬臂式大模板。面板由 P3009、P3012 及 P2009、P2012 建筑模板拼装成 3m×2.1m 和 2m×2.1m 两种规格的面板，模板间用 U 形卡连接。横围楞采用双［10 槽钢制作，用勾头螺栓将模板固定在其上。立柱采用双［16 槽钢制作，与横围楞间螺栓连接，或焊接固定。模板锚筋采用直径 20mm 钢筋，用 M36 套筒螺栓固定。在模板的背面立柱上设置上下两道操作平台，平台宽约 76cm（见图 3－26）。

3.3.6.4　彭水水电站碾压混凝土重力坝

（1）工程概况。彭水水电站位于重庆市彭水县境内的乌江上，是乌江干流水电开发的第 10 个梯级水电站，距彭水县城上游 11km。水电站装机总容量 1750MW，装有 5 台水轮发电机组，多年平均发电量 61.24 亿 kW·h，是乌江上的大型水电站之一。

大坝为碾压混凝土重力坝，坝顶高程 301.50m，最大坝高 116.5m，溢流坝段和两岸非溢流坝段共 277.53m，坝顶长度 309.53m，划分为 15 个坝段，大坝上游面垂直，下游坝坡 1∶0.7。坝轴线在河床溢流坝段为弧线，半径为 450m，中心角 20.8°。在非溢流坝段为直线，右岸坝轴线与溢流坝段弧形坝轴线相切，左岸轴线与船闸中心线垂直，大坝共设 9 个表孔，堰顶高程 268.50m，溢流坝段孔中分缝。彭水水电站大坝典型断面见图 3－27。

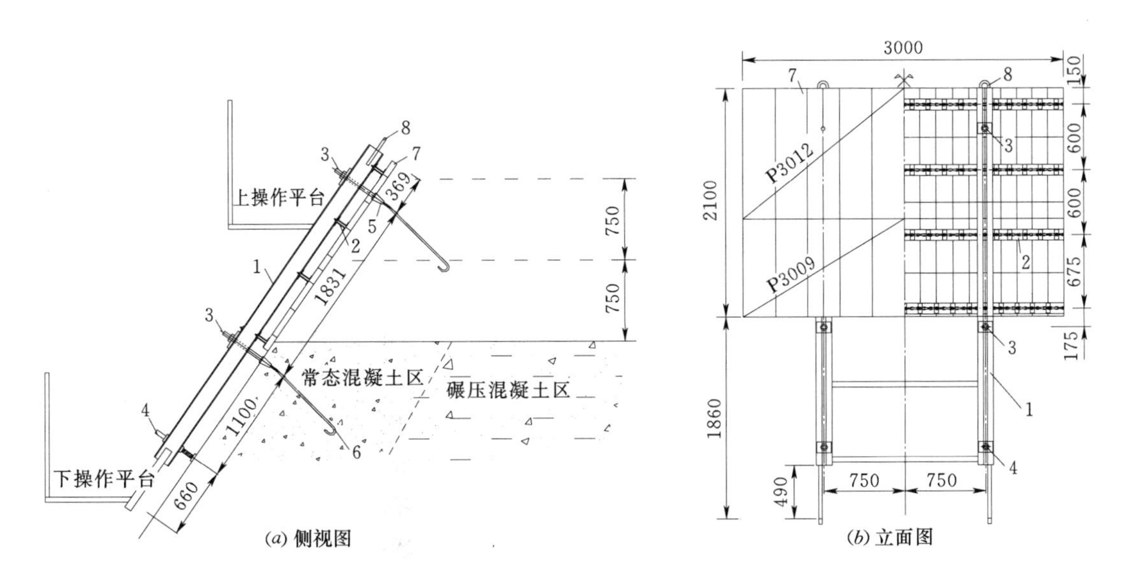

图 3-26　直线段混凝土浇筑及模板图（单位：mm）

1—模板立柱；2—横围楞；3—套筒螺杆；4—调节螺杆；5—锥头；6—预埋锚筋；7—钢模板；8—吊环 ϕ25mm

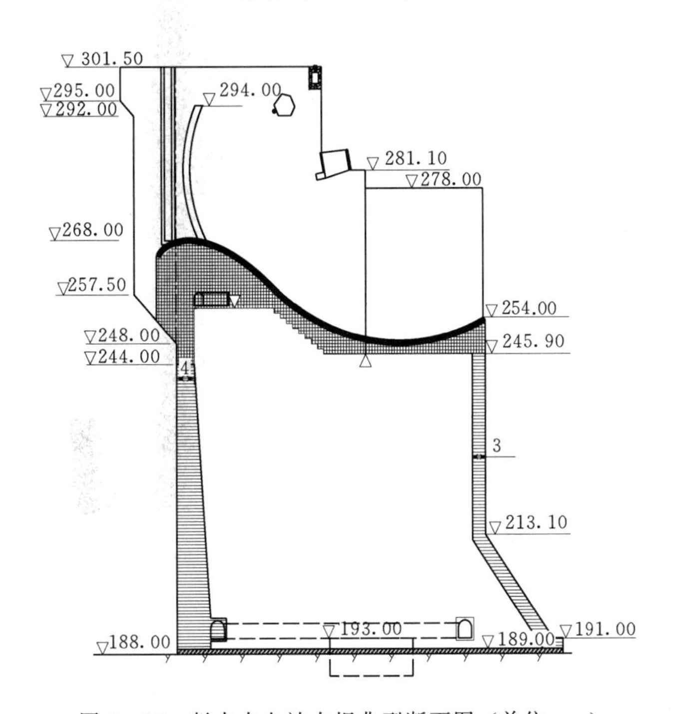

图 3-27　彭水水电站大坝典型断面图（单位：m）

（2）施工情况。彭水水电站大坝混凝土由碾压混凝土与常态混凝土构成，除基础厚1m垫层和上部溢流面、闸墩结构外，其他均采用全断面碾压混凝土体。大坝混凝土共计87.6万m^3，其中碾压混凝土50.2万m^3。坝体防渗以自身二级配碾压混凝土为主，外涂刷辅助防渗材料。

2005年12月26日开始浇筑碾压混凝土，2007年2月初全部完成碾压混凝土施工。

大坝碾压混凝土施工方案是：大坝碾压混凝土分在两个枯水期施工，前期分三个仓面浇筑，采用平层碾压连续上升的施工方法，碾压层厚为0.3m。入仓方式采用汽车直接入仓或胶带机入仓浇筑，部分小仓面采用缆机入仓。浇筑分层为3～9m。碾压混凝土模板全部采用连续翻转大模板，分为上游直面大模板3m×3.1m（三层翻升）、下游1∶0.75坡面为大模板3m×1.55m（三层翻升）和直面大模板3m×3.1m（二层翻升）、横缝大模板（三层翻升）。在施工中，最大连续浇筑升层达21m（见图3-28）。

坝内廊道尺寸为3m×3.5m，灌浆廊道及2m×2.5m、2.5m×3m排水廊道，采用全断面钢筋混凝土预制。基础廊道群浇筑时，预留交通缺口，碾压混凝土浇筑完后采用常态混凝土回填缺口。坝前倒悬采用钢筋混凝土倒悬预制件，模板内浇筑常态混凝土，与碾压混凝土同步上升，浇筑分层3.0m（见图3-27）。

(*a*) 上游三层翻升大模板

(*b*) 预制混凝土廊道

图3-28　连续翻转大模板

3.4 碾压混凝土生产

3.4.1 碾压混凝土生产工艺

混凝土生产系统包括：拌和楼、骨料上料系统、制冷系统、胶凝材料输送系统、空压系统、水及外加剂系统。

根据混凝土建筑物设计要求碾压混凝土分为：常温碾压混凝土、温控碾压混凝土。

碾压混凝土的生产工艺：通过胶带机将混凝土骨料输送到拌和楼的骨料仓内，选用合适的输送方法将水泥、煤灰输送到拌和楼的水泥、煤灰料仓内，水（或低温冷冻水）、外加剂，片冰输送到拌和楼的各自对应的料仓内，按设计的混凝土配合比上述物料通过称量后进入拌和楼的搅拌机拌和生产成混凝土。

3.4.2 碾压混凝土生产系统设计原则

（1）强制式拌和楼和自落式拌和楼均能生产合格的碾压混凝土，但强制式拌和楼生产效率高，骨料配料机构简单、楼内产生的灰尘相对自落式拌和楼小，因此，碾压混凝土生产系统一般优先选取强制式搅拌机的拌和楼（站）。

（2）按照业主提供的混凝土生产系统布置区域，在满足有关的现行标准、规程、规范及招标文件技术条款的有关要求及混凝土质量和生产能力的前提下，进行优化设计。

（3）系统布置充分考虑混凝土生产系统的出料形式以及现场的施工场地的地形条件，保证系统运行顺畅和安全。

（4）设备配置要满足混凝土生产系统生产能力的需要，并考虑适当的负荷率，保障设备在高峰时段的连续生产能力。

（5）混凝土系统内主要设备拌和楼、制冷设备、空压机、运输设备、给料设备等宜选用国内外技术先进、质量可靠的优质产品，且在同类工程中有过成功应用。

（6）保证拌和楼、制冷车间、风冷料仓、水泥罐、粉煤灰罐等荷载较大的设备基础位于地质良好地段；或者做必要、可靠的基础处理。

（7）选用投资省、能耗低、环保性能好的产品。相同工艺要求的设备尽可能选用两台以上，选用的规格型号尽可能相同，有利于配件供应和操作、维修。

（8）混凝土生产系统内设置污水处理系统，污水排放符合国家有关环保法规和工程环境保护办法的要求。

3.4.3 碾压混凝土生产系统设计

3.4.3.1 混凝土生产系统小时生产能力的确定

（1）月高峰混凝土生产强度确定。一般应按施工进度计划确定，如无进度计划，可按式（3-6）进行估算：

$$Q_m = K_m V / N \tag{3-6}$$

式中 Q_m——混凝土高峰月浇筑强度，m^3；

V——在计算阶段内由该混凝土系统供应的混凝土量，m^3；

N——相应于 V 的混凝土浇筑月数，月；

K_m——月不均匀系数，当 V 按全工程的混凝土总量计算时，$K_m=1.8\sim2.4$；V 为估计高峰混凝土浇筑年时，$K_m=1.3\sim1.6$；K_m 取值还受规模、管理水平的影响，管理水平高取值较小，反之取值较大。

（2）按高峰月混凝土生产强度确定。从高峰月浇筑强度换算系统的小时生产能力 Q_h，可按式（3-7）计算：

$$Q_h=K_mQ_m/(NT) \tag{3-7}$$

式中 Q_h——小时生产能力，m^3/h；

K_m——小时不均匀系数，一般取 1.5；

Q_m——混凝土高峰月浇筑强度，m^3；

N——每月工作日；

T——每个工作日的工作小时。

例如：高峰月混凝土生产强度为 6 万 m^3，每月按 25 个工作日、每个工作日按 20 个工作小时计算，即每月 500 工作小时。

$$Q_h=1.5\times60000/(25\times20)=180m^3/h$$

（3）按碾压混凝土最大仓面确定小时生产能力 Q_h：

$$Q_h=M_mH/T$$

式中 M_m——最大碾压混凝土仓面面积，m^2；

H——碾压混凝土每层厚，m；

T——碾压混凝土覆盖时间按 4～8h，平均取 6h。

例如：最大碾压混凝土仓面面积为 $2000m^2$，按 4～8h 覆盖完、平均取 6h，每层厚按 0.3m 计算。

$$Q_h=2000\times0.3/6=100m^3/h$$

（4）综合上述（2）、（3）两种情况，小时生产能力取大值 Q_h。

3.4.3.2　混凝土拌和楼（站）的选取

碾压混凝土生产系统一般优先选取强制式搅拌机的拌和楼（站），自落实式搅拌机的拌和楼（站）也能满足要求。因碾压混凝土多为三级配混凝土，为满足粗骨料直径的要求，强制式搅拌机的单机出料容量要求不小于 $3m^3$。拌和楼（站）的选取一般按下原则选取：

（1）混凝土总量大小来确定，混凝土总量大一般选取 1 座或 2 座拌和楼，为便于骨料、粉料等辅助系统的设计布置和混凝土系统的运行、维修管理，混凝土生产系统搅拌楼选用的座数不宜太多，宜选取 1 座或 2 座拌和楼，最多不超过 4 座拌和楼，混凝土总量小一般选取 1 座或 2 座单搅拌机拌和站。

（2）混凝土的温控要求来确定，要求采用二次风冷的工艺才能满足混凝土出机口温度要求的，选取搅拌楼生产混凝土。采用一次风冷的工艺可以满足混凝土出机口温度要求的，选取搅拌站生产混凝土。

（3）混凝土系统的地形来确定，有地形高差可以选用拌和楼或拌和站，没有地形高差混凝土生产量大时一般选用拌和楼不选用拌和站。

部分大坝混凝土生产系统参数见表 3-11。

表 3-11 部分大坝混凝土生产系统参数表

项目		龙滩水电站混凝土系统	龙开口水电站大坝混凝土系统	思林水电站大坝混凝土系统	亭子口水电站左岸大坝混凝土系统	光照水电站混凝土系统（左岸基地）	沐若水电站大坝混凝土系统	观音岩水电站左岸大坝混凝土系统		鲁地拉水电站大坝混凝土系统
								高线系统	低线系统	
混凝土总量/万 m³			355.0	95.4	410	275	167.5	232	218.2	192
混凝土设计最高月强度/万 m³			17.86	14.0（预冷 6.0）	常态 20；碾压 18	16（预冷 10）	12.9	14	16	14.5
实际施工最高月强度/万 m³			23.5	11.8			11.7			15.5
混凝土小时生产强度/(m³/h)		常温 600；预冷 440	常温 700；预冷 600	常温 480；预冷 180	常温 600；预冷 550	常温 600；预冷 320	常温 600；预冷 450	常温 500；预冷 460	常温 600；预冷 500	常温 600；预冷 500
预冷混凝土出机口温度/℃		碾压混凝土 12；常态混凝土 10	碾压混凝土 12；常态混凝土 11	碾压混凝土 14	碾压混凝土 12；常态混凝土 10	碾压混凝土 14	碾压混凝土 21	碾压混凝土 12；常态混凝土 10		碾压混凝土 12；常态混凝土 12
混凝土预冷工艺	粗骨料一次风冷	采用	采用	采用	采用	采用	采用	采用	采用	采用
	粗骨料二次风冷	采用	采用	采用	采用	采用		采用	采用	采用
	片冰	采用	采用		采用			采用	采用	采用
	冷水	采用	采用	采用	采用	采用	采用	采用	采用	采用
制冷装机容量/(×10⁴kcal/h)		1250	1350	375	1450	550	350	1200	1200	950
拌和楼配置		2 座 HL360－2S6000L	4 座 HL240－2S3000L	1 座 HL240-2S3000L；1 座 HL240－2S3000	2 座 HL320－2S4500L；1 座 HL240－2S3000L	2 座 HL320－2S4500L；1 座 HL240－4F3000L	1 座 HZ300－2S4500L；2 座 HZ150－1S4500L	2 座 HL320－2S4500L	2 座 HL360－2S6000L	2 座 HL240－2S3000L；1 座 HL240－4F3000L

3.4.3.3 混凝土骨料的储存

设置混凝土骨料调节料仓时，一般骨料调节料仓骨料储存量是高峰月强度1～3d的骨料用量。临时混凝土骨料调节料仓骨料储存量是高峰月强度不小于8h的骨料用量。

骨料储存量W：

$$W=\frac{NQq}{M}$$

式中　W——骨料储存量，t；

N——骨料储存使用的时间，1～3d；

Q——混凝土月高峰时段的平均浇筑强度，m^3/月；

q——混凝土中的骨料用量，t/m^3；

M——月工作天数，一般取25d。

3.4.3.4 胶凝材料的储存

胶凝材料的储量一般由混凝土浇筑月高峰的平均用量确定，大、中型工程所需要的胶凝材料常规是混凝土浇筑月高峰期5～7d的用量储存，一般取5～7d，运输条件差或供料困难时可取15～25d。

胶凝材料日平均需要量R：

$$R=\frac{Qq}{M}$$

式中　R——胶凝材料日平均需要量，t/d；

Q——混凝土月高峰时段的平均浇筑强度，m^3/月；

q——混凝土中的胶凝材料用量，t/m^3；

M——月工作天数，一般取25d。

胶凝材料的储量W：

$$W=nR$$

式中　R——胶凝材料日平均需要量，t/d；

W——胶凝材料的储量，t；

n——胶凝材料必须储备的天数，一般取7d。

3.4.3.5 空压站系统

（1）供气工艺。混凝土生产系统供风项目主要有：搅拌楼内的各气顶，散装水泥、煤灰车卸灰，拆包机房射流泵的供气及除尘，外加剂车间搅拌，各罐除尘以及各胶凝材料储料罐破拱，一次风冷料仓和砂仓的气动弧门及气阀等的供气，胶凝材料气力输送入罐与上楼以及排堵装置的二次进气阀等。混凝土系统的供风全部由空压机站提供，供气管路分为两路：一路为控制气压、压力在0.7MPa；另一路为输送胶凝材料气压、压力在0.4MPa。

（2）供气量计算。混凝土生产系统用气量按式（3－8）选取：

$$Q=K_1K_2K_3\sum Q_i \tag{3-8}$$

式中　Q——混凝土系统供气总配备量，m^3/min；

$\sum Q_i$——各用风设备的用风量之和，m^3/min；

K_1——空气压缩机效率和未计入的小量用风，$K_1=1.05\sim1.1$；

K_2——管网漏风系数，$K_2=1.1\sim1.3$；

K_3——高程修正系数，K_3 按高程修正系数按图 3-29 查取。

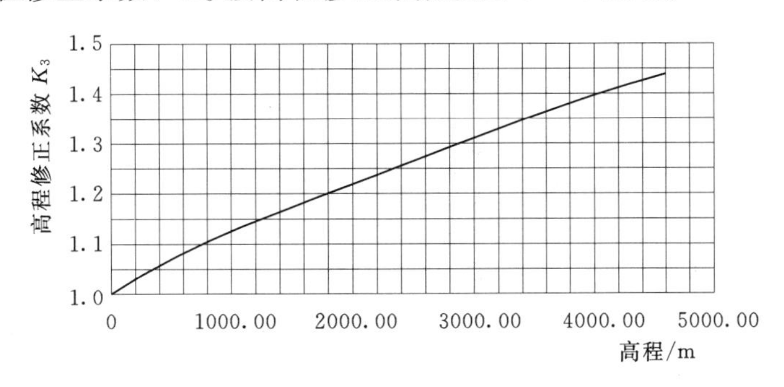

图 3-29　高程修正系数曲线图

(3) 供气设备的选取。根据混凝土系统供气总配备量 Q（m^3/min）来选取空压机，选定空压机后选取与其匹配的冷却器、液气分离器、无热再生干燥器、除油过滤器及储气罐等。在选取空压机时应注意：

1）一个空压站内最好选用同一种型号空压机，当单机容量太大时，应配置几台小容量空压机，达到节约能耗的效果。通常在一个空压站内不宜超过两种机型。

2）选择空气压缩机除应满足排气压力和排气量要求外，还应该考虑比功率和比重量指标。

3）优先选用指标先进而且使用情况良好的产品，在混凝土生产系统中最好选用电动空压机，目前集装箱式无基础电动空压机很方便用于混凝土生产系统。

3.4.3.6　混凝土预冷系统

水电站混凝土工程施工中为了降低混凝土出机口温度，广泛采用混凝土预冷系统工艺，即通过降低混凝土粗骨料的温度、充分加冰、加冷水拌制混凝土，降低混凝土的出机口温度，满足设计要求。在混凝土预冷系统设计时，要遵守各项设计依据，根据工程所在地的自然条件、混凝土材料的物理热学性能及设计要求的出机口温度来决定需要采取的混凝土预冷工艺措施。混凝土出机口温度按式（3-9）计算：

$$T_0=\frac{\sum(C_iW_iT_i)-80\eta G_c+q}{\sum C_iW_i} \tag{3-9}$$

其中

$$q=\frac{860K_jNT}{360V}$$

式中　T_0——混凝土出机口温度,℃；

W_i——混凝土中各种原材料的重量，kg/m^3；

C_i——混凝土各种原材料的比热，kcal/(kg·℃)；

T_i——混凝土各种原材料进行拌和时的初始温度,℃；

G_c——混凝土的加冰量，kg/m^3；

η——冰的冷量利用率，0.8～0.9；

q——混凝土拌和时的机械热，kcal/m^3；

K_j——系数1.0～1.5，自然出机取1.0，预冷出机取1.5；

N——搅拌机的电动机功率，kW；

T——搅拌时间，s；

V——搅拌机容量，m^3；按有效出料容积计。

碾压混凝土预冷工艺在高温季节根据混凝土出机口温度的不同确定混凝土预冷系统的工艺措施，一般通过热平衡计算，由地面粗骨料一次风冷、拌和楼上粗骨料二次风冷、片冰、2～4℃冷水等四种预冷措施组合以下不同工况的预冷工艺措施：

（1）地面粗骨料一次风冷＋拌和楼上粗骨料二次风冷＋片冰＋2～4℃冷水拌制混凝土。

（2）粗骨料一次风冷＋片冰＋2～4℃冷水拌制混凝土。

（3）地面粗骨料一次风冷＋拌和楼上粗骨料二次风冷＋2～4℃冷水拌制混凝土。

（4）粗骨料一次风冷＋2～4℃冷水拌制混凝土。

混凝土制冷系统由三部分组成：风冷系统、冰系统、冷水系统。其中，一次骨料风冷系统、二次骨料风冷系统合起来称为两次风冷骨料系统。

（1）风冷系统。粗骨料进入一次风冷车间骨料冷却料仓，骨料冷却料仓由三个料仓组成，分别存放G_1、G_2、G_3三种骨料。每个调节料仓自上而下分为进料区、冷却区、储料区。冷风自下而上通过骨料，骨料按用料速度自上而下流动，边进料，边冷却，边出料。冷却后的骨料经保温廊道由胶带机送至拌和楼相应的料仓进行二次风冷。拌和楼料仓同样由三个料仓组成，分别存放G_1、G_2、G_3三种骨料，料仓由上而下也分成进料区、冷却区、储料区三个区域，通过风冷使骨料进一步降到设计值。拌和楼上二次风冷循环系统的结构型式与一次风冷基本相同。冷却到设计终温的骨料称量后经拌和楼集料斗进入拌和机拌和。一次风冷系统、二次风冷系统骨料仓外的冷风机的冷源由氨制冷系统提供。

（2）冰系统。冰系统设于制冷楼内，由片冰机和冰库组成，冰库设于片冰机下部。片冰机生产的片冰落入储冰库中储存，储冰库中的片冰由气力输冰装置（或其他输送手段）送到拌和楼上的调节冰仓，通过调节冰仓下的螺旋输送机送到拌和楼称量器中称量后，送入集料斗加入拌和机。冰系统的冷源由氨制冷系统提供。

（3）冷水系统。混凝土拌和用冷水由设于制冷车间内的冷水机组或螺旋管式蒸发器生产3～6℃冷水，冷水经水泵输送到拌和楼称量斗称量后进入集料斗加入拌和机。冷水系统的冷源由制冷系统提供。

3.4.4 工程实例

3.4.4.1 思林大坝混凝土生产系统

思林水电站大坝工程混凝土量约95.4万m^3，其中碾压混凝土和变态混凝土约77.5万m^3，常态混凝土约17.9万m^3，混凝土最大级配为三级配。要求按高峰强度14.0万m^3（同时考虑最大仓面为6166.67m^2），预冷混凝土5.6万m^{3}的规模进行设计，预冷混凝土出机口温度碾压混凝土为14℃、常态混凝土为常温。

混凝土生产系统的配置与布置：

根据月高峰强度计算式：$$Q_h=\frac{K_m Q_m}{NT}$$

碾压混凝土：$$Q_h=\frac{1.5\times 140000}{25\times 20}=420\text{m}^3/\text{h}$$

预冷碾压混凝土：$$Q_h=\frac{1.5\times 56000}{25\times 20}=168\text{m}^3/\text{h}$$

按碾压混凝土最大仓面确定小时生产能力 Q_h：

$$Q_h=\frac{M_m H}{T}$$

$$Q_h=\frac{6166.67\times 0.3}{6}=308\text{m}^3/\text{h}$$

因此系统设计生产能力为：常态混凝土 480m^3/h，碾压混凝土 440m^3/h，预冷混凝土 180m^3/h。

单座 HL240－2S3000 生产能力为：常态混凝土 240m^3/h，碾压混凝土 220m^3/h，预冷混凝土 180m^3/h。故思林水电站大坝工程混凝土生产系统配置 2 座 HL240－2S3000L 强制式拌和楼，1 座拌和楼生产常温混凝土、1 座拌和楼生产温控混凝土。

根据混凝土出机口温度计算式：

$$T_0=\frac{\sum(C_i W_i T_i)-80\eta G_c+q}{\sum C_i W_i}$$

按思林水电站大坝工程典型碾压混凝土配比每 1m^3 混凝土各种物料的重量代入上式（先设加冰量为 $G_c=0$，如计算结果 $T_0<14$℃，则不需要加冰），混凝土开始拌和时各种物料的温度按：水泥 55℃，煤灰 45℃，大石、中石－1℃，小石 4℃，砂 24℃，水 4℃，机械热 1500kJ/m^3。

计算得：$T_0<14$℃。

因加冰量取 $G_c=0$，计算得：$T_0<14$℃，故思林大坝混凝土预冷系统采用骨料两次风冷、加冷水拌和的混凝土预冷工艺，通过制冷容量单项计算：一次风冷配备制冷装机容量 200×10^4kcal/h，二次风冷配备制冷装机容量 150×10^4kcal/h，制冷水配备制冷装机容量 25×10^4kcal/h，总制冷装机容量 375×10^4kcal/h。

结合混凝土工程的施工条件、场地布置条件、设备安装和混凝土运输条件，进行混凝土系统平面布置。

大坝混凝土生产系统设施布置在大坝右岸，场地高程分别为 488.00m、480.00m、452.00m 三个平台上（利用平台高差布置可以节约成本）；在高程 488.00m 平台上布置一个变电所。空压机站、一次风冷料仓、一次风冷车间、外加剂池（外加剂池上部为外加剂配制室、外加剂仓库）布置在高程 480.00m 平台，2 座混凝土搅拌楼、二次风冷车间、6 个胶凝材料储罐（其中预留 2 个胶凝材料储罐位置）、混凝土实验室等设施及办公调度楼等布置在高程 452.00m 平台，同时在这几个平台分别布置系统生产给排水设施。根据混凝土系统距离大坝在 100m 左右，而且在大部分坝体高程之上，大坝混凝土入仓主要考虑 G_1、G_2 胶带机配合溜管入仓，少量混凝土选用汽车入仓方式。思林水电站大坝工程混凝土生产系统平面布置见图 3-30。

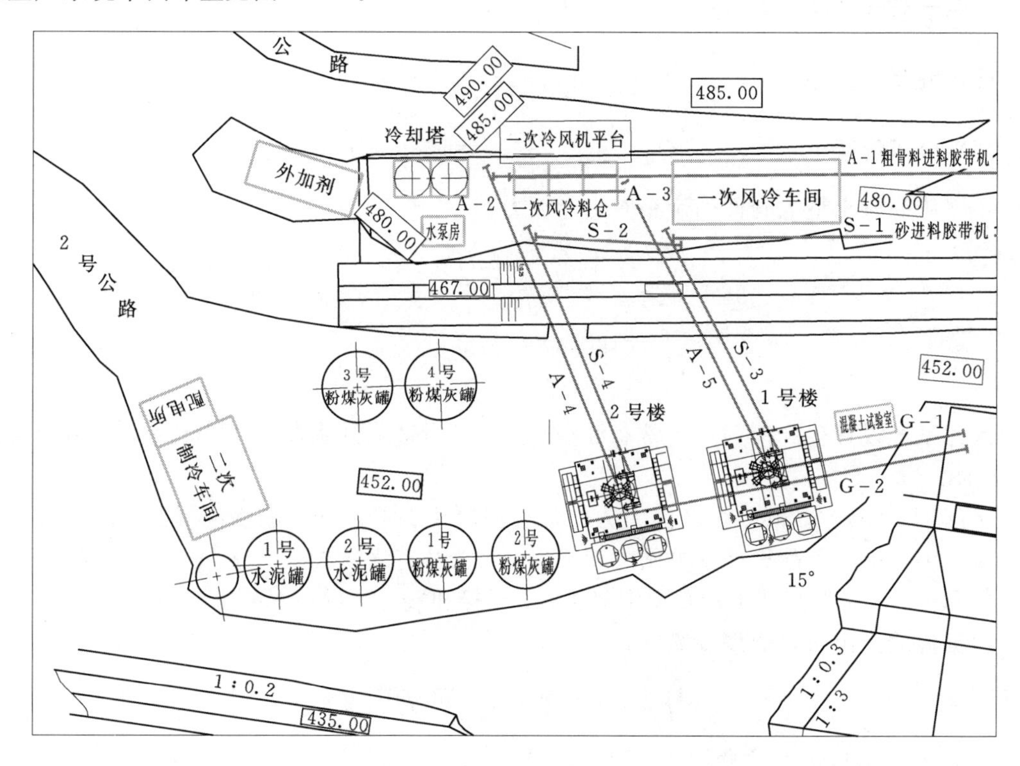

图 3-30 思林水电站大坝工程混凝土生产系统平面布置图

3.4.4.2 龙开口水电站大坝混凝土生产系统

龙开口水电站大坝工程混凝土总量约 355.0 万 m^3，其中碾压混凝土约 257.7 万 m^3，常态混凝土约 97.3 万 m^3，混凝土最大级配为三级配。需满足混凝土月高峰浇筑强度 17.86 万 m^3，系统碾压混凝土设计生产能力 $700m^3/h$（考虑满足最大仓面 $10131m^2$ 的入仓强度要求）。系统预冷混凝土设计生产能力 $600m^3/h$，要求混凝土出机口温度碾压混凝土为 12℃、常态混凝土为 11℃。

龙开口水电站大坝工程混凝土生产系统配置 4 座 HL240-2S3000L 强制式拌和楼，采用骨料两次风冷、加片冰、加冷水拌和的混凝土预冷工艺，制冷装机容量 1350×10^4 kcal/h。龙开口水电站大坝工程混凝土生产系统布置见图 3-31。

3.4.4.3 沐若水电站大坝混凝土生产系统

沐若水电站大坝工程混凝土供应总量约 167.5 万 m^3，其中大坝碾压混凝土工程量约为 144.4 万 m^3。混凝土系统生产能力需满足混凝土月高峰浇筑强度 12.9 万 m^3，其中碾压混凝土为 12.7 万 m^3/月，常态混凝土为 0.2 万 m^3/月，最大骨料直径为 80mm（三级配混凝土）。系统设计生产能力：常态混凝土 $600m^3/h$，预冷碾压混凝土 $450m^3/h$。混凝土出机口温度：常温混凝土 30℃，预冷碾压混凝土 21.0℃。

沐若水电站大坝工程混凝土系统配置 1 座 HZ300-2S4500L 的强制式拌和站和 2 座 HZ150-1S4500L 的强制式拌和站，采用粗骨料一次风冷、加冷水拌和的混凝土预冷工

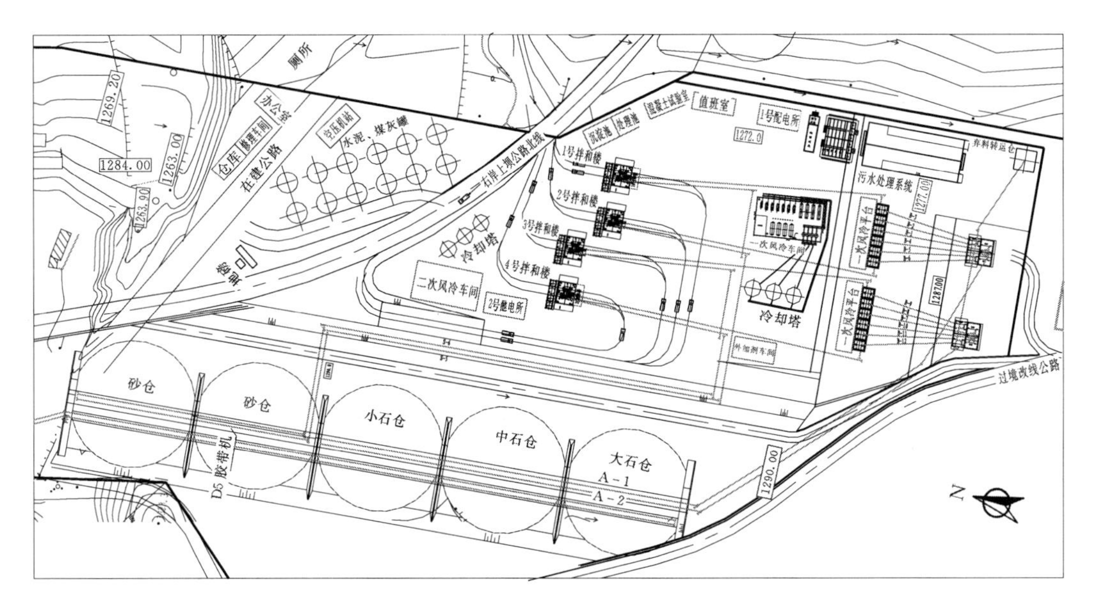

图 3-31　龙开口水电站大坝工程混凝土生产系统布置图

艺，制冷装机容量 350×10^4kcal/h（见图 3-32、图 3-33、表 3-11）。

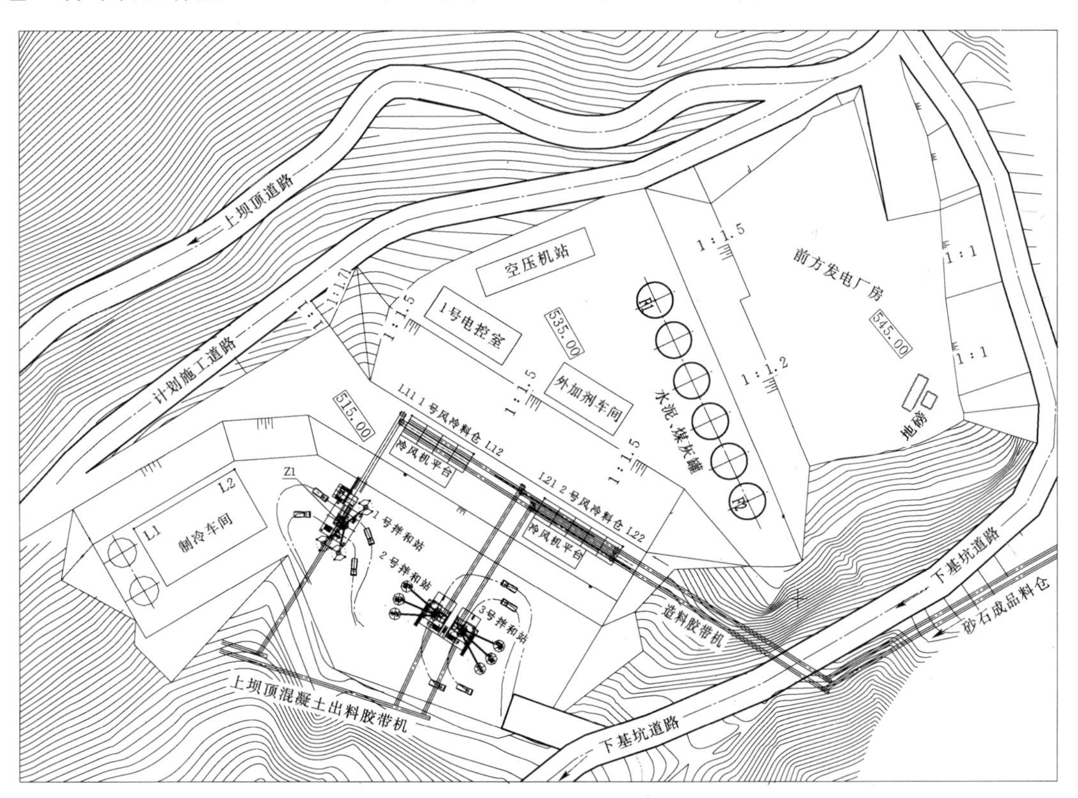

图 3-32　沐若水电站大坝工程混凝土生产系统布置图

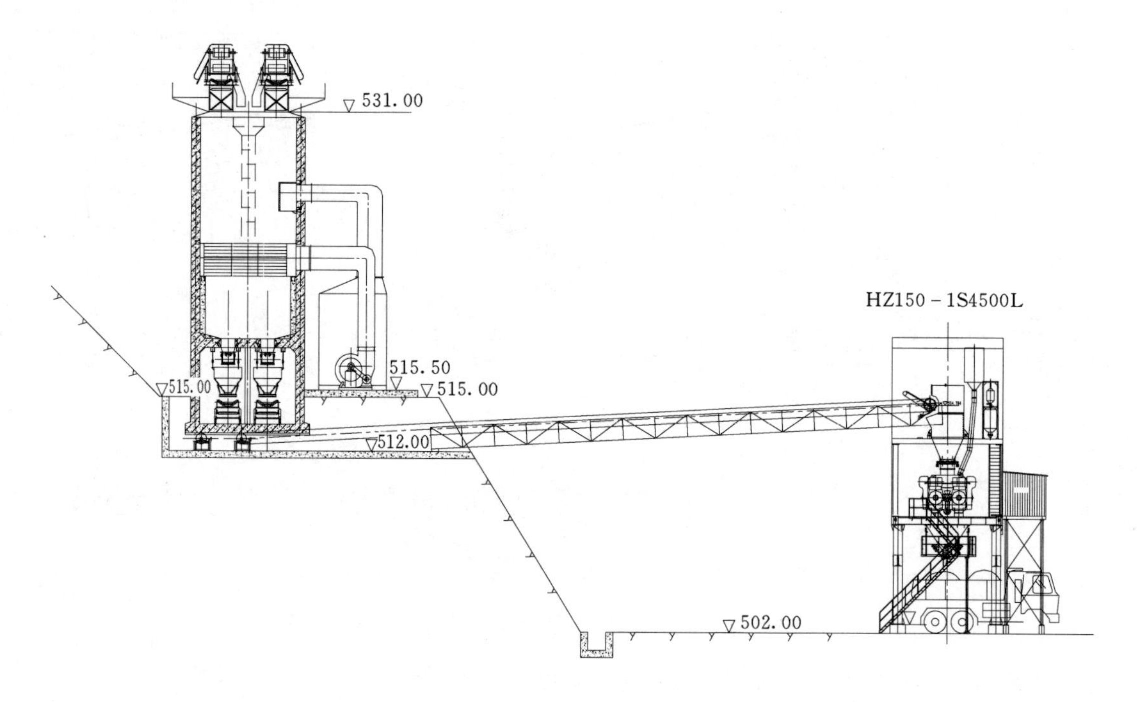

图 3 - 33　沐若水电站大坝工程混凝土生产系统 HZ150 - 1S4500L 拌和站立面布置图

3.5　碾压混凝土运输入仓

3.5.1　运输入仓方式

碾压混凝土运输方式选择应满足碾压混凝土施工速度快的特点，碾压混凝土运输设备可采用自卸汽车、带式输送机、箱式满管、真空溜槽（管）、真空缓降溜管、布料机、胎带机、塔带机、顶带机、缆机、门塔机、斜面滑道等。最常用运输方式是采用自卸车、带式输送机、箱式满管、真空溜槽（管）、真空缓降溜管、布料机和胎带机等，相比较而言，自卸车直接入仓是最简便有效的方式，自卸汽车运输具有适应性强、机动灵活，直接入仓，可减少分离等优点，在中低坝宜尽可能采用汽车进仓，在高坝尽可能创造条件采用汽车进仓，其他运输工具常采用组合运输方式。碾压混凝土的入仓方式需根据机械设备配制、施工布置特点和地形条件等综合因素进行选用，自卸汽车、带式输送机、箱式满管、真空溜槽（管）和真空缓降溜管等已成为碾压混凝土运输的主要手段，缆机、门机、塔机可作为辅助运输机具。混凝土水平和垂直运输一体化，由于塔带机（顶带机）和胎带机的引进和开发应用，将混凝土水平和垂直运输合二为一，实现了对混凝土运输传统方式的变革，带式输送机得到广泛应用，研究开发的移动式布料机和可伸缩式悬臂布料机等已成功应用于多个工程的施工实践。近年来在光照、沙陀、金安桥、思林等众多水电站工程中纷纷采用箱式满管输送碾压混凝土，取得良好效果。国内部分碾压混凝土工程常用施工机械见表 3 - 12。

表 3-12　　国内部分碾压混凝土工程常用施工机械表

工程名称	运　输	平仓铺料	层面处理
龙滩	自卸车，MD2200 顶带机，TC2AOO 塔带机，带式输送机，20t 缆机	CAT 平仓机，SD16L 平仓机	GCHJ50B 冲毛机 WLQ90/50 冲毛机
普定	10t、15t 自卸车，真空溜管，10t、20t 固定缆机	D85 推土机，D31P 平仓机	冲毛机
沙牌	15t 自卸车，真空溜管，20t 缆机	D3CLGP 平仓机，D31 平仓机	冲毛机
光照	自卸车，箱式满管，带式输送机	推土机，平仓机	冲毛机
沙陀	自卸车，箱式满管，大倾角波状挡边带式输送机	推土机，平仓机	冲毛机
思林	自卸车，真空缓降溜管，箱式满管，带式输送机	推土机，平仓机	冲毛机
大花水	自卸车，真空缓降溜管，带式输送机	推土机，平仓机	冲毛机
三峡围堰	20t、25.5t、32t 自卸车，MD2200 顶带机，QY-8 汽吊，TC2AOO 塔带机，QY-16 汽吊，MR45-7 搅拌车	BW202AD 振动碾，CC82 振动碾 D85 推土机，D31Q-20 平仓铲 CAT-D3、CL、GP 平仓机	GCHJ50 冲毛机
金安桥	自卸车，箱式满管，缆机	推土机，平仓机	冲毛机
棉花滩	8t、20t 自卸车，带式输送机，真空溜槽	D3B 平仓机，D31P 推土机	HCM 冲毛机

3.5.2　水平运输入仓

自卸汽车运输入仓是碾压混凝土施工中最常用的一种运输入仓方式，具有转运次数少、运输能力强、机动灵活、适应性强、效率高、成本低廉等优点。这种方式比较适合于中低碾压混凝土坝及高碾压混凝土坝下部坝体、河谷较宽阔和便于施工道路布置的工程及部位，对中低坝和高坝可采用汽车入仓的部位宜优先选用自卸汽车入仓方式。

用自卸汽车运混凝土直接入仓，需防止汽车将泥土、污物以及水带进仓。同时，要防止或减轻因装卸料及运输过程引起的混凝土分离。自卸汽车运输碾压混凝土时，入仓口的数量、结构和封仓施工方法等对施工质量和施工速度有很大影响。车轮夹带的污物、泥土等将影响混凝土层面的胶结质量；水分的带入将改变混凝土的工作度和水胶比，影响混凝土质量；汽车急刹车和急转弯将破坏强度还不高的混凝土表面，并影响层面胶结。为了确保进出口部位的结构形体和混凝土质量，水电站碾压混凝土坝施工常采用钢栈桥跨越模板入仓方式。

(1) 钢栈桥跨越模板入仓。龙滩、龙开口、亭子口等水电站工程均采用了钢栈桥跨越模板方式入仓。龙滩水电站在高气温条件下浇筑碾压混凝土的层间间隔时间按 4h 控制，一般单仓面积在 6000m^2 以上，小时浇筑强度大于 450m^3，如何保证大混凝土快速入仓，是保证高气温条件下碾压混凝土施工的必要前提。龙滩水电站大坝碾压混凝土入仓方式有汽车直接入仓、高速供料线＋塔（顶）带机入仓、缆机入仓等多种入仓方式，施工中主要采用高速供料线＋塔（顶）带机运输入仓，但在大坝下部自卸汽车直接入仓仍是重要的手段。入仓口处理直接影响到施工强度、速度和质量。前期采用坝外预制块封仓，每上升60cm安装一次，并填筑施工道路，但入仓口外观质量差，需做表面处理。其后改为“门”形钢栈桥跨1.5m×0.6m连续翻升钢模板，很好地解决了上述问题。同时，简化了道路填筑，可开仓前一次填筑到位，节省了时间，有效地减少了入仓口施工对仓内碾压混凝土施工的干扰。

汽车运输一般从大坝下游面入仓（少量从横缝处入仓），为保证下游永久外露面的施工质量，龙滩水电站工程采用入仓钢栈桥配合下游小型1.5m×0.6m连续翻升钢模板的使用，使汽车能通过钢栈桥直接跨过下游模板进入仓面，解决了入仓道路与下游面模板相冲突问题。入仓钢栈桥布置见图3-34。

图3-34　入仓钢栈桥布置图

开仓之前先将入仓道路填筑到位，按照结构要求安装第一层小翻转模板，将钢栈桥吊装就位，即可开仓浇筑。在浇筑过程中随着浇筑层面的上升，开始提升钢栈桥桥板，并安装后续几层小翻转模板。钢栈桥提升时，汽车无法通过。因此，钢栈桥提升作业应尽快完成。钢栈桥桥板提升前，应将施工所需的人员、机械设备、材料全部准备就位，吊车将栈桥桥板提起后立即封模板，浇筑桥板下方混凝土，然后将桥板放下恢复通车。

（2）汽车入仓。原先国内多采用结合地形利用当地材料分层填筑入仓道路方式，入仓道路随着坝体的升高而升高。道路的布置尽可能减少修路的工程量。同时，应使道路的修筑尽可能少影响碾压混凝土的上升。所以进仓道路能预先修筑的宜预先修好，临进仓段，不可能预先修筑的则在碾压混凝土施工到相应高程后集中在短时间内修通。

汽车运输道路布置的关键是封仓口的施工，原先多采用混凝土预制块在坝外码砌的办法。当碾压混凝土条带铺至入仓口时，将仓口所需料预先堆在附近，然后进行预制块码砌封仓。仓口一封，仓内马上进行入仓口处的平仓碾压。仓外也是事先将入仓口道路所须石渣等准备好，如果需堆渣较多或边坡较高的，还可准备一些钢筋笼等。同时，把封仓道路施工所需的推土机、装载机、汽车等预先准备好。仓口一封，仓外也同时进行入仓道路施工，以满足短时间内修通入仓道路。

（3）为了防止运输混凝土的汽车将泥土、污物等带进仓，运输混凝土的汽车在入仓前须用压力水冲洗轮胎和汽车底部，经冲洗后的汽车才允许经碎石脱水路面进仓。在临入仓前约 60m 范围设置的碎石脱水路面须采用干净的块、碎石面层，并有良好的排水，防止汽车轮胎带水入仓。

（4）为了防止和减少因装卸料与运输所引起的分离，从拌和楼往自卸车接料时应采用二点下料，自卸车卸料时也坚持二点卸料或慢速行走 2～3m 进行卸料。运输道路要平整，道路纵坡尽可能缓些，汽车在运输途中及进入仓面均要平稳驾驶，避免急刹车、急转弯。

（5）用自卸汽车运混凝土进仓也有采用其他架桥方式的，如日本门坝用活动桥，从坝底到坝顶设有钢柱，活动桥可随坝的升高而升高，国内的龙门滩水电站也采用过 40m 的贝雷桥方式。

3.5.3 垂直运输入仓

中低碾压混凝土坝施工中，汽车直接入仓是快速施工的有效方式。但高碾压混凝土坝修建在高山峡谷中，上坝道路高差大，除坝体底部可通过填筑道路，采用汽车直接入仓外，中上部入仓方式成为施工的重难点。结合已建、在建工程，目前已经研发出多种适合高碾压混凝土坝的入仓手段，如箱式满管垂直输送混凝土系统、真空溜槽（管）输送系统、真空缓降溜管输送系统、深槽高速带式输送机与真空溜槽（管）的联合输料系统、深槽高速带式输送机和布料机联合输送系统、大倾角波状挡边带式输送机以及供料线＋塔带机（顶带机）等，各种入仓手段均应根据工程的实际情况进行选择或组合采用。

3.5.3.1 箱式满管运输入仓

箱式满管运输入仓是一种投入少、简单快捷的高效运输入仓方式。光照水电站碾压混凝土重力坝采用箱式满管成功地解决了陡峭峡谷高落差垂直运输入仓难题，其采用汽车（深槽带式输送机）＋箱式满管＋仓面汽车的联合运输入仓方式，实现了混凝土大方量、高强度、抗分离输送。箱式满管的断面尺寸为 80cm×80cm，箱式满管顶部间隔开设排气孔，下倾角一般为 40°～50°，取消了仓面集料斗，仓外汽车通过卸料斗经箱式满管直接把料卸入仓面汽车中，倒运简捷快速。由于现在的碾压混凝土为高石粉含量、低 VC 值的半塑性混凝土，令人担忧的骨料分离问题也迎刃而解。目前，箱式满管已经成功地在光照、戈兰滩、金安桥等水电站使用，取得了良好的效果，有效解决了制约碾压混凝土垂直运输和入仓浇筑强度大的施工难题。

（1）箱式满管结构。箱式满管入仓系统结构包括调节料斗、下料控制装置（出口弧门）、箱式满管槽身及系统支撑结构等四部分，关键应解决好槽、斗形状、截面大小、控制方式和系统密封等问题。

1）调节料斗结构。为了保证混凝土连续下料和达到满管效果，设计采用大料斗，料斗容积约 20m³，上口尺寸为 3400mm×3400mm，下口尺寸为 800mm×800mm，高度为 3150mm。调节料斗罐体钢板厚度为 6mm，岸坡调节料斗采用四根支撑柱通过地脚螺栓与基础连接。

2）出口液压弧门。出口弧门段总高度为 1200mm，上口尺寸 1000mm×1000mm，下口尺寸 1000mm×1000mm。两扇弧门分别由两个 34BM - BlOH - T 油泵控制，油泵由型号为 YML2 - 4 的电机带动，电机油泵就近置于仓面上。

3）箱式满管槽身结构。方形箱式满管槽身构件包括标准节长 1.5m、非标准节 0.55m，断面尺寸为 800mm×800mm，出口渐变扩大节长 0.7m、断面尺寸为 800mm×1000mm，45°弯头节。

圆形箱式满管槽身构件包括 3～6m 的标准节长，1.5m 的非标准节，断面尺寸为 800mm，出口渐变扩大节长 0.7m、断面尺寸为 800mm×1000mm，45°弯头节。其中出口渐变扩大节安装在弯头节和出口弧门之间，便于混凝土下料时不发生堵管现象。箱式满管槽身每节均采用螺栓法兰连接，拆装均十分方便。箱式满管布置见图 3 - 35。

图 3 - 35　箱式满管布置图

（2）箱式满管运输方式的主要特点。

1）箱式满管集储料和输送两大功能于一体，既是大口径的输送管，又是巨型储料箱。单条箱式满管的输送量可达 500m³/h，远高于一般的垂直输送系统，在高强度的混凝土浇筑工程中其优势更为明显。

2）箱式满管不需要更换即可达到很大的输送总量，既可节约制作安装投资，也可避免了频繁更换而造成的工期延误。

3）箱式满管的制作安装成本和维修成本低廉，箱式满管管身只需 A3 钢或 16Mn 即可，无须采用特殊的耐磨材料。箱式满管的管身四面相同，可翻转，箱式满管底部较易磨穿，当管底部磨穿时只需将侧面或顶面翻转至底面即可继续送料，磨损不严重的地方只需贴块钢板焊接即可。

4）箱式满管输送的工况是混凝土箱式满管输送，可有效减小混凝土的落料高度，箱式满管底部的混凝土对上部混凝土也有缓冲作用，克服了碾压混凝土输送过程骨料的分离，保证了碾压混凝土的质量。

5）箱式满管的出口安装大口径的液压弧门，下料通畅及下料速度快，平均10s即可装满一部T20，为连续高强度施工创造了可能。

6）箱式满管垂直输送可和深槽高速带式输送机、汽车卸料等结合使用，特别是和深槽高速带式输送机结合时能充分消化带式输送机的高强度输送，有效避免了皮带的压料，缩短了碾压混凝土从拌和楼到碾压仓面的时间，保证了碾压混凝土的浇筑质量。

7）箱式满管既可输送碾压混凝土，亦可输送常态混凝土。箱式满管的坡度不小于45°时都可运行，在90°垂直时亦能输送碾压混凝土，在陡峭的V形坝肩和坝体缺口浇筑碾压混凝土时应用效果较好。

箱式满管运输入仓能实现碾压混凝土的快速运输，解决了混凝土垂直运输难题。在实际浇筑中，运行状态平稳，曾达到日浇筑11161m^3，月浇筑强度达221831m^3，光照水电站用箱式满管输送碾压混凝土达150万m^{3}以上，可与水平运输的带式输送机或自卸汽车匹配使用，满足各种不同边坡条件的混凝土输送上坝需要。

3.5.3.2　真空溜槽（管）运输入仓

100m级真空溜槽（管）是解决高山狭谷地区、高落差条件下碾压混凝土垂直运输的一种简单经济的有效手段。随着峡谷坝址高坝建设的发展，陡坡和垂直运输设备也得到发展和应用，在大朝山水电站和沙牌水电站采用了100m级负压（真空）溜管，其中大朝山水电站左右岸各布置了两条真空溜管，其中左岸真空溜管的最大高差为86.6m，槽身长120m，真空溜管的输送能力为220m^3/h。提高了碾压混凝土的施工进度，使碾压混凝土快速施工的技术特点得到了充分的发挥。

（1）真空溜槽（管）运输。真空溜槽（管）供料线的水平运输多采用带式输送机或自卸汽车，仓面采用汽车布料。真空溜槽（管）适用于高山狭谷地区、高落差垂直运输。该设备一般理论生产率在240m^3/h左右，实际生产率平均达到150m^3/h。负压溜管制造成本低，运行维修方便，工作效率高，经济效益可观，在我国普定、棉花滩、江垭、大朝山、沙牌等众多水电工程中得到成功应用。

（2）真空溜槽（管）结构。真空溜槽（管）由三部分组成：第一部分是受料斗，斗容18m^3，其底部设气动弧门控制下料；第二部分是溜槽部分，底部采用耐磨钢板（δ=6mm）及支撑肋板焊接而成，上部为耐磨柔性胶带（δ=5mm），两者之间用U形卡及螺栓连接密封，为了便于随仓号混凝土施工上升拆卸方便，溜槽一般做成4m标准节，节与节之间采用螺栓连接；第三部分为支撑件，主要是岩石或混凝土锚杆及角钢支撑，能使溜槽稳定地固定。真空溜槽（管）结构型式见图3-36，真空溜槽见图3-37。

（3）真空溜管的密封。真空溜管的密封包括下料弧门密封、槽身过渡节密封以及溜管槽身密封。溜管槽身上部槽身的柔性材料为整体覆盖在槽身上的橡胶带。橡胶带安装时，与槽身圆弧段的底部留有50mm的间隙。混凝土在溜管中下滑时，由于摩擦力和真空度

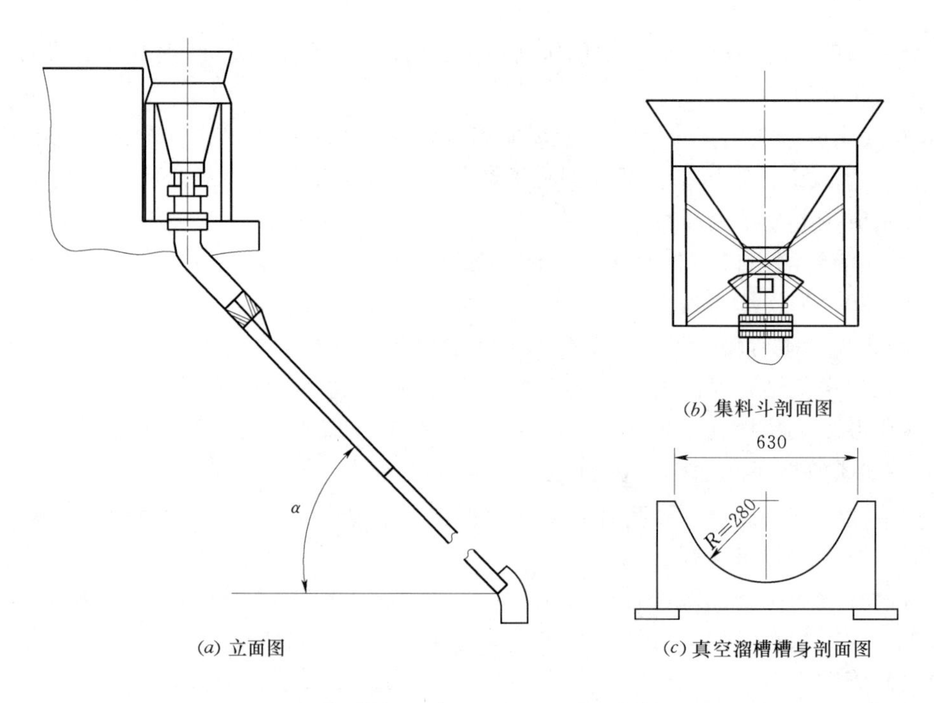

图 3-36　真空溜槽（管）结构型式图（单位：mm）

图 3-37　真空溜槽示意图

所产生的滞留阻力，控制了混凝土的下滑速度。同时，混凝土被上部胶带裹挟，形成了混凝土有序的、不分离、不飞溅、不堵塞的下滑。

（4）100m级真空溜管研制。主要研究内容包括超软耐磨橡胶带研制、全封闭自动弧门研制、不同状态下混凝土与溜管间摩擦系数的测定、自动化系统的研制等。

1）研制成功超软耐磨橡胶带。其覆盖层磨耗为0.3cm^3/1.6km，比国标规定的0.8cm^3/1.6km小一半，同时由于采用了二胶一芯的结构，比以往所用的胶两布结构更为柔软，完全满足对管内混凝土的裹挟。

2）全封闭自动弧门采用了外封闭双开弧门，其外壳起着隔离空气的作用。由于不依赖橡胶密封，此弧门的封闭效果不受磨损的影响。弧门的开启动力采用了气动及液动两种形式，其开启时间由设置在操纵台上的时间继电器控制，可根据要求调节。

3）不考虑溜管对混凝土的滞留阻力，其瞬时速度为$V=V_0+\sqrt{2gs\sin\alpha}$，其中$V_0=$5m/s为常数，但实测速度远小于计算值。溜管总长120m，出口处速度实测值为10.1m/s，溜管对混凝土的滞留阻力系数为0.2～0.4。

（5）真空溜槽（管）生产能力。工程实践经验表明，真空溜槽（管）平均下料速度约6.2m/s，平均下料强度约7.6m^3/min，实际下料能力可达220m^3/h，综合考虑运行期间的维修等因素，平均下料能力可达到5.0万m^3/月。但实际生产中，真空溜槽生产能力主要取决于与之配套的混凝土拌和系统及运输设备的生产能力。采用自卸汽车由混凝土拌和系统运输混凝土至真空溜槽（管）集料斗时，应考虑自卸汽车转运过程中的车辆排队、卸料、等待等干扰因素，以及混凝土系统需同时供应多个工作面的影响，综合分析真空溜槽（管）生产能力，以确定自卸汽车和溜槽数量。部分工程真空溜槽（管）使用情况见表3-13。

表3-13　部分工程真空溜槽（管）使用情况表

工程名称	坝高/m	输送碾压混凝土/万m^3	生产能力/(m^3/h)	最大落差/m	使用年份	备注
大朝山	111	34	220	86	1998	
沙牌（拱坝）	129	27.1	—	44.5/68	1997—2004	倾角50°
江垭	131	73	200	56.9/72	1997—1999	二级溜槽
棉花滩	111	—	240	30	1998—2002	倾角45°
普定	75	—	180	50	1997	倾角45°

3.5.3.3 真空缓降溜筒运输入仓

真空缓降溜筒主要工作原理是利用混凝土的自重，在通过缓降装置被分隔成螺旋状的通道时，混凝土下落速度减缓，混凝土层层分拌叠合，起到在运输过程中，对混凝土进行再次搅拌作用，从而达到改善混凝土的工作性能，有效地解决了高落差混凝土骨料分离的难题。在一些碾压混凝土工程施工中，采用了这种新的碾压混凝土垂直运输方式，该技术利用真空原理，综合采用了自制水平运输胶带机与真空缓降溜筒等按不同组合方式垂直运输碾压混凝土，成功地解决了高山狭谷地区、高落差（达120m）、陡倾角（60°～90°）条件下碾压混凝土高强度垂直运输难题，并实现了坝体连续浇筑上升34.5m。

真空缓降溜筒适用于坡度大于45°～90°陡峭峡谷高落差、高陡边坡的混凝土运输，坡度越大，运输效果越好。某工程左右采用了两条真空缓降溜管运输线（右岸坡度68°、左岸坡度70°）：两条缓降装置运输线均采用钢丝绳固定，安装方便，无需搭设排架或立柱。在混凝土运输上，左岸坡度70°，垂直高差50m，碾压混凝土输送至仓面后，混凝土基本无骨料分离情况，无骨料二次破碎情况。右岸坡度68°，垂直高差70m，根据仓面混凝土情况看，混凝土整体情况良好。真空缓降溜管＋带式输送机运输见图3-38。

图3-38　真空缓降溜管＋带式输送机运输

（1）缓降装置结构。缓降装置每组由一节缓降装置，两节天方地圆构成，每组之间用钢管连接，组成一混凝土垂直运输系统。缓降装置每节分隔成方向不同的混凝土通道，在连接处被分成4个正方形；每条通道加工成一定的坡度。混凝土下落通过缓降装置时，以混凝土的自重为动力，利用每节方向改变且在坡面上流动来减缓下落速度，达到了再次拌和的作用，在混凝土高落差垂直运输上，可防止混凝土骨料分离，改善混凝土入仓的和易性，保证混凝土质量；加工简单，成本低等。缓降装置结构见图3-39。

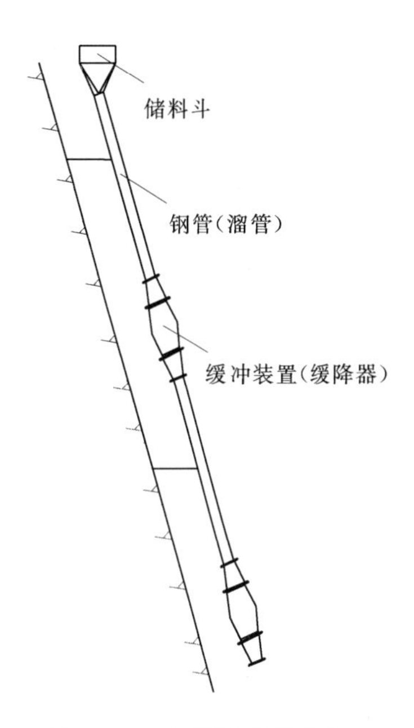

图3-39 缓降装置结构图

(2) 缓降装置技术参数。大坝碾压混凝土主要为二级配和三级配，根据缓降装置的工作原理，从经济上考虑，选择合理的技术参数加工、安装缓降装置，可以节省成本，更好地确保混凝土的浇筑质量。

1) 由于缓降装置下料系统是利用混凝土自重为动力工作，混凝土垂直下落时，冲击力大，造成缓降装置系统极易磨损。根据混凝土的级配、浇筑方量选择适当的壁厚可节约成本、减少施工过程中修复工作量、减轻自重，减小安装难度。缓降装置下料系统钢管壁厚为8mm，缓降装置钢板厚为10mm。

2) 根据混凝土的级配及最大骨料粒径，合理选择缓降装置的断面结构尺寸，可以有效防止施工过程中发生堵管，提高生产效率，一般混凝土通过断面为最大粒径的4～6倍。合适的缓降装置入口高宽比，能有效地减缓混凝土的下落速度，防止混凝土的骨料分离，一般入口高宽比为1：2。

3) 采用缓降装置浇筑混凝土高差达70m时，可安装两组缓降装置，每组缓降装置间加12～24m长钢管。

(3) 缓降装置安装。因施工场地狭小，边坡较陡，整个缓降装置输送系统可全部采用钢丝绳挂牵，在每组缓降装置和每节钢管焊接吊耳，在吊耳上穿钢丝绳与主钢丝绳连接。缓降装置与钢管管之间用法兰连接。主钢丝绳采用地锚锚固，连接全部缓降装置和钢管，钢丝绳的大小根据计算结果确定。安装程序：主钢丝绳→钢管→缓降装置→……→钢管→集料斗。

安装缓降装置前，在卸料平台设置地锚，安装时先将主钢丝绳与地锚连接牢固，再由下向上安装缓降装置和钢管，在吊车无法直接吊运到位的部位，由吊车直接牵引，顺坡滑移缓降装置或钢管，人工就位安装。每安装一节缓降装置或钢管，需及时采用钢丝绳与主钢丝绳连接牢固。

(4) 输送能力。根据现场施工测试，缓降系统最大可达450m³/h，一般输送能力为仓面处理能力150～240m³/h。

(5) 施工经验。当两岸坝肩陡峭，利用缓降装置浇筑混凝土时，无论从节省成本、提高生产效率、降低施工难度、保证混凝土的施工质量等方面，都可取得良好的效果。在设计加工及施工过程中，主要从以下几方面采取措施：

1) 选择合理的技术参数加工和安装缓降装置。

2）选择锰钢板加工缓降系统，可增强系统抗磨性，提高系统的耐久性，减少运行维护费用。

3）浇筑混凝土过程中，应定期对缓降装置下料系统进行清理，以免通道发生混凝土粘接，缩小混凝土通行断面面积，防止混凝土堵塞。

4）在集料斗位置设钢筋网，防止超径石、其他细长物件、直径较大的物件进入缓降装置，防止缓降系统堵塞。

5）为了防止堵管，缓降装置内部隔板角度应根据边坡坡度进行设计。

6）为了控制混凝土下料速度，一般12～18m高差安装一组缓降装置，可控制下料速度在4～7m/s范围内。

3.5.3.4 带式输送机运输入仓

带式输送机是一种连续的运输机械，生产效率高，对碾压混凝土快速入仓适应性较强，它将混凝土水平运输、垂直运输及仓面布料功能融为一体，具有很强的混凝土浇筑能力。

高速带式输送机带宽650～900mm、带速3.5～4m/s，最大角度达25°，带式输送机可在立柱上爬升，适合于坝高、工程量大的工程应用。另外，在常态混凝土坝中也得到应用，如在我国的三峡水利枢纽工程和墨西哥的惠特斯大坝的应用，仓面采用塔带机直接布料。从LAMIEL工程使用塔带机的生产效率看，塔带机理论生产率在350m^3/h左右，实际生产率最高达382m^3/h，最低达117m^3/h，平均达250m^3/h左右。但在三峡水利枢纽工程施工使用中，其生产效率仅达到理论生产率的50%，甚至更低，主要是受仓面制约，混凝土强度等级多及平仓振捣等因素影响较大。可见在常态混凝土大坝的施工中，难以充分发挥设备的效率，而在碾压混凝土坝中有一定优势。我国龙滩水电站大坝工程碾压混凝土施工，也采用了高速带式输送机配塔式布料机的入仓方式，塔式布料机生产率最高达350m^3/h，最低达150m^3/h，平均生产率达到250m^3/h，日浇筑强度达2.1万m^3，月浇筑强度达32万m^3。

在不允许自卸汽车直接入仓的情况下，带式输送机运输系统是满足碾压混凝土高强度施工的有效运输手段。作为连续运送混凝土的设备，其实际运输能力受制于拌和楼、受料装置、带式输送机、转料装置、供料设备之间的协调配合，其中任何一部分出故障，整个运输系统难以正常工作。因此，应将其作为一个整体考虑，在提高各组成部分保证率的同时，着重考虑如何提高系统的保证率，转料漏斗的数量和容量应具备足够的储料调节能力，系统应具有一定的冗余能力，提高系统的自动化控制程度。

采用从混凝土拌和楼直抵大坝的高速带式输送机连续浇筑的施工布置的优点：进料速度快、残渣少、维修少、劳动强度低，消除了运输车辆对浇筑层面的损坏，提高了劳动效率。此外，传送机道还可以做通道，做浇筑面上照明、供水、通信和送电线路的支架。上料带式输送机能自升，在坝顶或廊道上游区，由于宽度很小，采用自卸汽车在仓内转料由于工作面的限制使得混凝土的施工效率很低，特别是在坝轴线较长的情况下，在坝上沿坝轴线方向布置带式输送机将大大提高生产效率。

带式输送机是一种连续运输的机械，对碾压混凝土的高速运输适应性较大。但用一般的带式输送机运输，存在以下缺点。首先是混凝土产生分离，当皮带通过各个支撑托辊时产生振动，使之产生骨料分离；机头卸料时，由于离心力作用，使大骨料抛向外侧而分离；中间卸料时，刮板与皮带结合不紧密，产生浆体与骨料分离。其次是砂浆损失，由于皮带的黏挂，刮板不能刮干净，因而造成砂浆损失。第三是VC值损失，由于皮带上混凝土暴露面大，水分蒸发造成VC值损失。美国罗泰克（Rotex）公司产的带式输送机较好地解决了一般带式输送机所存在的缺点，国内研制的高速槽型带式输送机也基本上解决了上述问题，其带速3.4m/s，带宽650mm，槽角60°，带式输送机供料线见图3-40。

3.5.3.5 胎带机、塔带机与顶带机运输入仓

（1）胎带机运输入仓。胎带机和塔带机都是大坝混凝土浇筑专用设备。在彭水水电站大坝、三峡水利枢纽工程碾压混凝土纵向围堰和龙滩水电站大坝下部坝体施工中都采用了胎带机。胎带机主要由轮胎式起重机底盘、伸缩式工作臂螺旋给料机和皮带给料机等组成，伸缩式工作臂最大幅可达61m，最大仰角30°，最大俯角15°，并可回转350°。胎带机在现场由混凝土运输车供料，施工方便，工作幅度大，输送能力强，适合于大坝基础及高程较低时的混凝土浇筑。胎带机浇筑见图3-41，龙滩水电站坝体下部胎带机浇筑见图3-42。

胎带机运输混凝土的过程为：由配套的混凝土运输车将混凝土从拌和楼运到浇筑地点，并倒入螺旋给料机中，通过给料机将混凝土均匀地输送到皮带然后沿着工作臂上的皮带把混凝土送到工作臂的端部，在臂端部设置有一个面料斗，下接有软橡皮袋，混凝土沿软袋滑落到浇筑仓里，不易造成骨料分离，国内已自主研发生产了40～60m系列履带式布料机并普遍应用于碾压混凝土工程施工。

（2）塔带机运输入仓。塔带机是将塔机与带式输送机结合，集混凝土水平运输、垂直运输及仓面布料等功能为一体的高效率的混凝土运输入仓设备，尤其适用于大型碾压混凝土工程施工。自1994年首先在三峡水利枢纽一期工程纵向碾压混凝土围堰施工中进行生产性试验后，已陆续在三峡水利枢纽三期工程横向碾压混凝土围堰、龙滩水电站碾压混凝土重力坝的施工中得到应用。TC-2400型塔带机施工见图3-43。

TC-2400型塔带机的起重机臂长度为84m，最大工作半径80m，最大起重量60t，塔柱最大抗力矩3400t·m，吊臂最远点额定力矩2400t·m，塔柱节标准长度为9.3m，塔机总高119.7m。

塔带机的主要优点是：控制范围大，输送混凝土的能力强，操作方便，塔柱可自选升高，能适应各种配合的混凝土浇筑施工。

塔带机输送混凝土的施工过程为：由拌和楼出料口下的供料胶带机（采用移动式）向塔带机供料胶带输送混凝土，则混凝土沿输送胶带被送到浇筑仓内。在工作过程中，输送胶带杆件可由塔带机上的起重小车向上或向下吊起，吊起的倾角为+30°～-30°，当混凝土浇筑仓较高时，爬升平台可沿主塔爬升。若爬升平台升高，给料机胶带太陡，可加设附塔，加长给料机皮带，折线向上输送，以减小坡度。

塔带机及混凝土供料线配备了一系列混凝土输送专用设备，如刮刀、转料斗及下料导管等，基本上克服了普通带式输送机输送混凝土时存在的骨料分离、灰浆损失等大的缺陷。

（3）顶带机运输入仓。三峡水利枢纽三期工程横向碾压混凝土围堰中所使用的MD2200

图 3-40（一） 带式输送机供料线

图 3-40（二） 带式输送机供料线

图 3-41　胎带机浇筑

图 3-42　龙滩水电站坝体下部胎带机浇筑

型顶带机在结构型式及工作原理上则与 ROTEC 塔带机相似，也是由塔机及塔机支撑的皮带系统构成。三峡水利枢纽三期工程碾压混凝土围堰浇筑混凝土 110.5 万 m^3，施工从

图 3-43　TC-2400 型塔带机施工

2002 年 12 月 16 日开始，创下了碾压混凝土围堰浇筑仓面 19012m^2、120d 浇筑混凝土 110 万 m^3，连续上升高度 57.5m，连续 60d 日产过 1.5 万 m^3 等多项世界纪录。MD2200 顶带机浇筑施工见图 3-44。

图 3-44　MD2200 型顶带机浇筑施工

顶带机与塔带机相比，具有如下不同：

1）塔节形式不同，塔带机的塔节是圆筒形，塔节之间靠内螺栓连接；顶带机为桁架式，塔节之间靠销连接。

2）塔节顶升方式不同，塔带机是通过A形架和顶升架来实现塔节顶升；顶带机通过滑道、顶升梯和顶升套架来实现塔节顶升。

3）小车型式不同，塔带机是单小车，通过改变小车滑轮来改变倍率；顶带机通过双小车的组合和分离来改变倍率。

4）转料平台方式不同，塔带机的爬升平台和转料平台是连接成一体的，通过套液压系统来实现两平台的爬升：顶带机的爬升平台和转料平台进分离的，两平台的爬升是通过大钩来实现的。

5）转料方式不同，塔带机的转料皮带置于塔柱的侧面，转料平台可直接爬升；顶带机的转料平台横穿塔柱，在转较平台爬升是须将转料皮带抽出后方能爬升。

3.5.3.6　缆机及门、塔机运输入仓

缆机与门、塔机运输入仓都是混凝土坝施工中的一种垂直运输方式，通常与自卸汽车等水平运输设备配合，一般在碾压混凝土施工中，缆机和门、塔机只作为辅助入仓手段使用。

（1）缆机适用于地形狭窄的工程。缆机运输入仓的主要特点是：设备可布置在坝体之外的岸坡上，与主体工程施工无干扰；不受导流、度汛和基坑过水的影响；可提前安装、投产，及早形成生产能力；一次安装可连续浇筑至坝顶高程，控制范围大。缆机按塔架移动方式可分为固定式缆机、辐射式缆机、平移式缆机、摆塔式缆机等四类，平移式缆机适用于浇筑重力坝或重力拱坝，辐射式缆机适用于浇筑拱坝。国内的大朝山、龙首、龙滩等水电站碾压混凝土工程，都采用了缆机辅助运输入仓方式。

龙滩水电站根据地形条件与缆机所承担的混凝土浇筑范围，选用了2台20t平移式中速缆机，布置在同一平台。龙滩水电站缆机布置主要技术参数见表3-14，龙滩水电站20/25t平移式缆机见图3-45。

表3-14　　龙滩水电站缆机布置主要技术参数表

序号	项　目	主　要　参　数
1	缆机跨度/m	915
2	轨道长度/m	163.2
3	塔架运行范围/m	138
4	起重量	安装工况25t，浇筑工况20t
5	跨中吊钩起吊范围/m	高程190.00～442.00
6	缆机平台高程/m	主塔高程450.00（右岸）；副塔高程480.00（左岸）

（2）门（塔）机运输入仓。门（塔）机一般布置在栈桥上，并沿栈桥上的轨道行走，以扩大浇筑范围。门机的主要特点是运行方便、变幅性能较好，可以在拥挤的施工场地和在狭窄的部位工作。国内新产高架门机的起重高度达60～70m，适合于高混凝土坝的浇筑施工，在碾压混凝土施工中一般只作为辅助手段。龙滩水电站辅助塔机布置见图3-46。

图 3-45　龙滩水电站 20/25t 平移式缆机

图 3-46　龙滩水电站辅助塔机布置图

3.5.4　其他运输方式

3.5.4.1　大倾角波状挡边带式输送机运输入仓

大倾角波状挡边带式输送机是一种新型的带式输送机，其结构原理是在平形橡胶带两侧粘上可自由伸缩的橡胶波形立式“裙边”，在裙边之间又粘有一定强度和弹性的横隔板组成盒形斗，使物料在斗中进行连续输送，输送范围可以达到几十米高。沙沱水电站研发应用了大倾角波状挡边带式输送机运输设备，可满足大倾角碾压混凝土输送需要，适用于

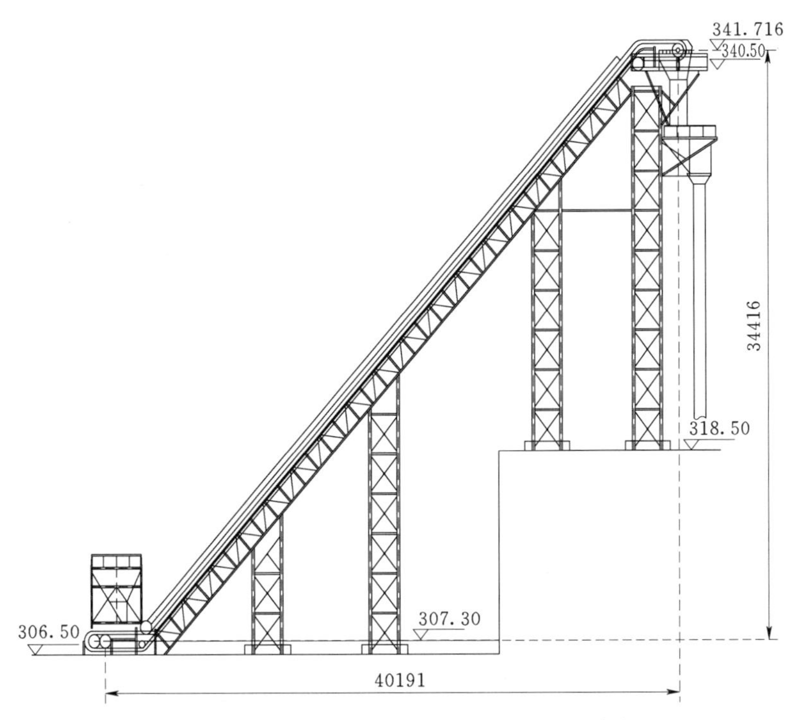

图 3-47 大倾角波状挡边带式输送机示意图（单位：mm）

场地狭小、功耗低的碾压混凝土水平、垂直运输。经工程实践，输送能力可达到 120～160m³/h，平均输送能力 140～160m³/h，能满足碾压混凝土入仓强度要求。大倾角波状挡边带式输送机见图 3-47。

3.5.4.2 斜坡道运输车入仓

斜坡道是解决垂直运输的设备，其供料线的水平运输多采用自卸汽车，仓面采用汽车布料。一条斜坡道相当于一台自卸汽车的运输量，施工强度相对较低，它解决了自卸汽车道路布置困难的缺点。这方法适宜于运输强度不高，低浇筑块、长间歇的施工，缺点转运次数多，对防止分离不利。这种运输方式是适用于日本 RCD、长间歇的施工方法，在日本用得较多，如日本的境川、玉川、真川等水电站均使用这种运输方式。玉川水电站坝斜坡道布置见图 3-48。

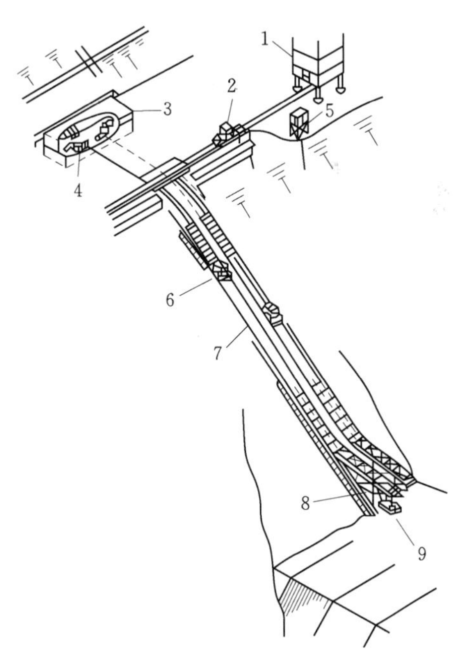

图 3-48 玉川水电站坝斜坡道布置图

1—拌和楼；2—运输车；3—机房；4—卷扬机；5—操作室；6—料斗室；7—轨道；8—卸料台；9—自卸汽车

3.5.5 组合运输入仓方式

碾压混凝土的入仓方式需根据机械设备配制、施工布置特点和地形条件等综合因素进行组合选用，碾压混凝土常用运输组合方式见表 3-15，部分水电站工程组合运输入仓方式（见图 3-49～图 3-54）。

表 3-15　碾压混凝土常用运输组合方式表

序号	组　合　方　式	应用水电站工程
1	自卸汽车直接入仓	普遍适用
2	自卸汽车＋带式输送机＋仓面汽车转料	大朝山、龙开口、彭水
3	自卸汽车（带式输送机）＋真空溜槽（管）＋（带式输送机）仓面汽车转料	龙滩、沙牌、大朝山、江垭、普定、招徕河、棉花滩、索风营
4	自卸汽车（带式输送机）＋箱式满管＋（带式输送机）仓面汽车转料	光照、沙沱、金安桥、思林、鲁地拉
5	自卸汽车（带式输送机）＋真空缓降溜管＋（带式输送机）仓面汽车转料	大花水、思林、格里桥
6	高速带式输送机＋塔带机（顶带机）入仓	龙滩、三峡水利枢纽、向家坝
7	自卸汽车＋高速带式输送机＋罗泰克胎带机＋塔带机	三峡水利枢纽纵向围堰
8	自卸汽车＋真空溜槽＋水平带式输送机＋垂直落料混合器（附抗分离装置）＋仓面汽车转料	棉花滩
9	斜坡轨道车	普定、玉川（日本）
10	自卸汽车＋缆机（或门机）	龙首

图 3-49　高速带式输送机＋塔带机（顶带机）入仓浇筑

图 3-50　带式输送机+箱式满管组合运输

图 3-51　带式输送机+真空缓降溜筒组合运输

图 3-52　真空溜槽+带式输送机组合运输

图 3-53　局部塔机辅助运输入仓

图 3-54　局部缆机辅助运输入仓

3.6　仓面施工工艺

3.6.1　钢筋、止水及预埋件

3.6.1.1　钢筋

碾压混凝土坝体内的钢筋一般很少，只有廊道、电梯井等孔洞周边布有钢筋，这些钢筋应在碾压混凝土开仓前安装完毕。孔洞周边一般采用常态混凝土或变态混凝土与碾压混凝土同时浇筑。钢筋的制作安装按照有关规范执行，除部分采用焊接连接，其余一般采用轧直螺纹机械连接。直接利用专门的冷轧钢设备，在工厂加工成直螺纹，仓内一般可采用套筒连接即可，大大加快了仓内钢筋施工速度。施工中应注意保护架立好的钢筋，避免在碾压混凝土卸料、平仓、碾压过程中损坏。

3.6.1.2　止水及预埋件

对于碾压混凝土坝中的钢衬、门槽、引水管等预埋工作应事先制定预埋方案，一般采用二期预埋和浇筑混凝土的办法，其他小型埋件的施工主要有下列内容。

（1）止水。止水位置要有测量放样数据，要求放样准确。可在加工厂制作定型沥青杉板、定型木模板，可分别用于碾压混凝土仓内横缝及碾压仓侧面横缝。用钢筋支撑架和拉筋将模板及止水片固定牢固，在止水片周围 50cm 范围内浇筑变态混凝土，施工过程中如果一旦发生偏差，应及时修正。变态混凝土施工时应仔细谨慎，不能损坏止水材料，如有损坏，应加以修复。该部位混凝土中的大骨料应用人工剔除，以免产生渗水通道。

（2）冷水管的埋设。为了适应混凝土施工的特点要求，冷却水管采用直径 32mm 高密度聚乙烯塑料管，分坝段垂直水流方向呈蛇形铺设。每间隔 1.0～2.0m 用自制 U 形钢筋卡固定，在坝上游面积约 20m×40m 内：通过预埋导管引入上游廊道；下游侧冷却水管每组长应与两侧冷却管连接并从下游侧引出。同时，为了减少施工干扰，冷却水管采用相邻坝段错层布置。

3.6.1.3 其他埋设件

坝体竖直排水孔采用塑料拔管方式成孔，随着碾压混凝土逐层依次拔管上升。对于水平孔采用预埋塑料盲沟的形式成孔。为方便碾压混凝土施工，经监理人同意，亦可采用钻机钻孔方法形成坝体排水管。

应做好埋设件的埋设、保护、检测、记求等工作。在埋有管道、观测仪器和其他埋件部位进行混凝土施工时，应对埋设件严格按设计要求妥加保护。碾压混凝土内部观测仪器和电缆的埋设，采用掏槽法，即在前一层混凝土碾压密实后，按仪器和引线位置，掏槽安装埋设仪器，经检验合格后，人工回填混凝土料并捣实，再进行下一层铺料碾压。

对温度计一类没有方向性要求的仪器，掏槽能盖过仪器和电缆即可。对有方向性要求的仪器，尽量深埋并在槽底部先铺一层砂浆，上部至少有 20cm 的人工回填保护层。回填工作应在混凝土初凝时间以前完成。回填物中要剔除粒径大于 40mm 的骨料，用小型平板振捣器仔细捣实。

引出的电缆在埋设点附近须预留 0.5～1.0m 的富裕长度；垂直或斜向上引的电缆，须水平敷设到廊道后再向上（或向外）引。仪器的安装、埋设混凝土回填作业由专人负责，并妥加保护。如发现有异常变化或损坏现象应及时采取补救措施。

3.6.2 卸料与摊铺

3.6.2.1 卸料

碾压混凝土施工采用大仓面薄层连续铺筑或间歇铺筑，当压实厚度为 30cm 左右时，可一次铺筑；当为了改善分离状况或压实厚度较大时，可分 2～3 次铺筑。卸料方式有自卸汽车直接入仓卸料、塔带机（顶带机）卸料、布料机卸料、吊罐卸料、带式输送机卸料等。

采用自卸汽车卸料时，入仓后自卸汽车沿条带方向采用“端退法”依次卸料，卸料时分多点卸料，减小料堆高度，边角的分离料，由人工辅助均匀散布到混凝土中。料堆在仓面上布置成梅花形，每次卸料时，为了减少骨料分离，汽车都应将料卸于铺筑层摊铺前沿的台阶上，再由平仓机将混凝土从台阶上推到台阶下进行移位式平仓。汽车在碾压混凝土仓面行驶时，尽量避免急刹车、急转弯等有损碾压混凝土质量的操作（见图 3-55）。

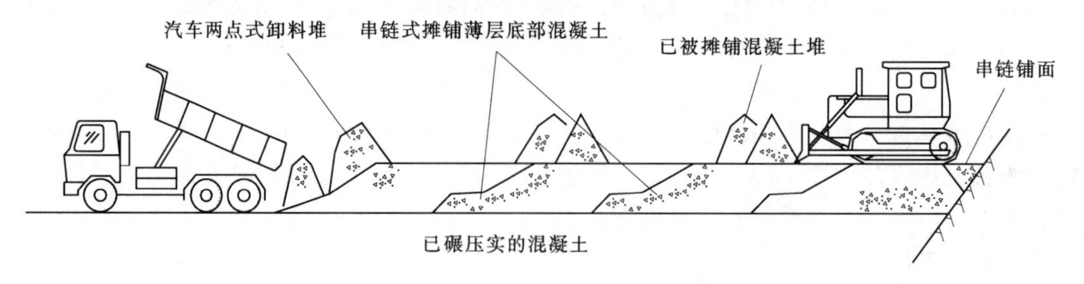

图 3-55 自卸汽车卸料法示意图

采用塔带机、布料机、带式输送机卸料时，布料厚度宜控制在45～50cm左右，橡皮筒距仓面高度不大于1.5m，采用鱼鳞式分布法形成坯层，以减少骨料分离。

采用吊罐卸料时，控制卸料高度不大于1.5m。否则需用储料斗，再在仓内采用自卸汽车、装载机等分送至仓面。

卸料应按浇筑要领图的要求和逐层条带的铺筑顺序进行，并尽可能均匀，料堆旁出现有分离大骨料，应由人工或用其他机械将其均匀地摊铺到未碾压的混凝土面上。

3.6.2.2 摊铺

碾压混凝土摊铺也称平仓，一般采用串链摊铺作业法，按条带台阶式薄层摊铺均匀。平仓主要采用平仓机进行，局部人工辅助。部分碾压混凝土平仓机主要参数见表3-16。

表3-16　　部分碾压混凝土平仓机主要参数表

型　　号	D31P	D31EX-22	SD16	D3B	D3K
功率/kW	47.0	58.0	120.0	47.8	60.5
最大前进速度/(km/h)	6.50	8.50	9.63	10.60	9.00
最大牵引力/kN	89.6				120.0
接地比压/kPa	26.0	43.0	67.0	56.2	44.8
推土板宽度/mm	2875		3388	2410	2646
推土板高度/mm	780		1149	740	910
提升高度/mm	870	870		860	730
切削深度/mm	350	390	540	371	573
油耗/[g/(kW·h)]	190		214	190	
外形尺寸（长×宽×高)/(m×m×m)	3.940×2.875×2.735		6.366×3.388×3.100	3.680×2.410×2.670	4.266×1.901×2.763
自重/t	6.80	7.67	17.00	6.38	7.80

针对碾压混凝土工程量大、工期紧的特点，我国碾压混凝土坝施工采用的摊铺方法有平层通仓法和斜层平推法。对于相对较小的仓面，如因布置有廊道、泄水孔等建筑物的仓面则采用平仓浇筑；对于大仓面则采用斜层平推法浇筑。对于主要建筑物周边、廊道、竖井、岸坡、监测仪器、预埋件等部位，采用“边角”部位的混凝土及变态混凝土施工工艺。我国的碾压混凝土施工规范规定，摊铺厚度宜控制在17～34cm范围内。摊铺厚度太薄，会增加施工机械的工作量及工程费用；摊铺厚度太厚，容易造成骨料分离。影响摊铺厚度的主要因素有：碾压混凝土浇筑强度、摊铺机械的数量和性能、浇筑层的施工程序、各施工工序的组织、施工工法等。在工程实践中，一般压实层厚度为30cm时，摊铺层厚度为34～36cm。

江垭水电站采用RCC法（薄层碾压法）施工，压实层厚度为30cm，摊铺层厚度为34cm。观音阁水电站采用RCD法（厚层碾压法），压实层厚度为75cm，每一碾压层分三层台阶式卸料摊铺，每层厚27cm，并使用推土机在摊铺过程中对碾压混凝土进行预压实；待三层摊铺完毕，再进行振动碾压。

（1）平层通仓法。平层通仓法就是将卸到仓面的碾压混凝土拌和料，按水平方向分条带进行薄层摊铺的施工方法，是碾压混凝土施工中最常用的摊铺方法。将仓面从上游往下游划分为若干条带，逐层逐条带摊铺，碾压每个浇筑层都是水平的，碾压层厚度一般采用30cm，条带的长度和宽度根据仓位大小、碾压混凝土生产能力和施工机械性能而定，各条带的摊铺方向应与坝轴线方向平行，以免在坝体中形成顺水流方向的薄弱面（见图3-56）。

流向

条带1	条带2	条带3
条带4	条带5	条带6
条带7	条带8	条带9
条带10	条带11	条带12

图3-56　条带划分示意图

施工中，一般可采用平仓机或摊铺机进行摊铺作业。采用平仓机进行摊铺时，铲刀应从料堆的一侧开始进刀，按照“少刮、浅推、快提、快下”的操作要领，依次分数刀将料堆摊平（见图3-57）。

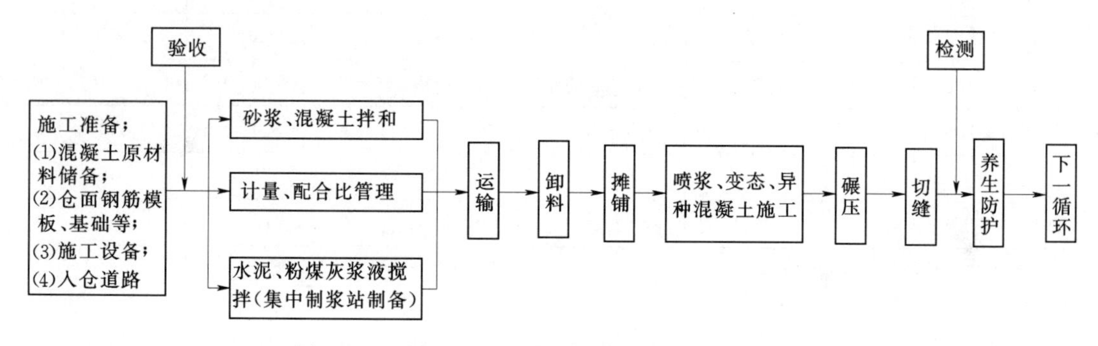

图3-57　碾压混凝土平层铺筑法施工工艺流程图

（2）斜层平摊铺筑法。当浇筑仓面较大时，为缩短层间间隔时间而采用的从一端向另一端逐层斜面摊铺和碾压的施工方法。在高坝洲、江垭、大朝山、棉花滩和龙滩等水电站碾压混凝土坝的施工中，都采用了斜层平摊法。采用斜层平摊法铺筑时，层面不宜倾向下游，坡度不应陡于1：10，坡脚部位应避免形成薄层尖角。斜层平摊铺筑法施工工艺流程见图3-58。

1）工艺流程。斜层碾压施工一般的工艺流程和平层碾压施工的工艺流程要求类似，关键在于斜层坡度、厚度和坡脚的控制。

斜层碾压施工工艺流程：

A. 首先编制浇筑要领图，详细描述施工方案，在每仓混凝土开仓前由施工单位工程技术人员编制，并提交监理工程师审批后，再传达给仓面施工人员，并要求其熟悉浇筑要领，按浇筑要领图的要求组织施工，斜层平摊铺筑法见图3-59。

B. 施工放样：与水平层铺筑法相比，斜层平摊铺筑法施工更加难以控制，因此，浇筑前应按要领图在浇筑块四周进行测量放样，确定每一铺筑层的空间位置和尺寸。

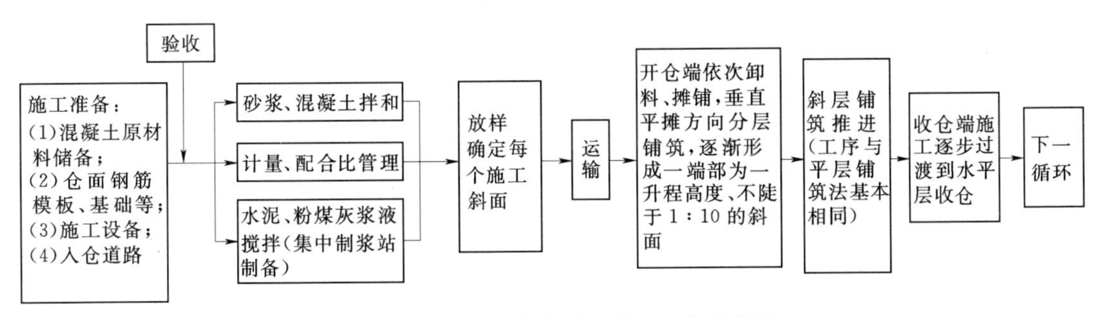

图 3-58　斜层平摊铺筑法施工工艺流程图

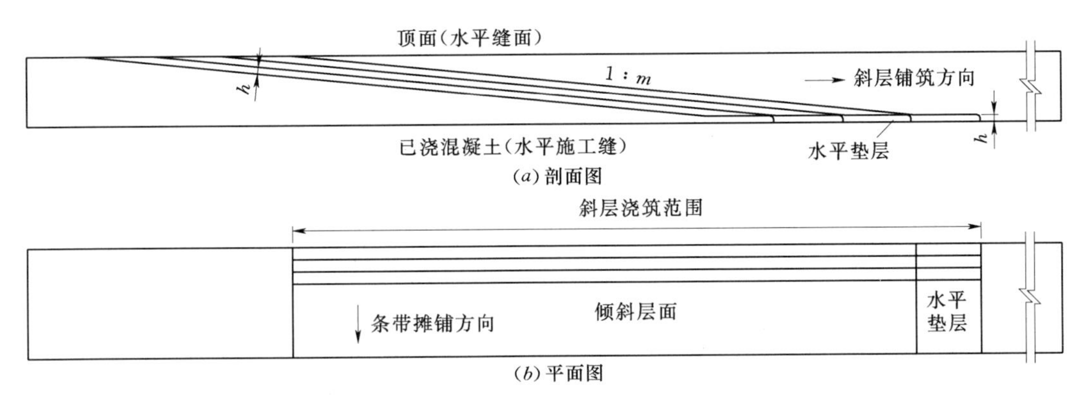

图 3-59　斜层平摊铺筑法示意图

C. 开仓段全面清洗，砂浆拌和、运输、摊铺。

D. 开仓段碾压混凝土施工。碾压混凝土拌和运输到仓面，要按要领图规定的尺寸及图所示的程序进行开仓段的施工，其目的在于减薄每个铺筑层在斜层前进方向上的厚度，并使上一层全部包住下一层，逐次形成斜面。开仓段施工见图 3-60。

图 3-60 中 a、b、m 参数各根据具体仓面确定（a 的长度应满足施工机械作业要求），并在要领图中绘出，沿斜层前进方向每增加 b 长度都要对老混凝土面（水平缝面）进行清洗，并铺砂浆。为了防止坡脚处的碾压混凝土骨料被压碎而形成质量缺陷，施工中可采取平铺水平层的方法，并控制振动碾不得行驶到老混凝土面上去。

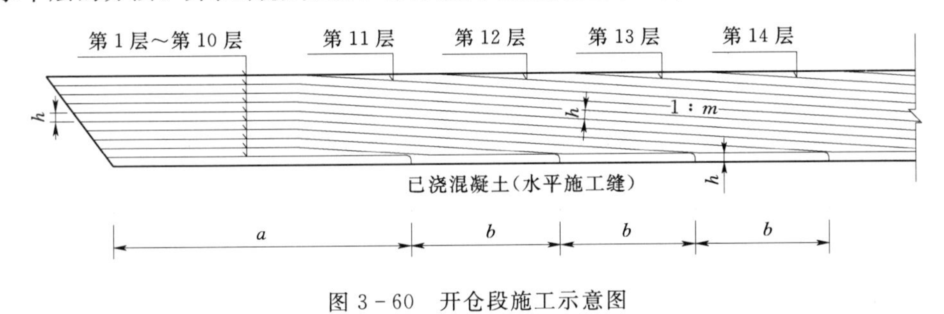

图 3-60　开仓段施工示意图

E. 碾压混凝土斜层铺筑。碾压混凝土斜层铺筑依序分层进行。

F. 收仓段碾压混凝土施工。收仓段施工相对开仓要简单一些，首先进行清扫、冲洗、摊铺砂浆，然后采用图 3-61 所示折线形施工，既要考虑减少设备运行干扰，又要考虑每

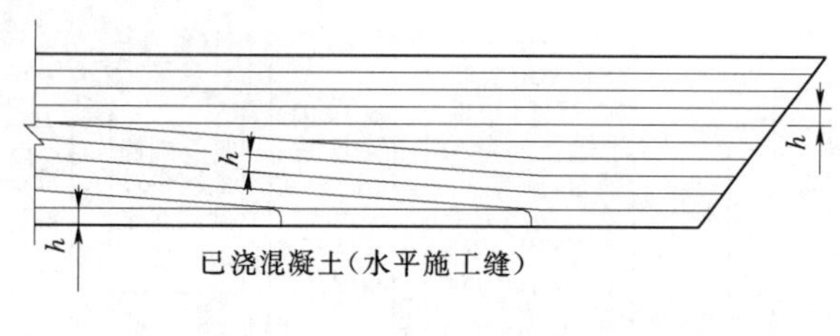

图 3-61　收仓段施工示意图

个折线层之间的塑性结合。当浇筑面积越来越小时，水平层的折线层交替铺筑就可满足层间塑性结合的要求。

G. 在进行 D～F 工序同时，穿插进行的有切缝、模板和结构物周边的变态混凝土的施工及核子密度仪检测等工序。

H. 养护、冲毛，进行下一循环的斜层铺筑。

2）斜层施工中应注意下列问题。

A. 采用斜层平推法铺筑时，层面不宜倾向下游，坡度不应陡于 1∶10，坡脚部位应避免形成薄层尖角，坡脚高温季节施工应进行湿麻袋或其他方式进行保湿保温。

B. 与平层碾压比较，斜层碾压层面较多，而且层面面积之和要比平层碾压大，若层面处理不好，结合质量不能保证，出现缺陷的几率要大一些。因此，斜层碾压铺筑更要加强层面质量的控制。

C. 在斜层向前推进的过程中，水平施工缝面及已收仓面是自卸汽车集中的运输通道，因此二次污染集中，污染程序显得很严重，这就要求在铺浆（砂浆、灰浆或小骨料混凝土）之前，需逐条进行彻底清理，严格清除二次污染物，铺浆后应立即覆盖碾压混凝土。

D. 斜层平推法中对变态混凝土施工时，铺撒灰浆难保均匀，坡脚处浆液较丰富，而坡顶处浆液较缺乏。因此，振捣时要求人工将坡脚富裕的灰浆转移至浆液贫乏处。

3.6.3　碾压

3.6.3.1　碾压机械选择

目前，碾压混凝土的压实机械均为通用的振动碾压机，简称振动碾。振动碾机型的选择，应考虑碾压效率、激振力、滚筒尺寸、振动频率、振幅、行走速度、维护要求和运行的可靠性。建筑物的周边部位，宜采用与仓内相同型号的振动碾靠近模板碾压，无法靠近的部位采用小型振动碾压实，其允许压实厚度和碾压遍数应经试验确定。

根据我国几个工程的实践，采用 BW-200 及 BW-201AD 比较多，近年来国产振动碾也常用。其振动碾及性能参数见表 3-17。

表 3-17　　国内碾压混凝土工程施工使用的振动碾及性能参数表

项目＼型号	BW-200E	YZJ-10A	YZJ-10P	YZS-60A	BW-75S	CC42	BW-201AD	YZJ-10B	YZS60B	DA-50	BW-90S	BW-207D	BW-202AD
自重/kg	7000	10000	10000	8000	950	9075	9430	1200		10020	1300	17200	10624
频率/Hz	43	30	41	48	55	42	45	32		40		29/35	30/45
振幅/mm	0.86	1.18	0.50		0.49	0.80	0.65	0.40		0.41～0.91		1.6～0.8	0.74/0.35
功率/kW	41.2/2300	73.6/1500	73.6/1500	3.7/2700	6.3/2700	98/—	68/—			86/—		123/—	70/—
起振力/kN	320.0	172.0	180.0	12.0	40.0		290.0	200.0		117.4		272.3/196.5	

3.6.3.2 碾压工艺

(1) 碾压遍数及碾压厚度。施工中采用的碾压厚度及碾压遍数宜经过试验确定，并与铺筑的综合生产能力等因素一并考虑。根据气候、铺筑方法等条件，可选用不同的碾压厚度。碾压厚度不宜小于混凝土最大骨料粒径的3倍。需作为水平施工缝停歇的层面，达到规定的碾压遍数及表观密度后，宜进行1～2遍的无振碾压。不同的振动碾所能压实的厚度不同，同一配合比的拌和物对于不同的振动碾所需的压实遍数也不同。国内外部分碾压混凝土工程所采用的压实机械、浇筑层厚度、摊铺厚度与碾压遍数情况见表3-18。

表3-18 国内外部分碾压混凝土工程所采用压实机械、浇筑层厚度、摊铺厚度与碾压遍数情况表

工程名称	压实机械	浇筑层厚度/cm	摊铺厚度/cm	碾压遍数
岛地川	宝马 BW200	70	—	12
大川	宝马 BW200	50	—	6
威洛克里克	宝马 BW200A	30	—	4
中福克	英格兰索尼兰德 DA50	30	—	8～12
普定	振动碾		—	10～12
棉花滩	宝马 BW200AD	30	25～30	12
大朝山	宝马 BW200AD	30	35	10～12
沙牌	宝马 BW200AD	30 25	35～36 29～30	10～12
江垭	宝马 BW200AD	30	35～36	10～12
汾河二库	宝马 BW200AD	30	34	12
龙首	宝马 BW200AD	30	35	10～12
山口	宝马 BW200AD	30	35±3	12
三峡纵向围堰	振动碾	30	35	6～8

(2) 碾压方向与条带搭接。碾压方向应垂直于水流方向，从而可避免碾压条带接触不良形成渗水通道，故迎水面在3～5m范围内碾压方向一定要平行于坝轴线方向。碾压条带相互搭接，碾压条带间的搭接宽度为10～20cm，端头部位的搭接宽度宜为100cm左右。这主要是为了改善振动碾外侧混凝土的隆起，改善搭接部位的压实质量。

(3) 振动碾的行走速度。振动碾压行走速度一般控制在1.0～1.5km/h范围内，行走速度的快慢直接影响到碾压效率和压实质量。若行走速度过快，激振力还未传递到碾压层底部，振动碾就已离开，从而影响压实质量。

(4) 碾压层间隔时间。连续上升铺筑的碾压混凝土，为保证碾压混凝土层间结合良好，必须控制施工层间间隔时间（指下层混凝土拌和物拌和加水起到上层混凝土碾压完毕为止）。从胶凝材料浆体凝结硬化机理分析可知，在初凝时间以内结合，才能获得良好的质量。拌和物初凝时间可在仓面测定。为避免因为拌和物放置时间过长而引起的质量问题，对拌和物自拌和到碾压完毕的时间应有所限制，且混凝土拌和物从拌和到碾压完毕的历时宜不大于2h。

(5) 仓面VC值控制。在碾压过程中，应根据现场的气温、昼夜、阴晴、湿度等气候条件，适当调整出机口VC值，仓面VC值一般以2～12s为宜，以碾压完毕时混凝土层面达到全面泛浆、人在上面行走有微弹性、仓面没有骨料集中等作为标准。如果气温、风力等因素的影响，碾压层面因水分蒸发而导致VC值太大，发生久压不泛浆的情况时，应采取有效措施补碾，使碾压表面充分泛浆。国内几个碾压混凝土大坝的VC值情况见表3-19。

表3-19　国内几个碾压混凝土大坝的VC值情况表

工程名称	出机口VC值/s	仓面VC值/s	工程名称	出机口VC值/s	仓面VC值/s
普定	10±5	平均10	三峡	3～7	5～10
江垭	3～6	4～8	龙首	1～3	3～5
棉花滩	5～8	7～10	山口	10±2	10～15
大朝山	3～10、平均4.2	平均4.5	沙牌	5～10	10±5

（6）表观密度。每个碾压条带作业结束后，应及时按网格布点检测混凝土的表观密度。如所测相对密实度低于规定指标时应重新增加碾压遍数再重新检测，如还达不到查明原因处置，必要时可增加测点，并查找原因，采取相应措施。

3.6.4　成缝

3.6.4.1　成缝方式

碾压混凝土坝施工宜不设纵缝，但由于受到温度应力、地基不均匀沉陷等作用，往往需要在垂直坝轴线方向设置一定数量的结构缝，即横缝。横缝可用切缝机切割、手工切缝、设置诱导孔或隔板等方法形成，缝面位置及缝内填充材料均应满足设计要求。

目前碾压混凝土施工成缝使用的切缝机基本上可以分为两种类型：一种是以液压挖掘机改装的液压振动切缝机；另一种是使用电动冲击夯改装的电动冲击式切缝机。

液压振动切缝机是通过安装在挖掘机动臂上的液压振动装置，使切缝刀片产生高频振动，刀片附近的混凝土产生液化效应而成缝，切缝过程为断续切缝。振动切缝机成缝效果好，生产效率高，机动性好。但设备价格贵，使用成本高，自重大。振动切缝机多用于大型工程。

冲击式切缝机是利用冲击夯产生的冲击力，将混凝土劈裂成缝，切缝过程为断续切缝。这种切缝机设备使用简单，价格低廉，操作方便。但切缝时跳动大、成缝效果差、缝的直线度难以保证，切缝时对已碾压好的混凝土扰动大，使混凝土产生松动现象。冲击式切缝机多用于中小型工程。

3.6.4.2　成缝施工工艺

（1）机械切缝法。机械切缝法是指用切缝机在碾压混凝土层面上切缝的施工方法。采用液压振动切缝机，在振动力作用下使混凝土产生塑性变形，刀片嵌入混凝土而成缝，填缝材料可采用金属片、多层彩条布，并随刀片一次嵌入缝中，也可向缝内填入砂子或插入聚乙烯板。该方法成缝整齐，在对混凝土振动液化下切时嵌入填缝材料，松动范围小，行走方便，成缝速度是手持振动切缝机的8～10倍，一台切缝机可满足10000～15000m^2大仓的施工需要，施工干扰小。振动切缝一般采用“先碾后切”，填充物距压实面1～2cm，切缝完毕后用振动碾压1～2遍。切缝机切缝有“先碾后切”和“先切后碾”两种形式，

"先碾后切"虽然施工干扰较小，但切缝效率较低且容易造成缝边角的破损。成缝面积每层应不小于设计缝面的60%。设置填缝材料时，衔接处的间距不得大于100mm，高度应比压实厚度低30～50mm。切缝机切缝见图3-62。

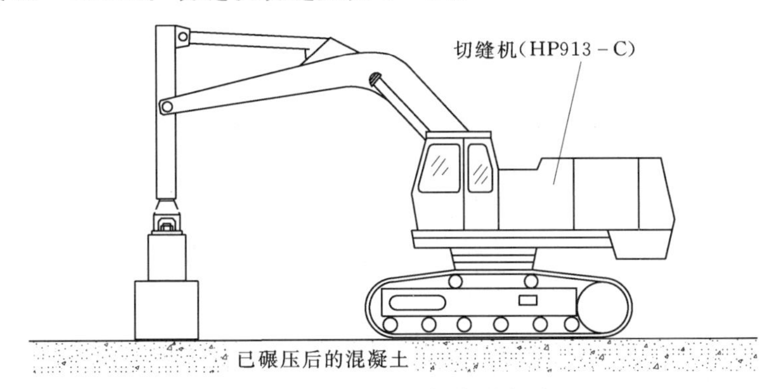

图3-62 切缝机切缝示意图

(2) 手工切缝法。手扶式振动夯机改装而成的手扶式切缝机进行切缝施工降低了成本、施工简易方便。使用这种切缝机切缝时，先由一人按照测量放样点划出的永久缝样线，将按规定尺寸裁剪好的塑料编织布（一般为40cm×40cm）放在样线位置上，再由两人移动和操作切缝机进行切缝操作。切缝深度不小于设计缝面的60%，在每条缝切缝完后，需采用振动碾无振碾压1～2遍。采用手持式振动切缝机的缺点：成缝不整齐，难以满足大仓面成缝的需要。

(3) 诱导孔造缝。较典型的诱导孔造缝方法，是在碾压混凝土压实后沿着结构缝的位置钻孔。当采用薄层连续铺筑施工时，诱导孔可在混凝土碾压后由人工打钎或风钻钻进形成；当采用间隔式施工时，可在层间间隔时间用风钻钻成。钻孔孔径一般为90mm，间距1m，孔深2～3m；在混凝土具有一定（约7d龄期）强度后，内部混凝土水化温升高峰期（实测平均22d，最少14d）前进行。孔径90mm，孔距1m，每次孔深3m。一条横缝（约30个孔）0.5h就可打完。成孔后孔内应填塞干燥砂子，以免上层施工时混凝土填塞诱导孔，达不到诱导缝的目的。近年来很少采用，特殊情况下采用。

(4) 其他造缝方法。

1) 预埋分缝板造缝。在混凝土平仓时（后），设置钢板，相邻隔板间距不得大于10cm，以保证成缝质量和面积；隔板高度比压实厚度低2～3cm。限制隔板间距的目的在于保证成缝面积，规定隔板高度是为了不影响混凝土压实及不致破坏隔板。普定水电站拱坝的诱导缝是采用两块对接的多孔预制混凝土成缝板，板长1.0m、高0.3m、厚0.04～0.05m，按双向间断的形式布置，沿水平向的间距为2.0m，沿高程方向间距0.6m（隔两个碾压层）布置，以在坝内同一断面上预先形成若干人造小缝。

2) 模板成缝。当仓面分区浇筑，或个别坝段提前升高时，可在横缝位置立模，拆模后即成缝。

3.6.5 层面结合及缝面处理

3.6.5.1 层间结合技术及层面处理

层面与施工缝处理是保证碾压混凝土质量的关键，碾压混凝土层面处理的目的是要解决层间结合强度和层面抗渗问题，所以层面处理的主要衡量标准（尺度）就是层面抗剪强度和抗渗指标。一般常用的碾压混凝土层面处理方式如下：

（1）直接铺筑允许时间的层面：①避免或改善层面碾压混凝土骨料分离状况，尽量不让大骨料集中在层面上，以免被压碎后形成层间薄弱面和渗漏通道；②如层面产生泌水现象，应采用适当的排水措施；③如碾压完毕的层面被仓面施工机械扰动破坏，应立即整平处理并补碾密实；④对于采用上游二级配混凝土进行防渗的，其上游防渗区域的碾压混凝土层面应在铺筑上层碾压混凝土前铺一层水泥粉煤灰净浆或水泥净浆；⑤碾压混凝土层面保持清洁，如被机械油污染的应挖除被污染的碾压混凝土。

（2）超过直接铺筑允许时间的层面，应先在层面上铺垫层拌和物，再铺筑上一层碾压混凝土。超过了加垫层铺筑允许时间的层面应按施工缝处理。

（3）为改善层面结合状况，还常采用下列措施：①加快施工速度，提高施工效率，加强施工管理，在已有的混凝土拌和设备下尽力提高混凝土质量，在铺筑面积既定情况下提高碾压混凝土的铺筑强度，充分发挥碾压混凝土施工优势；②对碾压混凝土配合比进行优化，选取用适合的水灰比和外加剂，优化粉煤灰掺量及胶凝材料用量；在碾压混凝土配合比设计中，增加胶凝材料用量，可有效提高碾压混凝土的层间结合质量；③缩短碾压混凝土的层间间隔时间；④加强碾压混凝土仓面温控措施。

3.6.5.2 碾压混凝土缝面处理

施工缝应进行缝面处理，缝面处理可用刷毛、冲毛等方法清除混凝土表面的浮浆及松动骨料，达到微露粗砂即可。其目的是增大混凝土表面的粗糙度，以提高层面黏结能力。冲毛、刷毛时间可根据施工季节、混凝土强度、设备性能等因素，经现场试验确定，不应过早冲毛。缝面处理完成并清洗干净，经验收合格后，及时铺垫层拌和物，然后铺筑上一层混凝土，并在垫层拌和物初凝前碾压完毕。根据国内外许多大型碾压混凝土坝工程的施工经验，在处理过的施工缝上铺厚10～15mm的砂浆能保证上、下层混凝土黏结良好。为使砂浆厚度均匀，可采用刮板进行刮铺。砂浆层铺完应紧接着摊铺混凝土，防止已铺的砂浆失水干燥或初凝，并应在砂浆初凝以前碾压完毕。

冲毛、刷毛时间可根据混凝土本合比、施工季节和机械性能的不同而变化，须经现场试验确定，不得过早冲毛，一般可在混凝土初凝以后终凝之前进行。过早冲毛不仅造成混凝土损失，而且有损混凝土质量。

因施工计划的改变、降雨或其他原因造成施工中断时，应及时对已摊铺的混凝土进行碾压。停止铺筑的混凝土面边缘宜碾压成不大于1∶4的斜坡面，并将坡脚处厚度小于150mm的部分切除。当重新具备施工条件时，可根据中断时间采取相应的层缝面处理措施后继续施工。

缝面处理的具体要求如下：

（1）采用高压水冲毛，水压力一般为20～50MPa，冲毛必须在混凝土终凝后进行，一般在混凝土收仓后20～36h进行，夏季取小值，冬季取大值。高压水冲毛作业时，喷枪口距缝面10～15cm，夹角为75°左右。

（2）碾压混凝土浇筑前，施工缝必须冲洗干净，且无积水、污物等。

（3）在已处理好的施工缝面上按照条带均匀，摊铺一层厚15mm左右的水泥砂浆垫层，然后再开始铺筑碾压混凝土。

(4) 连续上升铺筑的碾压混凝土，层间间隔时间应控制在直接铺筑允许时间内。为确保层间质量，次高温和高温季节施工已碾压完毕的层面必须覆盖。施工缝及冷缝必须进行缝面处理。缝面处理可用冲毛等方法清除混凝土表面的浮浆及松动骨料，缝面处理完成并清洗干净，经验收合格后，均匀铺 15mm 厚左右的砂浆，然后摊铺碾压混凝土，并在 1.5h 内碾压完毕。

3.7 异种混凝土结合浇筑技术

异种混凝土结合部位，是指不同类别两种混凝土相结合的部位，如碾压混凝土与变态混凝土结合部位、碾压混凝土与常态混凝土的结合部位等。常态混凝土与碾压混凝土的结合部位两种混凝土应交叉浇筑，应按图 3-63 所示方法认真处理，常态混凝土应在初凝前振捣密实，碾压混凝土应在允许层间间隔时间内碾压完毕。结合部位的常态混凝土振捣与碾压混凝土碾压应相互搭接。

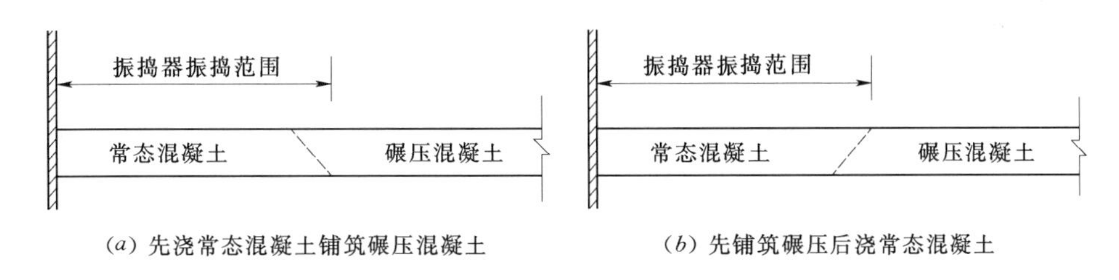

(a) 先浇常态混凝土铺筑碾压混凝土　　(b) 先铺筑碾压后浇常态混凝土

图 3-63　异种混凝土结合部位的处理示意图

对于碾压混凝土与常态混凝土结合部位的施工，有“先常态后碾压”和“先碾压后常态”两种方法。在工程实践中，一般倾向于“先碾压后常态”的施工方法；因为常态混凝土在振捣时易流淌，难以成型，且在同等情况下，常态混凝土的初凝时间比碾压混凝土的初凝时间短。为了保证此部位常态混凝土与碾压混凝土界面的结合质量，不论采用哪种施工方法，都应在常态混凝土初凝前振捣或碾压完毕。在结合部位振捣完毕后，再用大型振动碾进行骑缝碾压 2～3 遍。

3.8 变态混凝土施工技术

在碾压混凝土中加入水泥净浆或水泥粉煤灰净浆并用振捣器振捣密实的混凝土称为变态混凝土。变态混凝土施工技术是由我国首创，并不断发展完善的碾压混凝土施工新技术。该项技术自 1986 年在岩滩水电站的碾压混凝土围堰施工中首次应用以来，已先后在我国的荣地、普定、江垭、大朝山、棉花滩、龙滩等水电站碾压混凝土坝及三峡、龙滩等水电站碾压混凝土围堰的施工中推广应用。

(1) 灰浆的配比。变态混凝土施工所用的灰浆的配式要根据其标号和抗渗要求确定。江垭大坝采用的是净水泥浆，其水泥比为 0.7；棉花滩水电站采用的是水泥掺粉煤灰浆，水胶比在0.5～0.6之间。

(2) 灰浆的拌制与运输。灰浆一般采取集中拌制的方法，如在坝头设置集中制浆站等。集中制浆站根据配比拌制出水泥浆后，通过管道将其输送至仓面，再使用装载车或改装的运浆车将水泥运送到施工部位。灰浆从开始拌制到使用完毕宜控制在1h以内。

3.8.1 变态混凝土的铺料、加浆和振捣

进行变态混凝土施工部位铺料时，若和大仓面碾压混凝土一起用推土机或大型平仓机摊铺，则变态混凝土区域往往存在碾压混凝土料集中的问题，且局部会高出碾压混凝土大仓面，致使振实后的变态混凝土部位高出碾压混凝土仓面不利于振捣作业，且易造成变态混凝土的灰浆流失，进而影响碾压混凝土质量。因此，变态混凝土的铺料宜采用小型平仓面配合人工摊铺平整。同时，为防止变态混凝土中的水泥浆流入碾压混凝土仓面，一般要求将变态混凝土区域摊铺成低于碾压混凝土在6～10cm之间的槽状。

(1) 加浆。

1) 加浆量。变态混凝土的加浆量应根据试验确定，一般为施工部位碾压混凝土体积的5%～7%。棉花滩水电站变态混凝土的加浆量为4%～6%，三峡水利枢纽工程碾压混凝土横向围堰变态混凝土的加浆量为4.5%。

2) 加浆方式。变态混凝土的加浆方式常采用分层加浆，也可采用切槽和造孔加浆。采用分层加浆时，铺料时宜采用平仓机铺以人工两次摊铺平整，灰浆洒在新铺碾压混凝土的底部和中部，再用插入式振捣器进行振捣，利用激振力使浆液向上渗透，直至顶面出浆为止。一般采用人工提桶舀水泥浆，铺洒到摊铺的碾压混凝土表面作业方式。铺洒水泥浆的范围一般在模板内侧50cm左右。切槽法加浆，即在碾压混凝土中挖一深约15cm的小槽，填以灰浆，然后振捣，效果也较好。造孔加浆，在铺浆前先在摊铺好的碾压混凝土面上用尖锥形铁器进行造孔，造孔按梅花形布置，孔深约20cm，孔距约30cm，然后采用人工铺洒净浆至孔内。

3) 龙滩、大朝山、索风营等水电站碾压混凝土坝工程所用水泥煤灰净浆均采用集中制浆站拌制，通过专用管道及灰浆泵输送至仓面灰浆运输车上的储浆桶内，储浆桶内设有机械搅拌器。水泥掺合料浆的摊铺速度与碾压混凝土的摊铺速度相适应，仓面铺浆按2m一段分段控制。同时，在摊铺过程中对浆液进行不停的搅拌，以保证浆液均匀混合。注浆管出口安有流量计量器，以控制注浆量。为防止浆液的沉淀，在供浆过程中要保持搅拌设备的连续运转。输送浆液的管道在进入仓面以前的适当位置设置放空阀门，以便根据需要冲洗排空管道内沉淀的浆液和清洗管道的废水。

仓面加浆系统由1个$1m^3$储浆桶、慢速搅拌机、柴油发动机、浆液自动记录仪及出浆管路、水泥粉煤灰净浆仓面储浆车等组成(见图3-64)。

4) 亭子口水电站研制了一种变态混凝土加浆、振捣一体化机械设备，可进行变态混凝土加浆、振捣一体化自动化控制。

(2) 振捣。加浆10～15min后即可对变态混凝土进行振捣。振捣重点是把握好振捣深度(深入下层5cm左右)及变态混凝土与碾压混凝土交界处，一般是振捣器从变态混凝土区域插入碾压混凝土区，尽量多搭接，振捣时间适当延长，待见到碾压混凝土交界面

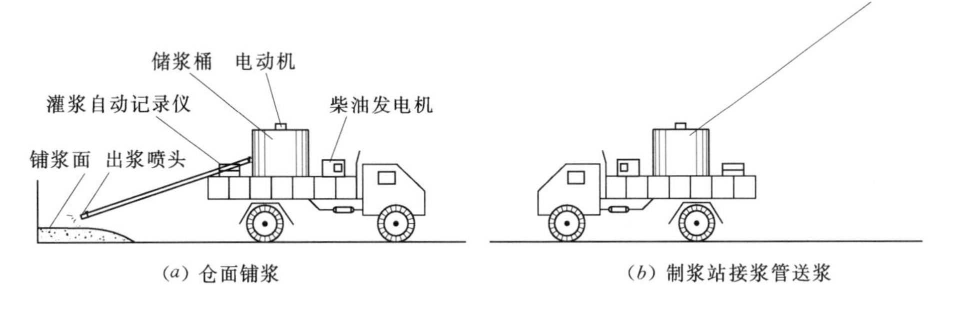

图 3-64　仓面铺浆系统示意图

有液化起浆时停止振捣。该方法可基本解决异种混凝土间鼓包现象。其他的振捣工艺同常态混凝土施工。一般采用插入式振捣器进行振捣，也可采用平仓振捣器进行振捣。江垭水电站对模板附近的变态混凝土先采用平仓振捣器振实，再用人工插入式振捣器振匀。而对止水片附近的变态混凝土则直接采用人工插入式振捣器振捣，以确保止水片不发生变位。振捣次序为：先振变态混凝土，再振与碾压混凝土的搭接部位，搭接宽度一般控制在10～20cm左右。在振捣上层变态混凝土时，将振捣器插入下层混凝土 5cm，以加强上下混凝土的层面结合；振捣时间控制在 25～30s。

3.8.2　变态混凝土与碾压混凝土结合部位的施工

工程实践表明，先变态混凝土后碾压混凝土或先碾压混凝土后变态混凝土两种施工方法，各有优缺点。

(1) 先变态混凝土后碾压混凝土施工。可解决异种混凝土间的鼓包现象，但碾压混凝土施工时容易对模板产生大的冲击力，易造成“跑模”现象，导致外观质量不佳，且浆液会渗入碾压混凝土区域，造成碾压过程中出现弹簧土甚至会沉陷振动碾，以及一定程度上会影响碾压混凝土的快速覆盖施工。

(2) 先碾压混凝土后变态混凝土施工。施工时能较好地控制碾压混凝土表面的平整度，且不会对周边模板产生太大的冲击力，混凝土外观质量较好，但相比先变态混凝土后碾压混凝土施工的周期会稍长，且由于混凝土料放置时间相对较长而增加变态混凝土的施工难度。

3.9　特殊气候条件施工

3.9.1　雨季施工

降雨会使混凝土的含水量加大，在混凝土表面形成径流，造成层面灰浆、砂浆的流失，加剧混凝土的不均匀性，易形成薄弱夹层，影响混凝土的质量。根据雨天降雨量的大小、降雨的不均匀性和突发性的暴雨等不同情况应采取不同的措施，一般采取的措施为：

（1）降雨强度6min内达到或超过0.3mm时，不开仓浇筑混凝土。如果浇筑过程中降雨强度6min内达到或超过0.3mm时，宜停止混凝土入仓作业。已入仓的混凝土尽快平仓压实。如遇大雨或暴雨，将卸入仓内的混凝土料堆、未完成碾压作业的条带和整个仓面全部覆盖，待雨后再做处理。在混凝土浇筑过程中降雨强度6min小于0.3mm时，则继续浇筑。

（2）在碾压混凝土施工前要制定好雨季施工措施，并组建专门的防雨队伍，做到分工明确，责任清楚，全面落实雨季施工措施。

（3）加强和气象部门的联系，取得当地中长期天气预报，并落实收听、记录、发布当日天气预报的工作，以便提前做好生产安排，做好物资和精神准备。

（4）按最大仓仓面面积配置防雨覆盖材料，放在仓面备用。在仓面开浇前，在两岸岸坡约高于仓面收仓高程的平台上设临时排水沟，把岸坡雨水引向仓外。在浇筑过程要准备好工具，做好仓面排水工作。

（5）为监测降雨量大小，现场准备好雨量计进行测量。

（6）拌和楼生产的碾压混凝土拌和物VC值适当调大，如降雨持续时间长，采取适当减小碾压混凝土水灰比的措施，具体减小幅度由现场试验室值班负责人根据现场情况确定。

（7）已入仓的拌和料迅速平仓、碾压，严禁未碾压好的混凝土拌和物长时间暴露在雨中。

雨后恢复施工前做好如下工作：

1）停放在露天运送混凝土的施工车辆，必须将车斗内的水倾倒干净。

2）立即排除场内的积水，清理仓面污染物，当符合要求后，即开始碾压混凝土的铺筑施工。

3）新生产的碾压混凝土VC值按上限控制。

4）由质检人员对仓面进行认真检查，有漏碾或碾压不够之处，赶紧补碾，漏碾已初凝而无法恢复碾压者，以及被雨水浸泡强度降低者，予以挖除。

某工程的施工技术要求规定，当降雨量大于3mm/h时，不能开仓浇筑。如浇筑过程中遇到超过3mm/h强度降雨量时，应立即停止拌和，并尽快将已入仓的碾压混凝土摊铺碾压完毕或进行覆盖，用塑料布遮盖新碾压混凝土面。将雨水集中引排至坝外，对个别无法自动排出的水坑采用人工处理方法。暂停施工令发布后，碾压混凝土施工一条龙的所有人员，都必须坚守岗位，并做好随时复工的准备工作。当雨停后或降雨量小于30mm/h，持续时间30min以上，仓面未碾压的碾压混凝尚未初凝时，可恢复施工。

3.9.2 高温干燥气候条件下碾压混凝土施工

碾压混凝土开裂的影响因素很复杂，以前对碾压混凝土温控问题认识不足，随着工程建设的发展，温控问题日显重要。温控措施与碾压混凝土的性能、施工设备的配置及施工强度、浇筑温度、后期的养护与表面保护等因素有关，应综合考虑。常用温控措施等详见混凝土温度控制章节。

高温干燥天气施工，保证施工质量的有效途径是缩短层间间隔时间，同时应采取控制表面蒸发和补偿水分的措施。大风条件下，混凝土表面水分散失迅速，为了保证碾压密实和良好的层间结合，应采取喷雾补偿水分等措施，保持仓面湿润。

拌和、运输、铺料、碾压等设备的生产能力要匹配，使得拌和后碾压混凝土能在最短时间内完成施工。采用斜层平推铺筑法施工可缩短层间间隔时间。仓面喷雾是降低仓面局部气温、保持湿度的有效措施，应注意雾化效果，不能形成水滴。必要时安排在早晚、夜间进行施工。

（1）在高气温、强日照和大风季节条件下施工时，可采取仓面喷雾的措施，以补偿仓内混凝土表面蒸发的水分，保持仓面湿润，控制并降低整个仓面的环境温度。喷雾采用的喷雾机根据仓面的大小和喷雾有效覆盖范围合理布置。为加强喷雾效果，喷雾机架高 2～3m，同时控制喷雾强度。应特别加强上游二级配碾压混凝土范围内的喷雾管理工作，采取有效措施，确保该范围内的喷雾雾化充分，强度适宜，并始终处于雾区的笼罩之下。

（2）白天高温时段对碾压混凝土仓面进行分区管理，在完成碾压作业的表面覆盖隔热被，常采用在三峡水利枢纽工程普遍应用的厚 1.0cm 高发泡聚乙烯卷材外包彩条布制成的隔热被。根据三峡水利枢纽工程测试成果，经保护后的混凝土表面等效放热系数小于 $2.21W/(m^2 \cdot K)$ 。

（3）混凝土运输过程中，在运输设备上加设保温设施，如在自卸汽车上搭设遮阳篷等，以减少因太阳直射引起混凝土的温度回升和 VC 值损失。

（4）视气温情况机口 VC 值降低 1～3s，以保证仓面 VC 值在 5～7s 范围内。

（5）高温季节需采用制冷混凝土，为降低混凝土水化热温升，采用中（低）热水泥和强缓凝高效减水剂等，延长混凝土初凝时间。根据大朝山水电站等工程的研究成果和实践，采用高效缓凝减水剂，并进行复合调整试验，将碾压混凝土在环境温度为 33～35℃气温下的初凝时间延长到 6h 以上是可以实现的。

（6）采取一系列温控措施降低混凝土出机口温度，满足碾压混凝土浇筑温度的要求，确保碾压混凝土的浇筑温度 T_p 不超过设计允许的温度值。

（7）高温季节施工时，可采用冷却水管通水冷却，以削减水化热温升，确保混凝土最高温度 T_{max} 不超过设计允许的温度及减小坝体内外温度梯度。埋设时要注意相邻部位的过渡，避免由于通水而导致内部温差过大，冷却水管不得破损。

3.9.3 寒冷地区碾压混凝土施工

3.9.3.1 概述

随着碾压混凝土技术的发展，我国在北方寒冷和严寒地区修建碾压混凝土坝方兴未艾，早期在严寒和寒冷地区修建的碾压混凝土坝温控防裂问题突出。2001 年以后，我国新修建的碾压混凝土坝主要集中在西北地区，如龙首、石门子、喀腊塑克等水电站，在碾压混凝土坝的结构设计、温度控制、混凝土材料、施工方法与工艺、施工机具等方面积累了丰富的经验，并取得一批新技术成果和理论研究成果。龙首水电站大坝为双曲薄拱坝，两岸坝肩分别为重力坝和推力墩，为结构复杂的三接头混合坝型，全部由碾压混凝土施工，是当时建成的世界最高碾压混凝土双曲拱坝。石门子水库大坝最大坝高 109m，1998 年开工，2001 年已基本到达坝顶，2002 年完建。这两座拱坝均地处西北高寒地区，年温度变幅近70℃，其中有高温、高寒、高地震、高蒸发等诸多不利因素，其成功建设对碾压混凝土筑坝技术的推广运用和探索提供不少有益的经验。已完建的工程经过多年运行考验，绝大部分坝体工程质量良好，运行正常。但对于在寒冷地区修建碾压混凝土坝，由于其独特的气候特点和碾压混凝土大坝本身的特点，仍然存在众多难题，主要集中在结构设计、温度控制、施工方法与工艺等方面。在寒冷及严寒地区，往往冬季漫长，极端最低气温在－30℃以下，在这些地区修建混凝土坝，一般冬季要停浇越冬，如由于工期限制，必须在冬季施工，则在材料配比、温度控制、施工方法等方面采取独特的措施。

3.9.3.2　温控防裂

寒冷地区冬季寒冷而漫长，多年平均气温一般多在10℃以下。许多地区夏季最高气温在20℃以上，冬季最低气温在－10℃以下。气温年内变幅大、昼夜温差大且寒潮频繁。同时，碾压混凝土坝采取快速浇筑、通仓浇筑、不分纵缝以及越冬长间歇式的施工方法，使其具有独特的温度应力时空分布规律。

在寒冷地区修建碾压混凝土坝，其防裂的难度大，主要原因为：年平均气温低导致坝体稳定温度较低，而夏季浇筑的混凝土最高温度又比较高，从而导致大坝基础温差很大，控制基础贯穿性裂缝的难度较大；全年寒潮频繁，冬季寒冷，导致控制混凝土上下游表面的内外温差难度较大，极易在上下游面引起表面裂缝，进而发展成为劈头裂缝；因天气寒冷，可施工期很短，每年有几个月甚至大半年的时间停浇越冬，长间歇导致上下层温差较大，防止越冬面附近混凝土裂缝难度很大。

（1）大坝诱导缝的设计。在结构设计方面，不透水性和稳定性是大坝安全的两个重要因素，在寒冷地区修建碾压混凝土坝，需要对其进行特别的结构设计。修筑碾压混凝土坝，为简化施工程序，加快施工进度，一般工程都偏向于采取尽量不设或者少设永久性横缝的设计思想。但在寒冷地区浇筑碾压混凝土坝，由于其独特的温度应力变化规律，往往在越冬间歇面、溢流坝段的反弧段、拱坝的坝肩、拱冠等部位会产生较大的温度应力，为了消减这些部位的温度应力，简化整个大坝的温控措施，有些大坝在结构上进行了设置诱导缝的设计研究，采取了设置诱导缝的方式。

（2）碾压混凝土施工。寒冷地区碾压混凝土坝的温控与防裂，已充分认识到其重要性和难度，除尽量采用发热量较低的水泥、优化混凝土配合比以外，在具体的温控措施如降低混凝土浇筑温度、通水冷却、施工期临时保温、大坝上、下游面长期保温、越冬层面保温等方面也进行了广泛的研究并取得了一些成果。

加大混凝土中的胶凝材料用量，并对层面采取处理措施；为防止坝体发生裂缝，采用坝体分缝（包括诱导缝）、冷却骨料、仓面喷雾、布设水管通水冷却、表面保温等综合温控防裂措施。

（3）在材料配比方面，一方面为了减少温度裂缝，需采用低发热量水泥；另一方面因寒冷地区存在严重的冻融破坏现象，需要提高混凝土的抗冻标号。同时，为了防止浇筑的混凝土在早期受冻，需要掺加一定量的防冻减水剂。

（4）在温度控制方面，在寒冷地区，年平均气温低，大坝的稳定温度较低，防止基础贯穿性裂缝难度大；冬季寒冷且持续时间长，气温年内变幅大、昼夜温差大且寒潮频繁，在冬季坝面附近混凝土内外温差较大，防止坝面裂缝难度也较大。同时，碾压混凝土坝采取通仓浇筑、不分纵缝以及越冬长间歇式的施工方法，使其具有独特的温度应力时空分布规律，更增加了碾压混凝土温控与防裂难度。早期在严寒地区修建的碾压混凝土坝裂缝比较严重。目前，严寒地区碾压混凝土重力坝温度应力与温控防裂已成为一个新的研究课题。在施工方面，寒冷地区修建碾压混凝土坝主要集中在混凝土防冻和保温养护方面。

在寒冷天气下，为了提高混凝土浇筑温度，在配料和拌和时能合理加热的组分是骨料和水。从实用观点来看，把大体积碾压混凝土中所用的大量骨料加热是昂贵的，因此很少采用这种办法。在寒冷天气条件下拌和碾压混凝土通常是加热拌和水。但有些情况下，单靠加热拌和水不足以提供进行完全水化作用和养护而必须维持最低混凝土温度所需要的全部热量。

对于寒冷天气下浇筑碾压混凝土，还应尽量减少从拌和楼到仓面的热量损失。碾压混凝土的运输和浇筑比常规混凝土费时，在此过程中常发生较大的热量损失。应采取措施尽可能减少碾压混凝土在运输、摊铺和压实过程中的热量损失应尽量安排在白天浇筑碾压混凝土，以便从太阳辐射获得热量；在多风天气不浇碾压混凝土；尽快碾压混凝土，以使新浇筑层的表面尽快被覆盖和保护。用隔热材料把暴露的业经压实的浇筑层表面覆盖起来，是尽量减少碾压混凝土热量损失的有效方法。能迅速展开和撤走的保温被是碾压混凝土浇筑层表面的较好隔热材料。保温被还能保持碾压混凝土中的水分，起妥善养护的作用。

(5）某水利枢纽工程属大陆性、寒温带气候，具有气候干燥，春秋季短，冬季较长，夏季较凉爽，冬季多严寒，气温年较差悬殊，日差较明显，变幅均较大，太阳辐射热强、寒潮频繁又伴随大风。日平均气温低于5℃，大坝混凝土即进入冬季施工。其混凝土冬季施工及表面保护措施如下：

日平均气温连续5d稳定在5℃以下或最低气温连续5d稳定在－3℃以下时，应按低温季节施工。气温－10℃以下不宜施工，如工程特殊需要，应进行专门论证，并采取相应措施。低温季节碾压混凝土施工，应有详细的施工组织设计。可采用掺加早强和防冻外加剂等配制混凝土、蓄热法施工、仓面保温等措施。

1）碾压混凝土不能在－3℃以下的环境中进行浇筑，如果碾压后的混凝土层面和拌和料本身的温度保持在3℃以上时，继续浇筑碾压混凝土。当环境温度降到0℃以下而且龄期不足21d的碾压混凝土层面温度有可能下降到3℃以下时，则采用保温被覆盖碾压混凝土层面，使混凝土温度保持在3℃以上，直到环境气温升到3℃以上为止。

2）混凝土冬季施工采用蓄热法和暖棚施工，蓄热法在混凝土浇筑完毕，即用保温材料将混凝土表面覆盖。当日平均气温低于－10℃时，禁止蓄热法浇筑混凝土。应采用暖棚法施工，并维持暖棚内温度在3～6℃以上，以防混凝土受冻。

3）冬季浇筑混凝土要求控制混凝土浇筑温度为5～8℃。为此采用预热骨料、加热水拌和等措施提高混凝土出机口温度，混凝土运输车辆覆盖保温材料、带式输送机搭设保温棚进行保温，保证混凝土浇筑温度不低于6℃。

4）大体积混凝土除满足温控防裂要求外，还满足表面保护要求。特别须重视基础约束区、上游面及其他重要结构部位的表面保护，尤其重视防止寒潮的冲击。

5）混凝土运输车全部采用液压翻升防晒板技术，减少了混凝土运输环节的混凝土温度回升。混凝土入仓后，及时平仓，及时碾压，严禁混凝土卸料平仓后长时间不碾压。在混凝土初凝前尽快覆盖下一层混凝土，减少外界温度倒灌。

6）仓面小气候制造和保温覆盖：在坝体浇筑仓外增设喷淋（雾）系统，降低大坝浇筑仓面周边的温度，提高湿度。仓面采用固定式远程喷雾机和高压水移动式喷雾，根据每个仓面的大小配置4～6把手持式喷枪进行喷冷水雾，以降低仓面温度，提高湿度，减少水分蒸发，防止混凝土表面失水，改善碾压混凝土层间结合性能，提高混凝土质量。收仓仓面和暂停仓面及时覆盖保温被，以降低混凝土表面水分蒸发。

7）在约束区、坝体度汛缺口部位和5—9月的施工部位埋设冷却水管。冷却水管采用管径32mm、抗压强度不小于0.35MPa、导热系数$K \geqslant 1.67$kJ/(m·h·℃)、承受12MPa的环向应力不破坏、不渗漏、纵向回缩率不大于3%的HDPE高密度聚乙烯塑料冷却管。

冷却水管长度控制在250m左右，水管排间距1.0m×1.0m～1.5m×1.5m。根据气温情况在上层混凝土完成后1～2d内开始通水冷却，通水水温为河水温度（6—8月采用10～12℃制冷水），通水历时15～20d。为防止水管冷却时与混凝土浇筑块温度相差过大和冷却速度过快而产生裂缝，初期通水冷却温差按15～18℃控制，后期水管冷却温差为20～22℃，混凝土日降温速度控制在每天0.5～1.0℃范围内。

8）大坝坝面永久保温：上游面采用聚氨酯防渗涂层（厚2mm）＋粘贴XPS板（厚10cm＋防腐面漆）的保温防渗结构型式。大坝下游面采用粘贴XPS板（厚10cm）＋外涂防裂聚合物砂浆＋耐碱网格布的保温结构型式。

9）大坝越冬面临时保温：首先在越冬面铺设1层塑料薄膜（厚0.6mm），然后在其上铺设2层厚2cm的聚乙烯保温被，再在上面铺设13层厚2cm棉被，最后在顶部铺设1层三防帆布。为加强保温及防止侧面进风，在越冬面上下游侧用砂袋垒高1.0m、宽0.8m的防风墙，在保温被周边及越冬面以下2.6m范围内喷涂厚10cm聚氨酯硬质泡沫，其中越冬面以下2.0m，越冬面以上0.6m。

3.10 碾压混凝土信息化管理与数字化施工

碾压混凝土信息化管理与数字化施工是施工管理技术发展新趋势，采用先进的软件技术、网络技术，数据库技术、自动化安全监测技术和数值计算技术，开发包含大坝施工信息管理、自动化数据采集、仿真反馈分析和预警决策支持的碾压混凝土坝数字监控系统，实现大坝施工期和运行期各种施工和监控数据的自动获取和高效管理、大坝施工期、运行期安全状况的实时评估和预测以及大坝安全风险的预警和决策支持，最终实现大坝全过程的质量与安全状态的实时可控，代表着施工管理技术发展方向。国内科研院校和有关单位结合不同的工程对象，就水电工程施工系统的不同环节、不同侧面，进行了计算机仿真模拟和施工信息化研究。沙牌、龙滩等水电站开展了相应的计算机仿真、动态模拟技术和施工信息管理系统研究与应用，黄登、鲁地拉等水电站碾压混凝土坝开展了碾压混凝土数字化施工技术研究与应用，并取得了初步成果。

（1）龙滩水电站进行了施工动态可视化仿真和施工信息化系统研究与应用，研制开发了碾压混凝土浇筑仓面管理系统，实现碾压混凝土浇筑仓面管理的“五化”：记录信息智能化、跟踪信息实时化、模拟信息数字化、分析决策科学化、过程信息完整化。根据大坝浇筑施工进度、度汛要求、浇筑能力等条件，针对不同的浇筑高程，提出了合理分仓、并仓智能优化模型，实现了坝体施工方案和施工过程的实时控制。建立了碾压混凝土施工过程动态三维可视化仿真平台，进行了龙滩水电站碾压混凝土大坝施工仿真与实时控制，实现了仿真信息输出图形化。

（2）鲁地拉水电站开发大坝数字监控软件系统，为大坝数字监控实践提供软件平台。运用大坝数字监控软件系统进行碾压混凝土坝施工期安全数字监控，为大坝施工期质量可控提供了技术支撑，改变了碾压混凝土坝施工期安全管理模式。数字监控系统实现了以下功能：温控资料的自动搜集与自动分析、大坝全过程温控信息的统计与查询、大坝混凝土开裂风险的预警和报警、分析成果及预警信息的自动发布。大坝内部监测信息由LN2026-T型自动测温设备自动测量、自动输送到现场服务器，其他温控信息包括出机口温度、浇筑温度、水管信息等选择所有坝段，可通过自动或人工集成到数字温控信息集成与预警系统，系统根据自动获取的原始资料，进行自动分析、自动预警，从而有效地指导整个施工过程乃至生命周期的全过程。

（3）黄登水电站为有效解决建设过程中的动态质量监控，智能温度控制，施工进度动态调整与控制，施工信息的综合集成与高效管理，远程、移动、实时、便捷的工程建设管理与控制等问题，提出了“数字黄登·大坝施工信息化系统”。联合国内高校与科研单位共同研究，综合运用工程技术、计算机技术、无线网络技术、手持式数据采集技术、数据传感技术（物联网）、数据库技术等，开发出一套基于Windows平台的大坝施工质量智能控制及管理信息化系统，实现大坝混凝土从原材料、生产、运输、浇筑到运行的全面质量监控，并通过系统研制、现场试验、试运行等环节，最终应用于工程实际。

1）黄登水电站在大坝统一BIM模型的基础上，以结构风险评估为中心，以GIS为协同管理平台的水电工程全生命周期安全管理的思路，建立了黄登水电站碾压混凝土坝三维平台，基于B/S模式的“数字大坝”综合信息动态集成管理系统，把大坝建设和运行过程中涉及的工程进度信息、施工质量信息等进行动态采集与数字化处理，构建黄登水电站大坝综合数字信息平台和三维虚拟模型，以三维形式直观地表现出来，在虚拟的“数字大坝”环境下，实现各种工程信息的集成化、可视化管理，并在工程整个生命周期里，实现综合信息的动态更新与维护，为工程管理、大坝安全运行与健康诊断等提供全方位的信息支撑和分析平台。系统总体结构见图3-65。

2）采用卫星定位技术、实时动态差分技术、无线数据传输技术、数据库技术、实时控制反馈技术、图形分析技术等，实现了大坝碾压混凝土碾压过程以及上游防渗层变态混凝土加浆作业的在线、实时监控，并通过反馈机制对施工工艺和施工质量进行实时控制，保证在大坝碾压混凝土施工过程中规范碾压施工和加浆作业，为碾压混凝土施工质量提供可靠保障，为现场施工和监理提供了有效管理控制平台。大坝混凝土施工工艺监控系统界面见图3-66。

3）实现对碾压混凝土热升层进行在线监控。通过在平仓机、碾压机上安装检测设备，

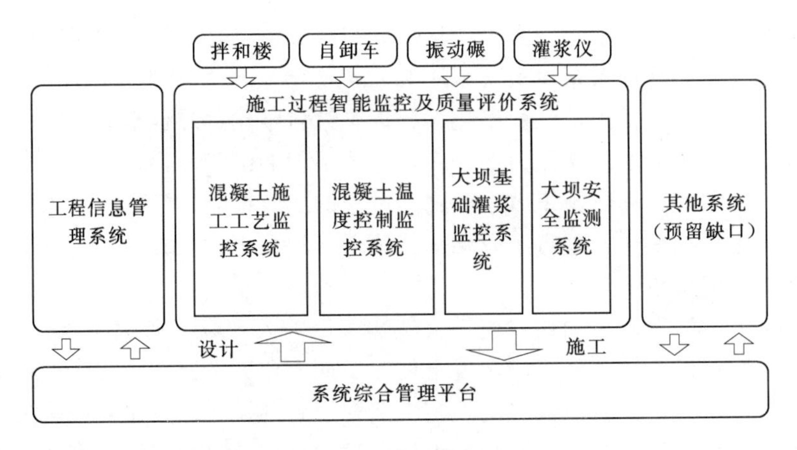

图 3-65　系统总体结构图

图 3-66　大坝混凝土施工工艺监控系统界面图

对混凝土摊铺、碾压过程进行监控，自动监控某层混凝土从开始摊铺、平仓到碾压结束的历时，为保证碾压混凝土热升层施工条件提供支持。

4）采用仿真技术、三维建模技术、数据库技术、控制论等，通过对大坝施工进行分解协调系统分析，实现对大坝施工进度的实时监测和反馈控制，在整个工程建设的生命周期里，实现进度信息的动态更新与维护，为黄登水电站建设过程的进度控制与决策提供技术支撑和分析平台。

5）实现了混凝土骨料温度、出机口温度、入仓温度、浇筑温度、仓面小气候、混凝土内部温度过程、温度梯度、通水冷却进水水温、出水水温、通水流量等温控要素的自动

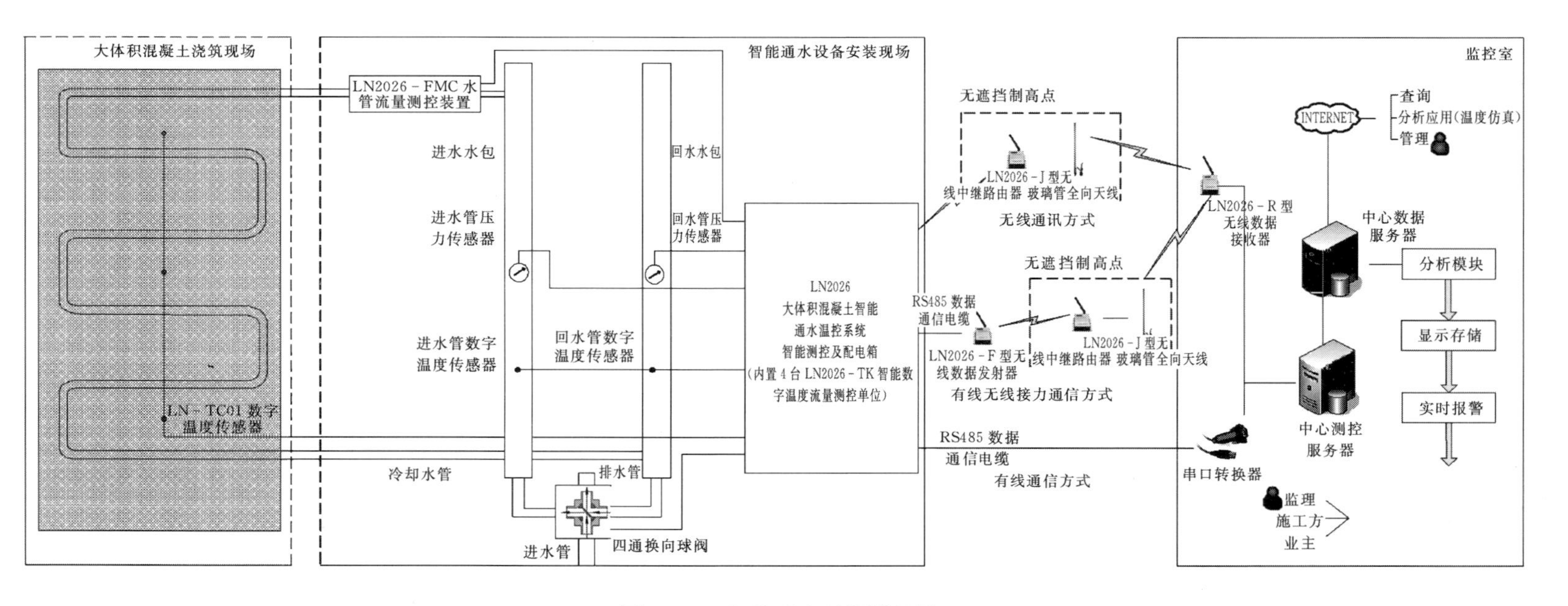

图 3-67 智能通水逻辑原理图

采集及全过程实时监测，确保数据的实时和准确，为真实、全面地评估大坝温控施工情况提供直接依据，为大坝竣工验收提供有力的技术支撑。

6）通过温控智能监控系统的实施，实现对温控施工进行实时预警和干预，特别是智能通水的实施，可以实现无人工干预、个性化、智能化的通水冷却，提高温控施工水平。智能通水逻辑原理见图 3-67。

7）建立了一套大坝基础灌浆信息实时动态监控系统，监控大坝基础灌浆实施情况。通过采用具有数据无线发送功能的灌浆自动记录仪，实时采集大坝基础工程的灌浆信息，对不达标情况进行及时报警，及时采取相应措施。将采集到的灌浆信息进行信息管理及数据汇总，及时分析得到灌浆施工过程线、灌浆量柱状图、灌浆进度展示图等分析成果，作为基础灌浆验收的材料。

8）黄登水电站已于 2015 年 3 月开始浇筑大坝混凝土，数字黄登已初步上线使用，建立了大坝施工进度与质量信息动态采集、综合分析、实时反馈与决策支持平台，实现了黄登大坝混凝土原材料、生产、运输、浇筑、养护、质量检验等各个环节的全面监控与联合调度，对大坝浇筑碾压施工全过程实时在线监控，为混凝土坝建设质量控制提供了一条新途径。

4 温度控制及防裂

4.1 简述

碾压混凝土坝应进行坝体温度控制设计，提出温度控制标准及防裂措施。温度控制设计时一般以控制碾压混凝土内部最高温度及内外温差为准。为确定碾压混凝土内部允许最高温度，一般应详细了解坝址附近水温与气温、水库特性、拟定的碾压混凝土配合比、混凝土力学及热学性能、胶凝材料水化热等，以确定坝体稳定温度及内部允许最高温度。内外温差控制一般是在低温季节或气温骤降期间，采用混凝土表面保温措施，以满足混凝土内外温差要求。

碾压混凝土具有水泥用量小、粉煤灰掺量高、绝热温升小、水化热温升慢、最高温度出现时间晚、温度分布均匀等特点，同时具有较高的徐变防裂能力和抗溶蚀能力，高掺粉煤灰有二次水化作用，后续强度增长时间长。但因碾压混凝土采用薄层浇筑，且夏天温度回升快，同时碾压混凝土仓面大，浇筑速度快、工序多，受气温、降雨等影响明显，仓面施工、保温保湿等温控防裂措施等管理难度相应增大，需采取综合温控措施和精细化施工工艺满足混凝土温控防裂要求。

常用的温度控制措施主要有：合理布置、简化坝体细部结构；合理安排混凝土浇筑进度，尽量利用低温季节的有利时段浇筑碾压混凝土；根据工程特点、温度控制、施工条件、气候条件和施工进度安排等确定合适的碾压层厚、升程高度及碾压方式，优先采用连续均匀上升碾压混凝土铺筑方式，避免在基础约束范围内长期间歇；采用发热量较低的水泥、合理确定掺合料的掺量、使用高效减水剂等措施降低水泥用量，减少发热量；采用合适的碾压混凝土原材料，优化混凝土配合比，改善碾压混凝土性能，提高碾压混凝土的抗裂能力；采取在粗骨料堆上洒水、喷雾、料堆加高、地弄取料、加设凉棚，用冷却水或加片冰拌和预冷粗骨料控制碾压混凝土出机口温度，仓面喷雾或流水养护，骨料预冷，在碾压混凝土运输过程中采用保温遮阳措施防止热量倒灌、仓面采用保温被保温及喷雾降温等综合温度控制措施；必要时埋设冷却水管进行初期冷却削峰降温甚至进行中后期冷却；采用斜层平摊铺筑法缩短碾压层层间间歇时间，以减少浇筑过程中预冷混凝土温度回升，并提高层面胶结质量；根据坝址的气候条件及施工情况进行坝面、仓面及侧面的保温和保湿养护。对孔口、廊道等通风部位应及时封闭；严寒及寒冷地区重视冬季的表面保温。

4.2 碾压混凝土温度控制标准

碾压混凝土坝温度控制设计应研究基础温差、内外温差、上下层新老混凝土温差、相邻高差和坝内最高温度，并应重视遇寒潮及冬季的保温设计。根据气候条件等因素，提出坝体内外温差或坝内最高温度的控制标准。

碾压混凝土温度控制标准主要包括基础温差、内外温差及上下层温差等，温度控制设计时一般以控制碾压混凝土内部允许最高温度为准。混凝土内部允许最高温度以上述三种标准对应的各月最低温度要求为准。

4.2.1 基础温差

基础温差是指坝体基础约束范围内混凝土最高温度与稳定温度之差。基础温差是控制坝基混凝土发生深层裂缝的重要指标，主要随碾压混凝土性能、浇筑块的高长比、浇筑块长边长度、混凝土与基岩的弹性模量比、坝址区气候条件等因素而变化。对于碾压混凝土重力坝而言，由于一般不设纵缝，其底宽较大，基础约束范围亦较高，为了防止基础混凝土裂缝，应对基础允许温差进行控制。

(1) 碾压混凝土重力坝的基础允许温差，《碾压混凝土坝设计规范》(SL 314—2004) 是根据《混凝土重力坝设计规范（试行）》(SDJ 21—78) 在基础常态混凝土的极限拉伸值不低于 0.85×10^{-4} 时的有关允许值，按碾压混凝土极限拉伸值为 0.70×10^{-4} 进行折算，建议的碾压混凝土坝基础允许温差见表 4－1，与《混凝土重力坝设计规范》(DL 5108—1999) 的规定类似。

表 4－1　　碾压混凝土坝基础允许温差　　单位：℃

距离基础面高度 h	浇筑块长边长度 L/m		
	30m 以下	30～70m	70m 以上
(0～0.2)l(强约束区)	15.5～18.0	12.0～14.5	10.0～12.0
(0.2～0.4)l(弱约束区)	17.0～19.0	14.5～16.5	12.0～14.5
0.4l 以上(非约束区)	19.0～22.0	17.0～19.0	15.0～17.0

(2) 碾压混凝土坝的基础允许温差应根据坝址区的气候条件、碾压混凝土的抗裂性能和热学性能及变形性能、浇筑块的高长比、基岩变形模量等因素，通过温度控制设计确定。

碾压混凝土坝基础允许温差涉及坝址区的气候条件、碾压混凝土的抗裂性能和热学性能及变形性能、浇筑块的高长比、基岩变形模量等因素，其中抗裂性能主要包括极限拉伸值及抗拉强度，热学性能包括绝热温升、比热、导热系数、导温系数、线膨胀系数等，变形性能主要包括弹性模量、徐变、自生体积变形、干缩变形和温度变形等。

由于基础允许温差涉及因素众多，且碾压混凝土坝内温度降至坝体（准）稳定温度场所需时间很长，尤其后期温降很慢，因此其产生的温度应力因徐变的作用也会有所减小。此外，坝体内部温度在降至（准）稳定温度场时，坝体早已蓄水，碾压混凝土重力坝的坝体应力为基础温降、混凝土自重和坝体承受的水荷载的叠加，叠加产生的拉应力要小于单独由基础温降所引起的拉应力。但碾压混凝土由于胶凝材料用量较少、灰浆率小，其极限拉伸值一般比常态混凝土低，这是较不利的方面。部分工程碾压混凝土极限拉伸值见表4－2。

表4－2　　部分工程碾压混凝土极限拉伸值

工程名称	标号	水泥用量/(kg/m³)	胶凝材料用量/(kg/m³)	水胶比	极限拉伸值/(×10^{-4})
坑口	$R_{90}100$	60	140	0.70	0.68
天生桥二级	$R_{90}100$	55	140	0.59	0.72
铜街子	$R_{90}100$	65	150	0.60	0.70
岩滩	$R_{90}150$	55	159	0.57	0.70
高坝洲	$R_{90}150$	88	88	0.52	0.65
江垭	$R_{90}100$	46	153	0.61	0.77
	$R_{90}200$	87	194	0.53	0.86
大朝山	$R_{90}150$	67	168	0.50	0.74
	$R_{90}200$	94	188	0.50	0.86
棉花滩	$R_{100}150$	51	147	0.60	0.73
	$R_{180}100$	48	136	0.65	0.72
	$R_{180}200$	90	200	0.50	0.75
普定	$R_{90}150$	54	153	0.55	0.72
	$R_{90}200$	85	188	0.50	0.81
龙首	$R_{90}200$	58	171	0.48	0.78
	$R_{90}200$（二级配）	96	205	0.43	0.87

综上所述，由于基础允许温差的涉及因素多，且碾压混凝土具有与常态混凝土不同的特点，各工程的具体条件也很不一样，鉴于基础允许温差是控制混凝土发生深层裂缝的重要指标，故碾压混凝土重力坝高、中坝的基础允许温差值应根据工程的具体条件，必须经温度控制设计后确定。

（3）碾压混凝土重力坝坝内温度降至坝体（准）稳定温度场所需时间往往很长，为了掌握大坝基础温降过程以及其对坝体可能产生的不利影响，应加强安全监测。

（4）据国内部分混凝土坝裂缝调查，基础部位出现裂缝主要有下列几种情况：

1）基岩上薄层浇筑块，长时间停歇，以致混凝土薄层的约束应力和因内外温差引起的应力相叠加，使坝体中部产生的拉应力，远大于混凝土抗拉强度，形成贯穿裂缝。

2）岩石表面起伏很大，局部有深坑或突出尖角，致使混凝土浇筑块厚度不均匀，造成局部应力集中，形成基础混凝土裂缝。

3）施工期坝上留缺口导流或汛期过水，在混凝土温度较高时，因受水的冷冲击，造成基础混凝土开裂。

因此，下列各情况的基础允许温差应进行专门论证确定：

1）在基础约束范围内长期间歇或过水的浇筑块。

2）基岩变形模量与混凝土弹性模量相差较大。

3）基础回填混凝土、混凝土塞及陡坡坝段。

（5）国内部分碾压混凝土重力坝设计的基础允许温差控制标准见表4－3。

表4－3　国内部分碾压混凝土重力坝设计的基础允许温差控制标准表

工程名称	地理位置	坝高/m	浇筑块长边长度 l/m	距基础面高度 h/m	
				(0～0.2)l	(0.2～0.4)l
江垭	湖南省慈利县	131	>70	13	15
棉花滩	福建省永定县	113	>70	16	19
大朝山	云南省	111	>70	16	19
三峡纵向围堰坝身段	湖北省宜昌市	146	>70	10	13
桃林口	河北省秦皇岛市	74.5	>70	16	19
高坝洲	湖北省枝城市	57	>30	14	16
大广坝	海南省东方县	57	>30	15	17
坑口	福建省大田县	56.3	>30	12	14

4.2.2　内外温差

内外温差是指混凝土内部与表面温度差值。碾压混凝土的水化热放热过程较缓慢，碾压混凝土浇筑后达到最高温度的时间较迟，降温过程也将延续很长时间，坝体内部碾压混凝土将长期处于较高的温度状态，当施工后冬季来临时或遇寒潮气温骤降时，外部混凝土冷却，容易形成较大的内外温差。因此，防止环境温度变化和内外温差过大产生表面裂缝，是碾压混凝土坝防裂的一个重要问题。

碾压混凝土应加强表面保温保护，切实做好气温骤降期间及越冬期间的保温防裂工作。碾压混凝土内外温差控制不允许超过设计内外温差标准，内外温差控制一般不超过14～23℃。

4.2.3　上下层温差

碾压混凝土由于采用全断面通仓碾压且一般不设纵缝，坝体沿上下游方向的断面尺寸较大，在长间隙期部位，上下层新老混凝土的温差所引起的温度应力往往较大，对此应予以重视。碾压混凝土在间歇期超过28d的老混凝土面上继续浇筑时，老混凝土面以上1/4L范围内的新浇筑混凝土按新老混凝土上下层温差控制。上下层温差控制标准应符合设计要求，一般控制上下层温差为14～17℃。

4.2.4 相邻高差

碾压混凝土施工应均匀上升，相邻块高差、相邻块浇筑间隔时间、坝体最高块与最低块整体高差等均应按设计要求控制，一般相邻块高差不宜超过12m，同期浇筑整个大坝最高和最低坝块高差控制在30m以内。

4.2.5 气温骤降期间及冬季碾压混凝土的保温设计

碾压混凝土裂缝大多数是表面裂缝，在一定条件下，表面裂缝可发展为深层裂缝，甚至为贯穿性裂缝，因此，加强混凝土表面保护至关重要。由于碾压混凝土早期强度低，气温骤降是引起碾压混凝土表面裂缝的最不利因素之一，冬季内外温差过大也是引起碾压混凝土表面裂缝的原因之一，因此，应重视气温骤降期间及冬季碾压混凝土的保温设计。

4.3 温度控制实用计算

碾压混凝土温度控制计算主要包括出机口温度计算、入仓温度计算、浇筑温度计算、初期内部最高温度计算及后期通水冷却计算等。碾压混凝土坝温度控制标准及措施与坝址气候等自然条件密切相关，碾压混凝土坝温度控制设计应收集坝址区年平均气温和变幅、多年月平均气温、旬平均气温、气温骤降的变幅和历时及相应的频率、河流水温、坝基地温以及类似工程水库水温等资料，并进行整理分析，作为大坝温度控制设计的基本依据。因影响水库水温的因素众多，关系复杂，上游库水温度一般可参考类似水库水温确定。

4.3.1 碾压混凝土力学与热学性能

4.3.1.1 碾压混凝土力学性能

力学性能包括强度、弹性模量及泊松比、极限拉升值、徐变等，碾压混凝土力学性能跟混凝土配合比、骨料性质有关。典型工程碾压混凝土主要力学性能统计见表4-4，部分工程碾压混凝土极限拉升值和弹性模量统计见表4-5。

表4-4　典型工程碾压混凝土主要力学性能统计表

项目 \ 碾压混凝土强度等级	$C_{90}20$（二级配）	$C_{90}20$（三级配）	$C_{90}15$（三级配）
抗压强度 R_a/MPa	13.5～18.5	13.5～16.5	10.0～12.5
抗拉强度 R_1/MPa	1.3～2.5	1.2～2.4	1.0～1.7
弹性模量 $E/(\times 10^4 MPa)$	2.3～2.8	2.3～2.8	2.0～2.5
极限拉伸值 $\varepsilon/(\times 10^{-4}$无量纲)	0.75～0.85	0.70～0.80	0.65～0.75
泊松比（无量纲）	0.167		

表 4-5　　部分工程碾压混凝土极限拉升值和弹性模量统计表

序号	工程名称	设计指标	配合比参数				极限拉伸值 ε (90d) /(×10^{-4})	弹性模量 E (90d) /GPa
			级配	水胶比	水泥 /(kg/m³)	胶材用量 /(kg/m³)		
1	岩滩	$R_{90}150$	Ⅲ	0.566	55.0	159	0.70	
2	普定	$R_{90}150$	Ⅲ	0.550	54.0	153	0.72	41.20
		$R_{90}200$	Ⅱ	0.500	85.0	188	0.81	39.80
3	江垭	$R_{180}100$	Ⅲ	0.610	46.0	153	0.77	
		$R_{180}200$	Ⅱ	0.530	87.0	194	0.86	
4	棉花滩	$R_{180}150$	Ⅲ	0.600	51.0	147	0.73	
		$R_{180}100$	Ⅲ	0.650	48.0	136	0.72	
		$R_{180}200$	Ⅱ	0.500	90.0	200	0.75	
5	大朝山	$R_{180}150$	Ⅲ	0.500	67.0	168	0.74	
		$R_{180}200$	Ⅱ	0.500	94.0	188	0.86	
6	龙首	$R_{90}20$	Ⅲ	0.480	62.0	177	0.78	34.20
		$R_{90}20F300$	Ⅱ	0.430	96.0	205	0.87	29.60
7	沙牌	$R_{90}200$	Ⅱ	0.530	115.0	192	1.36	16.65
		$R_{90}200$	Ⅲ	0.500	93.0	186	1.35	16.65
8	蔺河口	$R_{90}200$	Ⅱ	0.470	74.0	185	0.91	42.70
		$R_{90}200$	Ⅲ	0.470	66.0	177	0.82	41.30
9	百色	$R_{180}15$	准Ⅲ	0.600	59.0	160	0.78	31.50
		$R_{180}20$	Ⅱ	0.500	89.0	212	0.90	33.90
10	索风营	$C_{90}15$	Ⅲ	0.550	64.0	160	0.71	34.50
		$C_{90}20$	Ⅱ	0.500	94.0	188	0.86	37.80
11	招徕河	$C_{90}20$	Ⅱ	0.480	88.5	177	0.93	31.00
		$C_{90}20$	Ⅲ	0.480	70.3	156	0.88	31.30
12	龙滩	下部 $C_{90}25$	Ⅲ	0.410	85.0	193	0.86	43.90
		中部 $C_{90}20$	Ⅲ	0.450	67.0	173	0.75	36.90
		上部 $C_{90}15$	Ⅲ	0.480	56.0	165	0.72	35.90
		防渗区 $C_{90}25$	Ⅱ	0.400	98.0	217	0.96	37.90
13	光照	下部 $C_{90}25$	Ⅲ	0.450	83.0	180	0.90	45.30
		上部 $C_{90}20$	Ⅲ	0.500	70.0	177	0.87	44.20
		上部 $C_{90}10$	Ⅲ	0.550	57.0	164	0.81	42.30
		外部 $C_{90}25$	Ⅱ	0.450	92.0	207	0.92	45.40
		外部 $C_{90}20$	Ⅱ	0.500	77.0	195	0.88	43.10
14	戈兰滩	$C_{90}10$	Ⅲ	0.500	66.0	166	0.91	34.50
		$C_{90}20$	Ⅱ	0.450	93.0	207	0.90	37.30

续表

序号	工程名称	设计指标	配合比参数				极限拉伸值 ε (90d) /(×10^{-4})	弹性模量 E (90d) /GPa
			级配	水胶比	水泥 /(kg/m³)	胶材用量 /(kg/m³)		
15	金安桥	下部 $C_{90}20$	Ⅲ	0.470	76.0	191	0.79	38.80
		上部 $C_{90}15$	Ⅲ	0.530	63.0	170	0.78	35.20
16	喀腊塑克	$R_{180}200F300W10$	Ⅱ	0.450	131.0	218	0.84	36.00
		$R_{180}200F100W10$	Ⅱ	0.470	91.0	202	0.81	31.30
		$R_{180}200F200W6$	Ⅲ	0.450	100.0	200	0.79	34.90
		$R_{180}150F50W4$	Ⅲ	0.560	61.0	161	0.79	33.60
17	功果桥	$C_{90}15$	Ⅲ	0.500	81.0	180	0.82	24.20
		$C_{90}20$	Ⅱ	0.460	109.0	218	0.89	30.50
18	莲花台	$C_{180}15$	Ⅲ	0.550	54.0	155	0.74	27.80
		$C_{180}20$	Ⅱ	0.470	81.0	202	0.78	29.70
19	官地	下部 $C_{90}25$	Ⅲ	0.450	82.0	205	0.81	35.40
		中部 $C_{90}20$	Ⅲ	0.480	77.0	192	0.77	32.70
		上部 $C_{90}15$	Ⅲ	0.510	63.0	180	0.75	31.50
		防渗区 $C_{90}25$	Ⅱ	0.450	102.0	227	0.85	39.40
		防渗区 $C_{90}20$	Ⅱ	0.480	96.0	213	0.82	35.10

4.3.1.2 碾压混凝土热学性能

碾压混凝土热学性能包括绝热温升、比热、导热系数、导温系数、线膨胀系数等。典型工程碾压混凝土主要热学性能见表 4-6，部分工程碾压混凝土热学性能见表 4-7。

表 4-6　　典型工程碾压混凝土主要热学性能表

项目 \ 碾压混凝土强度等级	$C_{90}20$（二级配）	$C_{90}20$（三级配）	$C_{90}15$（三级配）
导热系数 λ/[kJ/(m·h·℃)]	6.46～10.96	6.85～10.66	7.2～10.0
导温系数 a/(m^2/h)	0.002401～0.004520	0.002511～0.005800	0.0030～0.0040
放热系数 m	0.75～0.85	0.75～0.85	0.75～0.85
比热 c/[kJ/(kg·℃)]	0.924～1.250	0.849～1.240	0.84～1.00
线膨胀系数 α/(×10^{-5}/℃)	0.5096～1.1400		
热交换系数 β/[kJ/(m^2·h·℃)]	70(无保护和钢模)		

表 4-7　　部分工程碾压混凝土热学性能表

序号	工程名称	混凝土种类及部位	导温系数 a $/(m^2/h)$	导热系数 λ /[kJ/(cm·h·℃)]	比热 c /[kJ/(kg·℃)]	线膨胀系数 α $/(\times10^{-6}/℃)$	密度 $/(kg/m^3)$	泊松比 μ	绝热温升（龄期8d）/℃
1	普定	RCCⅡ	0.003268	7.9423	0.9669	5.0976	2475		22.95
		RCCⅢ	0.003836	8.0901	0.8848	5.8242	2481		16.05
2	龙首	RCCⅡ	0.003600	8.0880	0.9240	10.2000	2400		20.30
		RCCⅢ	0.004700	8.2920	0.8490	10.5000	2400		17.80
3	百色	RCCⅡ	0.003039	7.6680	0.9400	5.8230	2600	0.167	20.33
		RCC准Ⅲ	0.003039	7.6680	0.9400	6.7440	2650	0.167	14.50
		常态垫层	0.002870	6.4600	0.9000	7.0000	2530		
		基岩	0.003190	6.8700	0.7700	7.0000	2980	0.250	
4	索风营	RCCⅡ	0.003300	7.7600	0.96300	5.6700	2468		17.75
		RCCⅢ	0.003500	8.0400	0.9600	5.6100	2450		16.79
5	招徕河	坝体RCC	0.005800	12.6900	0.9030	7.0000	2403		17.70
		基岩(灰岩)	0.006900	14.2500	0.7600	10.0000	2437		
6	大花水	RCC拱坝	0.003600	8.2200	0.9420	6.5000	2400	0.170	19.30
		RCC重力坝	0.003500	7.8800	0.9310	6.5000	2400	0.166	17.90
7	鱼简河	常态混凝土		13.560	0.9450	8.0000		0.167	22.40
		RCCⅡ		7.6700	0.9549	6.4800		0.163	14.80
8	某工程	RCCⅡ	0.002870	6.4600		7.0000	2400	0.167	20.30
		RCCⅢ	0.003040	7.6700		6.7400	2420	0.167	
9	龙滩	常态混凝土	0.003704	8.7760	0.9672	7.0000	2450	0.167	24.42
		RCCⅢ	0.003941	9.2700	0.9672	7.0000	2400	0.163	5.08、18.50
10	武都引水	RCCⅡ	0.002990	9.2890	1.2500		2450		13.60
		RCCⅢ	0.002980	9.1510	1.2400		2450		11.80
11	金安桥	RCCⅡ	0.002401	7.3800	0.9662	8.0000	2600	0.198	18.60
		RCCⅡ	0.002511	7.3900	0.9269	8.2100	2630	0.211	16.80
12	喀腊塑克	R_{180}20W10F300Ⅱ	0.003800	8.4900	0.9510	9.2500	2400		24.29
		R_{180}20W4F50	0.003800	8.3400	0.8840	8.9600	2450		17.61
13	功果桥	RCCⅡ	0.004520	10.9600	1.0127	11.4000	2420	0.170	20.90
		RCCⅢ	0.004300	10.6600	0.9773	11.0000	2440	0.170	19.10
14	官地	C_{90}25Ⅱ	0.003000	7.7600	0.9600	7.5400	2630		20.90
		C_{90}20Ⅱ	0.002900	7.5800	0.9400	7.6100	2630		19.60
		C_{90}25Ⅲ	0.003000	7.3400	0.9000	7.7000	2660		18.10
		C_{90}20Ⅲ	0.003000	7.5400	0.9500	7.7200	2660		17.40
		C_{90}15Ⅲ	0.002900	7.7100	0.9800	7.7300	2660		16.90

续表

序号	工程名称	混凝土种类及部位	导温系数 a /(m²/h)	导热系数 λ /[kJ/(cm·h·℃)]	比热 c /[kJ/(kg·℃)]	线膨胀系数 α /(×10⁻⁶/℃)	密度 /(kg/m³)	泊松比 μ	绝热温升(龄期 8d) /℃
15	新松水库	RCCⅡ	0.003172	7.3100	0.9620	8.0000			21.00
		RCCⅢ	0.003061	6.8500	0.9190	8.6000			17.80
		基础垫层	0.003172	7.3100	0.9620	8.0000			22.60

4.3.1.3 碾压混凝土绝热温升

相对常态混凝土，碾压混凝土胶凝材料用量少，掺合料用量大，水化热一般较低。由于配合比的差异，碾压混凝土绝热温升值最大值可达 20℃左右，最小值仅 11℃左右。部分工程碾压混凝土绝热温升公式汇总见表 4-8。

表 4-8　　部分工程碾压混凝土绝热温升公式汇总表

工程名称	碾压混凝土标号	绝热温升公式
金安桥	三级配 $C_{90}20$	$Q_t=18.12T/(T+2.54)$
	三级配 $C_{90}15$	$Q_t=16.04T/(T+2.36)$
光照	RⅡ 三级配 $C_{90}20$	$Q_t=16.04T/(T+2.65)$
	RⅢ 三级配 $C_{90}15$	$Q_t=15.40T/(T+2.66)$
官地	$C_{90}25$ 三级配	$Q_t=20.43(1-e^{-0.199t^{0.831}})$
	$C_{90}20$ 三级配	$Q_t=20.10(1-e^{-0.203t^{0.831}})$
龙滩	RⅡ 三级配 $C_{90}20$	$Q_t=17.4T/(T+2.55)$
	RⅢ 三级配 $C_{90}15$	$Q_t=15.84T/(T+2.06)$

4.3.2 混凝土出机口温度

按热平衡原理计算：

$$T_0=[(C_s+C_wq_s)W_sT_s+(C_g+C_wq_g)W_gT_g+C_cW_cT_c-335\eta W_i+C_iW_iT_i+C_w(W_w-q_sW_s-q_gW_g-W_i)T_w+Q_j]/(C_sW_s+C_gW_g+C_cW_c+C_wW_w)$$

式中　T_0——出机口温度，℃；

C_s、C_g、C_c、C_w、C_i——砂、石、胶凝材、水、冰的比热，kJ/(kg·℃)；

q_s、q_g——砂、石的含水率，%；

W_s、W_g、W_c、W_w、W_i——每立方米混凝土中砂、石、胶凝材、水、冰的重量，kg；

T_s、T_g、T_c、T_w、T_i——砂、石、胶凝材、水、冰的温度，℃；

η——冰的利用率，一般取 85%～95%。

一般 q_s 取 6%，q_g 取 1%，T_c 取 45～60℃，T_w 取月平均水温。

混凝土拌和时产生的机械热，小型拌和楼可忽略不计，大型拌和楼根据不同工况取 600～1500kJ/m³；

自然状态下，考虑骨料堆存，料仓顶部设凉棚时，T_s 和 T_g 可取月平均气温。预冷时，T_g、T_w、T_i 分别为预冷时的温度。

4.3.3 混凝土入仓温度

混凝土在运输过程中，由于其温度低于外界气温，会因吸热而升高，数值大小取决于混凝土运输工具、运输时间、转运次数以及太阳辐射等。混凝土运输过程中回升的温度加出机口温度为入仓温度，可按下式计算：

$$T_l = T_0 + (T_a - T_0)\phi$$

式中 T_l——混凝土入仓温度，℃；

T_0——混凝土出机口温度，℃；

T_a——混凝土运输时的气温，应取月平均日最高气温，℃；

ϕ——运输过程中混凝土温度回升系数，包括装卸料、转运及运输机具上的混凝土温度回升系数，装卸料及转运回升系数每次为0.032，运输机具上的混凝土温度回升系数需通过计算得出。

自卸汽车及带式输送机运送混凝土温度回升系数采用双向差分法计算，计算式为：

$$T_{0,\tau+\Delta\tau} = T_{0,\tau}\left[1-2r\left(\frac{1}{L_1L_2}+\frac{1}{L_3L_4}\right)\right]+2r\left[\frac{1}{L_1+L_2}\left(\frac{T_{1\tau}}{L_1}+\frac{T_{2\tau}}{L_2}\right)+\frac{1}{L_3+L_4}\left(\frac{T_{3\tau}}{L_3}+\frac{T_{4\tau}}{L_4}\right)\right]+\Delta\theta_\tau$$

其中
$$r = \alpha\Delta\tau/h^2$$

式中 $T_{0,\tau+\Delta\tau}$——计算点计算时段的温度，℃；

$T_{0,\tau}$——计算点前一时段的温度，℃；

α——混凝土导温系数，m^2/d；

$\Delta\tau$——计算时段时间步长，d；

$T_{1\tau}$、$T_{2\tau}$、$T_{3\tau}$、$T_{4\tau}$——计算点周围四点前一时段的温度，℃；

L_1、L_2、L_3、L_4——计算点距周围四点的距离，m；

$\Delta\theta_\tau$——计算时段内混凝土绝热温升，℃。

与气温接触的混凝土表面温度按第三类边界处理，计算式为：

$$T_{b,\tau+\Delta\tau} = \frac{hT_c + (\lambda/\beta)T_{0,\tau+\Delta\tau}}{h+(\lambda/\beta)}$$

式中 $T_{b,\tau+\Delta\tau}$——边界点计算时段的温度，℃；

$T_{0,\tau+\Delta\tau}$——靠边界的计算点计算时段的温度，℃；

T_c——混凝土表面气温，℃；

h——$T_{0,\tau+\Delta\tau}$点至混凝土边界的距离，m；

β——混凝土表面热交换系数，$kJ/(m^2 \cdot h \cdot ℃)$；

λ——混凝土导热系数，$kJ/(m \cdot h \cdot ℃)$。

角点温度计算公式为：

$$T_{角} = \frac{\dfrac{T_1}{L_1h}+\dfrac{T_2}{L_2h}+\dfrac{T_a}{\lambda}(\beta_1+\beta_2)}{\dfrac{1}{L_1h}+\dfrac{1}{L_2h}+\dfrac{1}{\lambda}(\beta_1+\beta_2)}$$

式中 $T_{角}$——角点温度，℃；

λ——混凝土导热系数，$kJ/(m \cdot h \cdot ℃)$；

L_1h、L_2h——边界上的分格距离，m；

β_1、β_2——两边界上的表面热交换系数，kJ/(m^2·h·℃)。

4.3.4 混凝土浇筑温度

混凝土浇筑温度按以下经验式计算：

$$T_p = T_1 + (T_a - T_1)(\phi_1 + \phi_2)$$

式中 T_p——混凝土浇筑温度,℃；

T_1——混凝土入仓温度,℃；

T_a——混凝土运输时的气温,℃；

ϕ_1——平仓前的温度系数，$\phi_1 = k\tau$，$k=0.003$ (1/min)，$\tau=30$min；

ϕ_2——平仓后的温度系数。

平仓后的温度系数 ϕ_2 的计算采用单向差分法进行计算，计算式为：

$$T_{i,\tau+\Delta\tau} = (1-2r)T_{i,\tau} + r(T_{i-1,\tau} + T_{i+1,\tau}) + \Delta\theta_\tau$$

其中

$$r = \alpha\Delta\tau / h^2$$

式中 $T_{i,\tau+\Delta\tau}$——计算点计算时段的温度,℃；

$T_{i,\tau}$——计算点前一时段的温度,℃；

α——混凝土导温系数，m^2/d；

$\Delta\tau$——计算时段时间步长，m；

h——计算点的距离，m；

$T_{i-1,\tau}$、$T_{i+1,\tau}$——计算点上下点前一时段的温度,℃；

$\Delta\theta_\tau$——计算时段内混凝土的绝热温升,℃。

4.3.5 施工期混凝土温度计算

施工期碾压混凝土内部温度计算，一般有时差法、差分法、有限元法三种计算方法，其中有限元法计算过程复杂，在此不作详细介绍。

(1) 时差法。采用时差法计算施工期混凝土内部温度，无初期通水时混凝土内部温度计算式为：

$$T_m = \frac{(T_u - T_s)E_2}{1-E_1} + \frac{T_r}{1-E_1} + T_s$$

有初期通水冷却时，混凝土内部温度计算式为：

$$T_m = \frac{(T_p - T_s)E_2 X}{1-E_1 X} + \frac{(T_w - T_s)E_2(1-X)}{1-E_1 X} + \frac{T_r}{1-E_1 X} + T_s$$

式中 T_m——混凝土浇筑块平均温度，℃；

T_p——混凝土浇筑温度，℃；

T_r——混凝土水化热温升，采用时差法计算，℃；

E_1——新浇混凝土接受老混凝土固定热源作用并向顶面散热的残留比；

E_2——新浇混凝土固定热源向老混凝土传热的残留比；

T_s——混凝土表面温度，℃，一般取值比月平均温度高 2～5℃；

T_w——冷却水管进水口水温,℃。

(2) 差分法。差分法分为单向差分法与双向差分法两种，对于平面尺寸较大的混凝土块，可用单向差分法计算其温度场，计算式为：

$$T_{n,\tau+\Delta\tau}=T_{n,\tau}+\alpha\Delta\tau/\delta^2(T_{n-1,\tau}+T_{n+1,\tau}-2T_{n,\tau})+\Delta\theta_\tau$$

式中 $T_{n,\tau+\Delta\tau}$——计算点计算时段的温度，℃；

$T_{n,\tau}$——计算点前一时段的温度，℃；

$T_{n-1,\tau}$——与计算点相邻的上、下两点在前一时段的温度，℃；

α——混凝土导温系数，m^2/d；

δ——计算点间距，m；

$\Delta\tau$——计算时段时间步长，应满足，$\alpha\Delta\tau/\delta^2\leqslant 0.5$，d；

$\Delta\theta_\tau$——计算时段内混凝土绝热温升增量,℃。

双向差分法计算式为：

$$T_{0,\tau+\Delta\tau}=T_{0,\tau}+\frac{2\alpha\Delta\tau}{\delta^2}+\left[\frac{1}{L_1+L_2}\left(\frac{T_{1,\tau}}{L_1}+\frac{T_{2,\tau}}{L_2}\right)+\frac{1}{L_3+L_4}\left(\frac{T_{3,\tau}}{L_3}+\frac{T_{4,\tau}}{L_4}\right)-T_{0,\tau}\left(\frac{1}{L_1L_2}+\frac{1}{L_3L_4}\right)\right]+\Delta\theta_\tau$$

式中 $T_{0,\tau+\Delta\tau}$——计算点计算时段温度，℃；

$T_{0,\tau}$——计算点前一时段温度，℃；

$T_{1,\tau}$、$T_{2,\tau}$——与计算点相邻的左、右点前一时段的温度，℃；

$T_{3,\tau}$、$T_{4,\tau}$——与计算点相邻的上、下点前一时段的温度，℃；

α——混凝土导温系数，m^2/d；

δ——计算点间距，m；

$\Delta\tau$——计算时段时间步长，应满足，$\alpha\Delta\tau/\delta^2\leqslant 0.5$，d；

L_1、L_2——与计算点相邻的左、右点间距与平均点距之比；

L_3、L_4——与计算点相邻的上、下点间距与平均点距之比；

$\Delta\theta_\tau$——计算时段内混凝土绝热温升增量，℃。

4.3.6 混凝土通水冷却

二期通水冷却效果计算方法进行，具体计算式为：

$$b=\sqrt{\frac{1.07S_1S_2}{\pi}}$$

$$D=2b$$

$$k=\lambda_1/\left[c\ln\left(\frac{c}{r_0}\right)\right]$$

由式$\frac{\lambda}{kb}$和$\frac{b}{c}$的计算结果得到a_1b：

$$a'=1.947(a_1b)^2\alpha$$

$$\xi=\frac{\lambda L}{C_w\rho_w q_w}$$

$$z=\frac{\alpha\tau}{D^2}$$

$$k_1=2.08-1.174\xi+0.256\xi^2$$

$$s=0.971+0.1485\xi-0.0445\xi^2$$

$$T_m=T_w+(T_0-T_w)\exp(-k_1 z^s)$$

式中　S_1——水管水平间距，m；

S_2——水管垂直间距，m；

λ——混凝土导热系数，kJ/(m·h·℃)；

c——塑料管外半径，m；

r_0——塑料管内半径，m；

λ_1——塑料管导热系数，kJ/(m·h·℃)；

α——混凝土导温系数，m^2/h；

L——水管长度，m；

C_w——水比热，4.187kJ/(kg·℃)；

ρ_w——水密度，1000kg/m^3；

q_w——冷却水流量，m^3/h；

T_0——混凝土初温，℃；

T_w——冷却水初温，℃；

T_m——冷却后混凝土平均温度，℃；

τ——通水时间，d。

4.3.7　气温骤降及碾压混凝土保温、养护

（1）气温骤降引起碾压混凝土表面温差计算的近似方法。在一般情况下，寒潮降温历时2～5d，影响深度1m左右，而坝块厚度往往在10m以上，所以仍然可以按半无限体分析混凝土的温度场。由于人们感兴趣的是碾压混凝土表面的最低温度（而不是时间过程），为了应用方便，混凝土表面的最大降温仍然可以写成：

三角形降温：　$T_{\max}=f_2 T_0$

正弦降温：　$T_{\max}=f_3 T_0$

其中

$$f_2=\frac{1}{\sqrt{1+c_2 u+c_3 u^2}}$$

$$f_3=\frac{1}{\sqrt{1+c_4 u+c_5 u^2}}$$

$$u=\frac{\lambda}{2\beta}\sqrt{\frac{\tau}{\alpha\tau_0}}$$

上各式中　α——混凝土导温系数，$\alpha=\frac{\lambda}{c\rho}$；

λ、c、ρ——混凝土导热系数、比热和容重；

β——混凝土表面热交换系数。

上式中参数 c_1、c_2、c_3、c_4 可根据 f_1 和 f_2 的精确值，用最小二乘法确定。经计算

得：$c_2=2.443$，$c_3=0.885$，$c_4=1.840$，$c_5=1.132$。

$$\beta=\frac{1}{\frac{1}{\beta_0}+\sum_{i=1}^{n}\frac{\delta_i}{K_1K_2\lambda_i}}$$

式中 δ_i——第 i 层保温材料厚度，m；

λ_i——第 i 层保温材料导热系数，kJ/(m·h·℃)；

β_0——不保温时混凝土表面放热系数，kJ/(m^2·h·℃)；

K_1——风速修正系数，由表4-9查得；

K_2——潮湿程度修正系数，潮湿材料取3～5，干燥材料取1。

几种常见表面保温材料的表面放热系数见表4-10。

表4-9　风速修正系数 K_1

保温层透风性		风速小于4m/s	风速不小于4m/s
易透风保温层（稻草、锯末等）	不加隔层	2.6	3.0
	外面加不透风隔层	1.6	1.9
	内面加不透风隔层	2.6	2.3
	内外加不透风隔层	1.3	1.5
不透风保温层		1.3	1.5

表4-10　几种常见表面保温材料的表面放热系数表

保温材料	厚度/cm	等效放热系数/[kJ/(m^2·h·℃)]	施工方法	备注
普通木模	2.5	15.50		潮湿
双层气垫薄膜	0.8	12.60	胶粘	淋水
保温被	6.0	10.00	吊挂、贴压	淋水
聚乙烯泡沫塑料板	1.0	15.76	吊挂、贴压	
聚乙烯泡沫塑料板	2.0	8.97	吊挂、贴压	
聚乙烯泡沫塑料板	3.0	6.27	吊挂、贴压	
聚乙烯泡沫塑料板	5.0	3.91	吊挂、贴压	
聚苯乙烯泡沫塑料板	1.0	10.83	吊挂、贴压	
聚苯乙烯泡沫塑料板	2.0	5.91	吊挂、贴压	
聚苯乙烯泡沫塑料板	3.0	4.06	吊挂、贴压	
聚苯乙烯泡沫塑料板	5.0	2.50	吊挂、贴压	
聚苯乙烯泡沫塑料板	10.0	1.27	吊挂、贴压	

则 f_2 和 f_3 可按下式计算：

三角形降温：

$$f_2=\frac{1}{\sqrt{1+2.443u+0.885u^2}}$$

正弦降温：

$$f_3=\frac{1}{\sqrt{1+1.840u+1.132u^2}}$$

（2）碾压混凝土表面保温、养护。碾压混凝土抗裂性能较常态混凝土低，同时碾压混凝土大坝一般不进行二期冷却，在气温骤降或低温季节，混凝土内外会存在较大的温度梯度，需加强碾压混凝土表面保温工作，以防止内外温差过大而引起表面裂缝的产生。

碾压混凝土收仓终凝后，应及时做好混凝土表面养护，养护一般采用洒水养护，表面需养护至上层混凝土开始浇筑时止，侧面养护时间一般为 28d 左右。

4.4 碾压混凝土温度控制措施

4.4.1 分缝分块

碾压混凝土施工一般采取通仓薄层连续浇筑，当仓面较大而施工机械生产率不能满足层面间歇期要求时，可分仓施工。碾压混凝土大坝一般不设纵缝，横缝采用永久横缝与诱导缝，分缝距离一般为 15～20m，超过 30m 时需在坝段中部设诱导短缝。碾压混凝土大坝横缝可采用切缝机切缝，拱坝由于横缝需进行接缝灌浆，一般采用预埋诱导板形成。

合理布置、简化坝体细部结构。优先采用连续均匀上升碾压混凝土铺筑方式，避免在基础约束范围内长期间歇。对于预计会长期暴露的过流面、越冬面等部位，在暴露面表面适当配置限裂钢筋，以防止裂缝的产生。

4.4.2 合理安排施工程序和进度

根据工程特点、温度控制、施工条件、气候条件和施工进度安排等确定适宜的碾压混凝土坝的碾压层厚、升程高度及碾压方式，合理安排混凝土施工程序和施工进度，充分利用低温季节的有利时段浇筑碾压混凝土。提高施工管理水平，精心组织施工，防止基础贯穿裂缝，减少表面裂缝。在施工中做到：基础约束区混凝土、孔口等重要结构部位，在设计规定的间歇期内连续均匀上升，不出现薄层长间歇；其余部位基本做到短间歇均匀上升；尽量缩短固结灌浆时间；基础约束区等温控要求严的混凝土尽量安排在 11 月至次年 4 月气温较低季节浇筑，避开 5—8 月高温季节，无法避开时尽可能利用晚间低温时段浇筑，避开白天高温时段。

4.4.3 碾压混凝土原材料的选择及配合比优化

4.4.3.1 碾压混凝土原材料的选择

与普通混凝土相比，碾压混凝土是使用硅酸盐水泥、火山灰质掺合料、水、外加剂、砂和分级控制的粗骨料拌制成无坍落度的干硬性混凝土，采用与土石坝施工相同的运输及铺筑设备，用振动碾分层压实。由于施工方法的不同，决定了碾压混凝土原材料的特殊性。为使碾压混凝土达到预期效果，应采用合适的碾压混凝土原材料，在不影响碾压混凝土强度及耐久性的前提下，改善混凝土骨料级配，合理确定掺合料的掺量、采用发热量较低的中低热水泥、使用高效减水剂等措施降低单位水泥用量，减少发热量。

4.4.3.2 碾压混凝土配合比优化

主体工程混凝土开浇以前，需安排充分的时间进行混凝土施工配合比优化设计。优化混凝土配合比，保证混凝土极限拉伸值、抗拉强度以及各项物理力学性能指标满足设计要求；尽量选用抗裂性能好的骨料，如灰岩等；采用微膨胀混凝土，控制混凝土自生体积的变形；选择发热量较低的水泥、减少水泥用量，采用较优的骨料级配和优质粉煤灰，优选复合外加剂（减水剂和引气剂），达到既降低混凝土单位水泥用量，以减少混凝土水化热温升和延缓水化热发散速率，同时又确保混凝土的极限拉伸值（或抗拉强度）、施工匀质性指标及强度保证率满足设计要求，改善混凝土抗裂性能，提高混凝土抗裂能力。

4.4.3.3 提高极限拉伸值、抗拉强度及降低碾压混凝土弹性模量

碾压混凝土的抗裂性能主要指标为极限拉伸值和抗拉强度。提高极限拉伸值、抗拉强度及降低碾压混凝土的弹性模量，是防止大坝开裂的一项重要措施。

极限拉伸值是碾压混凝土抗裂性能的一个重要指标，而影响极限拉伸值的因素较多，主要有原材料的性质、配合比、施工质量等。碾压混凝土的极限拉伸值随龄期的增加而增加，总胶凝材料用量减少，极限拉伸值亦降低。

沙牌工程采用花岗岩人工骨料，指导水泥厂家调整水泥配方，提高 C4AF（铁铝酸四钙）与 C2S（硅酸二钙）含量，降低 C3S（硅酸三钙）与 C3A（铝酸三钙）含量，降低了水泥的脆性系数（水泥胶砂抗压强度与抗折强度比值），并通过掺用高效缓凝减水剂等措施，改善了碾压混凝土的变形性能，提高了抗裂性能。根据配合比试验成果，$R_{90}200$ 碾压混凝土的极限拉伸值达到 $1.25\times10^{-4}\sim1.49\times10^{-4}$。

碾压混凝土的抗裂性能除受碾压混凝土的极限拉伸值影响外，其自生体积变形、收缩、徐变对其亦有影响，施工质量的影响更不应忽视。

普定水电站在利用灰岩人工砂石骨料（其混凝土热膨胀系数低）的基础上，采用高效减水及强缓凝性的复合外加剂，并外掺氧化镁，使碾压混凝土具有一定的微膨胀，提高了碾压混凝土的抗裂性能。

索风营水电站采用全断面外掺氧化镁，简化温控措施，取得良好效果。

4.4.4 骨料筛分运输系统温控措施

（1）提高骨料堆高度。尽量加大骨料堆的高度，当骨料堆高度不小于 6m 时，骨料温度接近月平均气温。

（2）骨料堆顶部喷雾降温。在骨料堆顶部用低温水和高压风混合形成雾状屏障，以反射阳光，减少阳光直射造成的骨料温升。喷雾时段一般为高温季节白天阳光照射时，阴天、雨大、夜晚不喷雾。

（3）骨料堆顶部搭设凉棚。在骨料堆顶部搭设凉棚，以减少夏季白天阳光直射对骨料造成的温升。

（4）骨料运输过程降温。在骨料运输廊道的进风口安装喷雾装置，以降低皮带表面温度；在输送骨料的带式输送机上搭遮阳棚，避免骨料受太阳光直接照射。

4.4.5 出机口温度控制

（1）材料储存罐。水泥、粉煤灰、骨料储存罐的表面可涂刷白色油漆，以反射阳光，减少储存罐的吸热率。

（2）拌和楼骨料仓降温。在拌和楼骨料仓采用洒水、喷雾、料堆加高、地弄取料、加设凉棚、吹冷风（即风冷骨料）等方式，降低骨料的温度。其中以风冷骨料的降温效果最为明显。

（3）碾压混凝土拌和过程降温。在碾压混凝土拌和过程中采用温度低于7℃的低温水拌和，或加冰拌和，以降低混凝土出机口温度。对温控要求严格的工程，夏季高温季节和高温时段混凝土骨料可采取两次风冷，并加冰、加冷水拌和混凝土，以充分降低混凝土出机口温度。控制混凝土细骨料的含水率在6%以下，且含水率波动幅度小于2%，以利于必要时混凝土能加入足够的冰。

4.4.6 采取综合温控措施，降低混凝土入仓温度和浇筑温度

采取综合温控措施，降低混凝土出机口温度和浇筑温度。同时控制碾压混凝土从出机口温度到浇筑温度回升系数在0.30以内，常态混凝土控制在0.25以内，高温季节尽量利用夜间浇筑混凝土。在高温时段施工碾压混凝土时，可适当降低混凝土出机口温度，同时加强仓面喷雾管理，降低施工区域局部小环境温度。为减少预冷混凝土温度回升，严格控制混凝土运输时间和仓面浇筑坯层覆盖前的暴露时间，混凝土运输机具设置保温设施，并减少转运次数，使高温季节预冷混凝土自出机口至仓面浇筑坯层被覆盖前的温度满足要求。

降低混凝土浇筑温度主要从降低混凝土出机口温度和减少运输途中及仓面温度回升等方面考虑。为了充分发挥碾压混凝土快速施工的优点，应尽量争取在低温季节浇筑碾压混凝土，使混凝土在自然温度情况下入仓浇筑。

4.4.6.1 混凝土运输过程温度控制

为降低混凝土在运输过程中的温度回升，减少运输过程中的温度回升，高温季节主要采取以下措施：

（1）优化混凝土运输方案，加快混凝土的入仓速度，尽量采用汽车直接入仓，当采用带式输送机或箱式满管入仓时，应尽量减少混凝土中间倒运次数，减小混凝土温度回升系数。

（2）加强现场管理，强化调度权威性。采用汽车直接入仓时，需加强混凝土运输道路及车辆的管制，确保运输道的畅通，尽量避免混凝土运输过程中等车卸料现象，缩短运输时间并减少混凝土倒运次数。

（3）高温季节施工需加强混凝土运输机具的保温工作，混凝土运输车辆顶部搭设活动遮阳棚、车厢两侧设保温层等措施，以尽量减少预冷混凝土的温度回升。同时，混凝土运输车辆需定期用水冲洗降温。吊罐设置保温隔热层，以防在运输过程中受日光辐射和温度倒灌，减少温度回升，降低混凝土运输过程中的温度回升率。采用皮带运输时，露天皮带顶部及两侧需设保温板，以减少太阳辐射热及环境温度的倒灌，必要时可在带式输送机沿

线进行喷雾或通冷风降温，以确保混凝土入仓温度满足要求。

4.4.6.2　混凝土浇筑过程温度控制

降低混凝土浇筑温度从降低混凝土出机口温度和减少运输途中及仓面的温度回升等方面考虑。为减少预冷混凝土的温度回升，高温季节浇筑混凝土时宜进行仓面喷雾，以降低仓面气温；同时，在施工中加强管理，优选施工设备，严格控制混凝土运输时间和仓面浇筑坯层覆盖前的暴露时间，加快混凝土入仓速度和覆盖速度，降低混凝土浇筑温度，从而降低坝体最高温度。

（1）在高温季节混凝土入仓后及时平仓，及时碾压或振捣，缩短混凝土坯层暴露时间。碾压混凝土采用连续上升方式浇筑，碾压混凝土从出机到碾压完毕一般控制在2h以内，层间间隔时间夏季高温时段一般控制在4～6h之内，其他时间一般控制在4～12h。

（2）合理安排开仓时间。高温季节浇筑常态混凝土时，宜尽量安排在16：00至次日10：00施工，以避开白天高温时段浇筑混凝土。大仓面碾压混凝土施工持续时间长，应避开高温季节高温时段施工大体积碾压混凝土，以降低混凝土温度控制难度，不能避开时，应加强混凝土施工管理，以确保混凝土施工质量及设计温控要求。

（3）仓面喷雾降温。高温季节浇筑混凝土时，外界气温较高，为防止混凝土初凝及气温倒灌，常采用仓面喷雾机喷雾、掺气管喷雾、悬挂喷雾、高压水枪喷雾等方式降低仓面环境温度。

1）喷雾机喷雾。风机喷雾将定型设备（喷雾机）接上水源后从喷头喷出水雾进行降温。用低温水和高压风混合形成低温雾气，以反射阳光，改变仓面小环境，能有效降低仓面气温，同时还能增加仓内湿度，减少VC值损失。一般喷量在2.0mm/h以内，喷雾时应保证成雾状，避免形成水滴落在混凝土面上。坝区地形有利于形成较好的小环境气候，喷雾机采用支架，架高2～3m并结合风向，使喷雾方向与风向一致。同时，根据仓面大小选择喷雾机数量，保证喷雾降温效果。

向家坝水电站碾压混凝土采用可调节倾角喷雾机，喷雾半径可达50m，可120°摆动，摆动频率可调整，一般按3次/min控制。工程实践证明，喷雾能使仓面小环境温度有效降低。

2）掺气管喷雾是将掺气管固定在仓面两侧的模板上，沿掺气管长度方向每30～50cm钻一个ϕ1.0～1.5mm的小孔。掺气管端部接0.4～0.6MPa的高压水及0.6～0.8MPa的高压风，风、水在管内混合后由掺气管小孔喷出。这种喷雾方法由于喷射距离有限，适用于面积小于500m^2的仓面或在无较好的喷雾设备时使用。

3）根据云南省某水电站的施工经验，通过现场埋设仪器的观测，在浇筑层厚为3.0m、出机口温度为12℃、浇筑过程实施仓面喷雾、表面流水养护的条件下，3月下旬浇筑的混凝土围堰上纵段C_{90}15碾压混凝土内部最高温度为32℃，4月上旬碾压混凝土为33.0℃，4月下旬和5月上旬浇筑的混凝土内部最高温度为38.8℃，3月、4月、5月的月平均气温分别是21.1℃、24.3℃、25.7℃。

（4）混凝土面覆盖隔热被。按混凝土内部最高温度控制要求，必要时，当仓面气温高于20℃时，碾压混凝土每一条带碾压完后、常态混凝土每一坯振捣好后可及时用厚20mm

的 EPE 片材保温覆盖，一般保温被等效热交换系数 $\beta\leqslant 10.0$kJ/(m^2·h·℃)，直到混凝土内部温度高于环境温度或摊铺、覆盖上一层混凝土时再揭开，以减少辐射热温升和环境温度倒灌。

(5) 混凝土养护。混凝土浇筑完毕后，应及时进行养护。高温和较高温季节的混凝土浇筑完成后，采用自动喷水器对已浇混凝土进行不间断洒水养护并覆盖保温层，保持仓面潮湿，使混凝土充分散热，直到施工上层混凝土时为止。对侧边利用悬挂的多孔水管喷水养护，养护时间不小于 28d。为做好养护工作，建立专门养护队伍，责任落实到人，并加强检查。夏季高温季节保温被覆盖 24～36h 后，当混凝土温度高于气温时则揭开保温材料散热，必要时采用混凝土表面流水养护。

(6) 国内部分碾压混凝土的温差标准、允许浇筑温度及允许最高温度见表 4-11。

表 4-11　国内部分碾压混凝土的温差标准、允许浇筑温度及允许最高温度表

序号	工程名称	浇筑块长边长度 L /m	基础允许温差标准		允许浇筑温度/℃		坝体内外温差/℃	允许最高温度/℃
			(0～0.2)l	(0.2～0.4)l	约束区	非约束区		
1	普定		14	17.0			17～19	
2	江垭	>70	13	15.0	15.0	18	18～23	
3	龙首	30～70	14	16.0	20.0	24	17～19	38.0
4	百色	>70	10	21.0	16.0	22	按不同最高温度控制	36.0
5	索风营	>70	14	17.0	18.0	22	20	36.5
6	招徕河	30～70	14	16.0	16.0	20	22	35.0
7	龙滩	>70	16	19.0	17.0	22	20	35.0
8	光照	>70	16	18.0	20.0	20	15	38.0
9	金安桥	>70	12	13.5	17.0	22	15	33.0
10	彭水	>70	12	15.0	15.0	17	18～20	35.0
11	戈兰滩	20～70	13	15.0	19.5	20	16	38.0
12	武都引水	>40	14	19.0	22.0 无预冷	30 无预冷		36.0
13	喀腊塑克	>70	12	14.5	15.0	18	16	34.0
14	功果桥	20～70	13	15.0	17.0	19	15	34.0
15	官地	>70	12	13.0	17.0	17	15	33.0

4.4.7　混凝土浇筑分层及层间间歇期控制

4.4.7.1　混凝土浇筑分层

浇筑层厚一般根据温控、结构和立模等条件确定。碾压混凝土采用连续上升浇筑方式。浇筑分层形式：对于常态混凝土垫层，层厚 1.0～2m，间歇 7d；对于碾压混凝土，浇筑层厚一般为 1.0～3.0m，间歇 3～7d，一般控制 10d 内碾压一层。大花水、索风营、招徕河等水电站采取连续翻升技术，最大连续上升高度达 33.5m。

4.4.7.2 混凝土层间间歇期控制

层间间歇期从散热、防裂及施工作业各方面综合考虑，分析论证合理的层间间歇，一般不小于 3d，也尽量避免大于 10d。对于有严格温控防裂要求的基础强约束区和重要结构部位，控制层间间歇期 3～7d。大坝混凝土层间间歇应严格按设计要求施工，可按表 4－12 的要求进行控制。墩、墙等结构混凝土层间间歇 4～9d，低温季节浇筑取下限值。

表 4－12　大体积混凝土浇筑层间间歇时间表　单位：d

层厚/m	月份		
	12 月至次年 2 月	3—5 月、9—11 月	6—8 月
1.5	3～6	3～6	3～7
3.0	3～7	3～7	3～8

4.4.8 通水冷却

夏季高温季节常根据坝体最高温度计算成果，分析是否采用初期通水冷却削减混凝土浇筑层水化热温升。碾压混凝土浇筑仓位一般较大，对于设有横缝且需进行接缝灌浆或混凝土最高温度不能满足要求时，可埋设水管通水冷却降温。大坝大体积混凝土 11 月至次年 2 月施工时常通河水进行初期冷却，3—10 月常通 8～12℃制冷水冷却。初期通水采取动态控制，在混凝土内部温度处于上升阶段时，应加强其内部温度监测，必要时可加大通水强度或降低制冷水温度，以确保混凝土内部温度控制在设计允许的范围内。同时当混凝土内部温度达到其峰值后，可适当放宽通水要求，避免出现不必要的超冷。初期通水时间一般为 15～21d，不仅可削减最高温度 2～5℃，还可使高温季节浇筑的混凝土继续降温，满足混凝土内外温度要求，减少后期通水时间。

在大坝挡水前，需完成水位以下部位的接缝（触）灌浆。灌浆前除要求混凝土龄期达到一定要求外，还需通过后期冷却，将接缝（触）灌浆的混凝土内部温度冷却至坝体稳定温度。中后期冷却一般安排在秋冬季进行，这样既利于冷却降温，同时又降低混凝土冷却成本。

4.4.9 碾压混凝土斜层碾压

碾压混凝土施工中，保证施工质量的首要问题是快速施工，特别是在改善层间结合上，间歇时间越短，层间结合就越好，防渗性能也越好，而缩短层间覆盖时间是提高碾压混凝土筑坝质量的关键。斜层碾压施工是加速碾压混凝土施工的有效方法，自卸车直接入仓、快速连续铺筑碾压，从而缩短了仓面间隔时间，保证了混凝土的施工质量。采用斜层碾压工艺，各施工工序之间互不干扰，可以平行作业。一个仓面在进行碾压施工的同时可以在已收仓面的部位进行下一仓的准备工作，如立制模板、预埋件的安装、毛面冲洗等，因此大大节省备仓时间，缩短工期。

一般情况下，仓面面积较大的仓位在高温季节施工时可采用斜层平推铺筑法施工，减少层间间隔时间，满足温控要求。斜坡坡度按 1∶10～1∶20 控制，根据仓面大小在此范围内调整。平仓厚度为 35cm，压实厚度为 30cm。碾压时振动碾碾压边线必须距坡脚前缘 30～50cm，剩余的 30～50cm 留待下一层一起碾压，杜绝斜层坡脚部位骨料压碎、层面开裂的现象。

4.4.10 混凝土表面保护

碾压混凝土施工宜在日平均气温 3～25℃之间进行。当日平均气温高于 25℃以及月平均气温高于允许浇筑温度时，如要进行碾压混凝土施工，则必须采取有效的降温措施。当日平均气温低于 3℃或遇到温度骤降时，应暂停碾压混凝土施工，并对坝面及仓面采取适当的保温措施。碾压混凝土坝应根据坝址的气候条件及施工情况进行坝面、仓面及侧面的保温和保湿养护。通过保温设计，选定保温材料，确定保温时间。对孔口、廊道等通风部位应及时封闭。严寒及寒冷地区应重视冬季的表面保温。大坝混凝土施工过程中，应做好天气预报资料收集工作，特别是做好应对气温骤降的准备工作。当日平均气温在 2～4d 内连续下降 6℃以上时，对龄期 5～60d 的混凝土暴露面，尤其是基础块、上下游面、廊道孔洞及其他重要部位，需进行早期表面保护。保温材料贴挂牢固，覆盖搭接严密。具体保温措施如下：

（1）对坝体上、下游面及孔洞部位在每年冬季来临前或遇寒潮时，需完成表面永久保温施工，其中上游面可粘贴厚 30～50mm 的聚苯乙烯泡沫塑料板，下游面或其他部位粘贴厚 30～50mm 的聚苯乙烯泡沫塑料板。

（2）在气温骤降频繁的季节，混凝土需加强早期表面保护。未拆模的混凝土遇到寒潮，需在模板外贴保温被，并延长拆模时间，选择适当的时间拆模。新浇混凝土拆模板后遇到寒潮，坝体表面立即覆盖厚 20mm 的聚乙烯保温被，其等效热交换系数 $\beta \leqslant 10kJ/(m^2 \cdot h \cdot ℃)$，保护材料应紧贴被保护面。

（3）高温及低温季节浇筑的混凝土，浇筑完毕后立即用厚 20mm 的聚乙烯保温被进行覆盖，一般保温被的等效热交换系数不低于 $10kJ/(m^2 \cdot h \cdot ℃)$。

（4）所有通过坝体廊道、中孔以及其他具有相当尺寸的孔口，自该孔洞周围的混凝土开始浇筑起，需对孔口进行封闭或者在坝面或其他暴露在外的表面设门，并随时使门处于关闭状态。

（5）按常态混凝土重力坝设计规范中计算气温骤降引起混凝土表面应力的公式进行分析，表面温度应力 σ 与混凝土弹性模量 E_h 和温度变化 T_0 成正比，通过计算可知，在 7～28d 之间。因抗拉强度的增长赶不上弹模值增长，在同样温度骤降条件下出现裂缝的可能性甚至更高。因此，碾压混凝土的低温防护期应延长至 28d 以后，其低温防护的具体措施应根据有关试验计算确定。如在北方某水电站施工时，计算表明厚 5cm 的草袋覆盖碾压混凝土表面可抗御日平均气温骤降 5℃；实际观测显示，在气温－3～－4.5℃持续数小时情况下，覆盖一层塑料薄膜加一层草袋，覆盖物下碾压混凝土表面温度可维持在 3℃以上。

4.4.11 加强管理，全面提高施工质量，增强混凝土抗裂能力

（1）加强施工管理，提高施工工艺，改善混凝土性能，提高混凝土抗裂能力。按照 ISO9001：2008 标准，建立混凝土温控质量保证体系，组建专业施工队伍，对混凝土生产一条龙施工各工序环节的温控采取全过程质量控制。

（2）加强对各项原材料的质量控制，按规定检验，不合格材料严禁使用。

（3）提高混凝土的均匀性，密实性，控制大体积混凝土性能满足设计要求。

（4）保证混凝土浇筑强度，合理安排施工工序，尽量做到短间歇、连续均衡上升。

（5）建立健全管理制度，建立施工原始数据观测记录，加强裂缝观测和监测。

4.5 工程实例

4.5.1 大朝山水电站

大朝山水电站位于云南省云县与景东县交界处的澜沧江中游河段，水电站大坝为碾压混凝土坝，坝高111m，混凝土总量约110万m^3，其中碾压混凝土约占70%。水电站以发电为单一目标，装机6台，总装机容量135万kW。

大朝山水电站大坝混凝土施工采用汛期过水围堰，碾压混凝土大坝于1998年11月底开始浇筑混凝土，2000年年底完成大坝碾压混凝土施工，2001年10月底大坝全线浇筑到顶。

（1）水文气象资料。水电站坝址地处热带季风区，坝址处主要水文气象资料见表4-13。

表4-13　　主要水文气象资料表　　单位：℃

月份	1	2	3	4	5	6	7	8	9	10	11	12
月平均气温	12.8	15.2	19.0	22.2	24.8	25.3	24.7	24.3	23.0	20.5	16.8	13.4
月平均水温	12.0	13.8	16.3	17.5	19.4	21.2	21.3	21.4	20.4	18.3	15.1	12.4

（2）温度控制标准。

1）允许基础温差见表4-14。

表4-14　　允许基础温差表　　单位：℃

工程部位		左岸非溢流坝段		1号、2号、3号底孔坝段		表孔溢流坝段	
混凝土类型		碾压混凝土	垫层常态混凝土	碾压混凝土	垫层常态混凝土	碾压混凝土	垫层常态混凝土
基础稳定温度		18	16～18	18	18	16	15
基础允许温差	(0～0.1)l	16	16	16	14	16	19
	(0.1～0.2)l	19		19		19	
	(0.2～0.4)l	24		24		24	

2）允许内外温差。根据设计要求，基础混凝土为23℃，坝体上部混凝土为25℃。

3）允许混凝土浇筑温度。根据设计要求，对大坝混凝土允许浇筑温度控制见表4-15。

表4-15　　大坝混凝土允许浇筑温度控制表　　单位：℃

月　份		1	2	3	4	5	6	7	8	9	10	11	12
表孔坝段	(0～0.1)l	16.0	16.0	16.0							16.0	16.0	16.0
	(0.1～0.2)l	18.0	19.0	19.0	19.0					19.0	19.0	19.0	18.1
	(0.2～0.4)l	18.0	19.5	21.6	23.0	24.0	24.0	24.0	24.0	24.0	23.4	21.1	18.1

续表

月份		1	2	3	4	5	6	7	8	9	10	11	12
左岸坝段	$(0\sim0.1)l$	18.0	18.0	18.0	18.0					18.0	18.0	18.0	18.0
	$(0.1\sim0.2)l$	18.0	19.5	21.0	21.0	21.0			21.0	21.0	21.0	21.0	18.0
	$(0.2\sim0.4)l$	18.0	19.5	21.6	23.0	24.2	26.0	26.0	26.0	25.0	23.4	21.1	18.1
底孔坝段	$(0\sim0.1)l$	18.0	18.0	18.0	18.0					18.0	18.0	18.0	18.0
	$(0.1\sim0.2)l$	18.0	19.5	21.0	21.0	21.0			21.0	21.0	21.0	21.0	18.1
	$(0.2\sim0.4)l$	18.0	19.5	21.6	23.0	24.2	26.0	26.0	26.0	25.0	23.4	21.1	18.1
上部无约束	常态混凝土	18.0	18.5	20.6	22.0	23.2	25.0	25.3	26.0	24.0	22.4	20.1	18.1
	碾压混凝土	20.0	21.5	23.6	25.0	26.2	28.0	28.3	29.0	27.0	25.4	23.1	20.1
抗冲混凝土		17.0	18.0	19.0	19.0	20.0			20.0	20.0	18.0	18.0	17.0

（3）混凝土温度控制措施。为了保证大坝混凝土温度控制指标得以实现，在实际施工中采取了以下温控措施：

1）减少混凝土水化热温升。大朝山水电站大坝在满足混凝土强度、抗掺性、抗冻性、耐久性等技术指标的前提下，进行优化配合比设计，尽量采用低水化热的水泥，合理减少水泥用量，改善骨料级配，掺用掺合料、外加剂等，以达到降低水泥水化热温升的目的。以 $C_{90}15$ 碾压混凝土为例，凝灰岩、磷矿渣 PT 掺合料掺量占胶凝材料总量的 60%，FDN-04 外加剂的掺量占混凝土总量的 0.8%。

2）降低混凝土浇筑温度。

A. 尽量降低骨料温度。在运输骨料的带式输送机上搭设凉棚防雨防晒。成品骨料堆高大于 6m，并有足够的储备，堆存时间不少于 5～7d，骨料仓上搭设凉棚和采取深层取料等，保持粗骨料处于湿润状态。在拌和系统配置 250 万 kcal/h 容量的制冷机组，在高温季节拌和混凝土时采用冷风楼上预冷骨料，用 3～5℃的低温水拌和混凝土等。

B. 减少混凝土的温度回升。高温季节对运输车辆采取保护措施避免阳光直射。混凝土从出机到入仓之间的时间间隔控制在 10min 左右。混凝土入仓之后立即平仓、碾压或振捣。在高温季节浇筑混凝土时采用高压水枪进行仓面喷雾，以降低仓面环境温度。喷雾尽量采用低温水，喷出的水形成雾状，覆盖整个仓面，降温效果显著，当气温为 25～30℃时，仓面平均降温 4℃；当气温为 30～35℃时，仓面平均降温 5℃；当气温大于 35℃时，仓面平均降温 6℃。在日平均气温大于 25℃和日最高气温大于 35℃时，尽量利用早晚或夜间气温较低的时段进行浇筑。

C. 在低温季节将混凝土浇筑脱离强约束区以上部分，如 11～15 号坝段在 1999 年 3 月底浇至高程 823.00m，脱离强约束区。

3）表面保护。对已浇筑完毕的混凝土，加强混凝土表面保护。混凝土浇筑间歇期采用洒水养护、顶面覆盖草袋等措施，防止阳光直射及温度倒灌，如混凝土间歇期较长，至少养护 28d。混凝土拆模时间根据混凝土已达到的强度及混凝土内外温差而定，避免在夜间气温骤降期间拆模。

4）埋设冷却水管。大朝山水电站碾压混凝土大坝施工时，碾压混凝土内均未预埋冷却水管，仅在底孔坝段部分常态混凝土中埋设冷却水管。冷却水管采用 PVC 塑料管，间距 1.5m×1.5m，蛇形布置。混凝土浇筑完毕后即通水冷却，前 10d 每天变换一次通水方向，以后每两天变换一次通水方向，通水流量为 1.0m^3/h。

(4) 大坝混凝土温控效果。通过以上温控措施的实施，大朝山水电站大坝混凝土温控取得较好效果。实测各月混凝土浇筑温度的实测值均未超过设计值，实测基础温差超标的仅 2 个测点，内外温差均低于设计允许的内外温差。

4.5.2 龙滩水电站

龙滩水电站位于广西壮族自治区天峨县红水河上，为碾压混凝土重力坝，设计最大坝高为 216.5m，初期建设时最大坝高为 192m。大坝碾压混凝土方量约 446 万 m^3，占混凝土总量的 66%。

龙滩水电站大坝施工采用全年围堰挡水，2004 年 2 月开始浇筑混凝土，2007 年 5 月底浇筑至最低发电高程 342.00m，2008 年 1 月底，大坝混凝土浇筑全线到顶。碾压混凝土浇筑强度大，上升速度快。

(1) 水文气象资料。龙滩水电站坝址地处亚热带季风气候区，其主要水文气象资料见表 4-16。

表 4-16　　龙滩水电站坝址处主要水文气象资料表　　单位：℃

月份	1	2	3	4	5	6	7	8	9	10	11	12	全年
月平均气温	11.0	12.6	16.9	21.2	24.3	26.1	27.1	26.7	24.8	21.0	16.6	12.7	20.1
月平均水温	14.5	15.2	18.0	21.7	24.2	24.7	25.1	25.6	24.9	22.0	19.4	16.1	21.0
月平均地温	12.3	14.1	18.4	23.1	26.3	28.5	30.3	29.9	28.0	23.5	18.3	14.2	22.2

(2) 温控标准。

1) 上下层温差。当常态混凝土和碾压混凝土出现长间歇时，上下层允许温差分别取 16～18℃及 10～12℃，当浇筑块侧面长期暴露时，上下层允许温差取小值。

2) 内外温差。坝体内外温差按不大于 20℃控制，以控制混凝土内部最高温度不超过允许值，并对脱离基础约束区（坝高大于 0.4l）的上部坝体混凝土，常态混凝土最高温度按不大于 38℃、碾压混凝土最高温度按不大于 36℃控制。

3) 基础允许温差与允许最高温度。龙滩水电站大坝基础允许温差与允许最高温度控制见表4-17。

表 4-17　　龙滩水电站大坝基础允许温差与允许最高温度控制表　　单位：℃

部位			基础允许温差	允许最高温度
溢流及底孔坝段	(0～0.2)l	垫层混凝土	16	32
		碾压混凝土		
	(0.2～0.4)l	碾压混凝土	19	35
非溢流坝段	(0～0.2)l	垫层混凝土	16	33
		碾压混凝土		
	(0.2～0.4)l	碾压混凝土	19	35

续表

部　位			基础允许温差	允许最高温度
进水口坝段	(0～0.2)l	垫层混凝土	16	32
		碾压混凝土		
	(0.2～0.4)l	碾压混凝土	19	35
通航坝段	(0～0.2)l	常态混凝土	16	33
	(0.2～0.4)l		19	36

注　l为浇筑块长边长度，m。

(3) 温度控制措施。

1) 合理安排施工程序及进度。

A. 选择低温季节开始浇筑基础混凝土，并尽可能在一个枯水期将混凝土浇筑至脱离基础强约束区。

B. 对基础约束区混凝土、底孔周边混凝土等重要结构部位，在设计要求的间歇期内连续均匀上升，避免出现薄层长间歇，并宜安排在低温或常温季节施工。其余部位应做到短间歇连续均匀上升。

C. 除特殊部位外（如进水口与挡水坝段结合处、通航坝段），其他相邻坝段高差一般不大于10～12m。

2) 采取综合措施，控制混凝土内部最高温度不超过温控标准。

A. 控制浇筑温度。根据基础温差及内外温差提出的最高温度控制标准，对常态混凝土与碾压混凝土在基础强约束区范围要求允许浇筑温度 $T_p \leqslant 17$℃，弱约束区允许浇筑温度 $T_p \leqslant 20$℃，脱离基础约束区允许浇筑温度 $T_p \leqslant 22$℃；为满足以上浇筑温度要求，施工过程中采用两次风冷甚至加冰预冷混凝土、运输途中加盖遮阳棚、仓面浇筑过程中采用高效喷雾机喷雾，并采用保温被及时覆盖等综合措施，控制碾压混凝土浇筑温度不超标。

B. 降低混凝土的水化热温升。在满足常态混凝土和碾压混凝土技术要求的前提下，采用发热量低的水泥，优化混凝土配合比设计，施工中采用合理层厚、间歇期和初期通水冷却等措施降低混凝土的水化热温升。

3) 加强养护和表面保护。施工过程中，碾压混凝土仓面应保持湿润；在施工间歇期间，碾压混凝土终凝后开始洒水养护；对水平施工层面，洒水养护持续至上一层碾压混凝土开始浇筑为止，对于永久暴露面，进行长期养护；在高温季节，可采用表面流水养护等方法进行散热；当遇气温骤降时，为防止碾压混凝土暴露表面产生裂缝，坝面及仓面（特别是上游坝面及过流面）必须覆盖保温材料，并适当延长拆模时间，孔、洞及廊道等入口应封闭以防受到冷击。

4) 预埋冷却水管冷却降温。对坝体基础垫层及强约束区的常态混凝土和高温期施工的基础约束区碾压混凝土，以及通航坝段等需要进行横缝接缝灌浆部位和坝坡需进行接触灌浆的部位，孔、洞周边的混凝土等，埋设冷却水管进行通水冷却。初期冷却在混凝土浇筑开始后进行通水，混凝土温度与水温之差不超过22℃，冷却时混凝土日降温幅度不应超过1℃；为降低坝体内外温差，防止或减少表面裂缝，需在低温季节来临时，将坝体温度降至设计要求的温度。对有灌浆要求的部位，需进行后期通水冷却，中、后期通水水温与混凝土内部温差不应超过 20℃。

4.5.3 喀腊塑克水利枢纽

喀腊塑克水利枢纽工程位于额尔齐斯河干流上，坝址位于新疆维吾尔自治区阿勒泰地区的福海县与富蕴县境内，处于欧亚大陆腹地，属大陆性寒温带气候。

（1）水文气象条件。喀腊塑克水利枢纽工程处于欧亚大陆腹地，属大陆性寒温带气候。工程地理位置纬度高，太阳辐射量小，加之受准噶尔盆地古尔班通古特沙漠的影响，其主要气候特征为：气候干燥多风，春秋季短，冬季较长，夏季较凉爽，冬季较寒冷，气温年较差悬殊，日较差明显。喀腊塑克水利枢纽坝址气温、地温、水温要素见表 4-18。

表 4-18 喀腊塑克水利枢纽坝址气温、地温、水温要素表 单位：℃

月份	1	2	3	4	5	6	7	8	9	10	11	12
月平均气温	−20.9	−17.9	−6.8	7.2	14.8	20.1	21.9	19.9	13.6	5.0	−7	−17.4
月平均最高气温	−12.2	−8.1	1.2	14.6	22.8	27.9	29.3	28.2	22.2	13.1	0.6	−10.0
月平均地面温度	−20.8	−14.4	−3.3	11.2	20.9	27.0	28.4	25.6	17.0	6.4	−5.5	−17.0
月平均水温				4.7	10.2	14.0	17.7	17.6	12.8	5.7		
上旬月平均水温				2.2	8.9	12.7	16.9	18.6	14.5	8.2		
中旬月平均水温				4.9	10.2	14.0	18.1	17.9	12.8	5.5		
下旬月平均水温				7.2	11.2	15.4	18.1	16.5	11.1	3.6		

（2）混凝土温度控制要求。

1）分缝分块。大坝河床坝段分缝宽度为 15m，阶地坝段分缝宽度为 20m，河床部位上下游方向最大长度达 100m 左右，不分纵缝通仓浇筑。

浇筑分层形式：对于常态混凝土，为利于混凝土浇筑块的散热，基础部位和老混凝土约束部位浇筑层高一般为 1.0～1.5m，基础约束区以外最大浇筑高度控制在 2～3m 以内。

碾压混凝土采用薄层、短间歇、连续浇筑法，碾压层厚 0.3m，连续浇筑 10 层即 3m 停歇 5～7d；在夏季高温季节施工时，采用表面流水养护进行散热。

2）设计温控要求。

A. 浇筑温度要求。由于冬季气候寒冷，大坝混凝土 11 月至次年 3 月停工，其他季节施工时，混凝土浇筑温度不低于 3℃。大坝基础垫层常态混凝土浇筑温度为 12℃；导流洞堵头混凝土约束区允许浇筑温度不超过 20℃。脱离约束区允许浇筑温度不超过 23℃；其他结构部位常态混凝土可采用自然入仓。碾压混凝土允许浇筑温度见汇总表 4-19。

表 4-19 碾压混凝土允许浇筑温度汇总表

浇筑部位	月份						
	4	5	6	7	8	9	10
基础强约束区	自然入仓	≤12℃	≤12℃	≤12℃	≤12℃	≤12℃	自然入仓
基础弱约束区	自然入仓	≤15℃	≤15℃	≤15℃	≤15℃	≤15℃	自然入仓
非约束区	自然入仓	自然入仓	≤18℃	≤18℃	≤18℃	自然入仓	自然入仓

注 (0～0.2)l 为强约束区，(0.2～0.4)l 为弱约束区，0.4l 以上为非约束区，其中 l 为浇筑块最大长边。

B. 上、下层温差。当浇筑块上层混凝土短间歇均匀上升的浇筑高度大于 0.5l 时，上、下层的允许温差取 15～18℃，当浇筑块侧面长期暴露、上层混凝土高度小于 0.5l 或非连续上升时，应加强上、下层温差标准。

C. 越冬内外温差。对于当年浇筑的混凝土，在越冬前需进行中期通水，将混凝土内部温度降至设计允许的温度，以满足设计要求的越冬内外温差要求。

D. 基础温差及坝体混凝土允许最高温度标准。根据设计技术要求，大坝基础允许温差标准及坝体混凝土允许最高温度见表 4－20 和表 4－21。

表 4－20　　基础允许温差标准表　　单位：℃

坝体控制高度	基础允许温差	
	常态混凝土	碾压混凝土
基础强约束区（0～0.2）l	16.0	12.0
基础弱约束区（0.2～0.4）l	18.0	14.5

注　l 为浇筑块长边长度。

表 4－21　　坝体混凝土允许最高温度表

部　位	区　域	月　份		
		4、10	5、9	6—8
常态混凝土	基础强约束区	23.0	23.5	26.0
	基础弱约束区	26.0	27.5	29.0
	非约束区（0.4l 以上）	32.0	34.0	36.0
碾压混凝土	基础强约束区	19.0	20.5	22.0
	基础弱约束区	21.5	23.0	24.5
	非约束区（0.4l 以上）	30.0	32.0	34.0

注　l 为浇筑块长边长度。

E. 水管冷却温差标准。根据设计院提供的技术要求，为了防止水管冷却时水温与混凝土浇筑块温度相差过大以及冷却速度过快而产生裂缝，初期通水冷却温差按 20～22℃控制，后期水管冷却温差为 15～18℃，混凝土的日降温速度控制在每天 0.5～1.0℃范围内。

（3）主要温控措施。

1）原材料选择用：碾压混凝土采用比表面积为 310m^2/kg 的普通硅酸盐水泥，减少水泥发热的速率；控制天然砂含泥量不超过 3%，以减少用水量，降低水化热；选用高效减水剂、缓凝高效减水剂和引气剂，以降低水泥用量和水化热温升。

2）坝体结构设计优化：采用较小的横缝间距，以减小基础对坝体的约束。大坝河床坝段的坝体横缝间距采用 15m，岸坡坝段的坝体横缝间距采用 20m。

3）降低混凝土出机口温度：保温料堆高度不低于 8～10m，骨料输送线全部搭设凉棚，挡住直射阳光，减少阳光直射引起骨料的温升。采用二次风冷＋制冷水拌和降低出机口混凝土温度。

4）降低混凝土浇筑温度：混凝土运输设备全部采用防晒板，减少运输过程温升；加强混凝土运输和浇筑过程施工组织与管理，加快混凝土入仓速度，及时摊铺、及时碾压，大仓面采用全断面斜层碾压技术，以缩短层间间歇时间和减少温度倒灌；仓面采用冷水喷雾和保温材料覆盖。

5）坝体埋设冷却通水管路系统，根据不同时段和要求采用河水或制冷水进行强制冷却，以降低内部混凝土温度。

6）采用冷水喷淋养护措施，加速初凝后混凝土的表面散热。

7）大坝越冬层面临时保温：首先在越冬层面铺设一层塑料薄膜（厚0.6mm），然后在其上面铺设2层厚2cm的聚乙烯保温被，再在上面铺设厚3cm的棉被，最后在顶部铺设一层三防帆布。塑料薄膜、棉被和三防帆布铺设应有一定的搭接，相邻两层之间的聚乙烯保温被及棉被需错缝铺设，三防帆布接缝用砂袋进行压盖。为加强保温及防止侧面进风，在越冬层面上、下游侧用砂袋搭建高1m、宽0.8m的防风墙，在保温被周边及越冬面以下2.6m范围内喷涂厚10cm的聚氨酯硬质泡沫，其中越冬面以下2m，越冬面以上60cm。

8）大坝上游面保温：大坝主河床坝段上游面采用聚氨酯防渗涂层（厚2mm）＋粘贴XPS板（厚5cm）＋回填坡积物的保温防渗结构型式。其中在越冬层以下2.5m范围内采用聚氨酯防渗涂层（厚2mm）＋粘贴XPS板（厚10cm）＋回填坡积物的保温形式。聚氨酯防渗层在坝踵底部沿坝踵回填混凝土顶面向上游延伸1m。

左右岸阶地坝体上游面保温：越冬层面至回填高度之间采用防渗涂层（厚2mm）＋粘贴XPS板（厚10cm）＋外涂防裂聚合物砂浆＋耐碱网格布的保温被防渗结构型式；回填高程以下2.5m范围内采用防渗涂层（厚2mm）＋粘贴XPS板（厚10cm）＋回填坡积物的保温防渗结构型式，其他采用防渗涂层（厚2mm）＋粘贴XPS板（厚3cm）＋回填坡积物的保温防渗结构型式。回填不得使用开挖石渣料进行回填。

9）大坝下游面保温：大坝主河床坝段下游面采用粘贴XPS板（厚10cm）＋外涂防裂聚合物砂浆＋耐碱网格布的保温防渗结构型式。

左右岸阶地坝体下游面保温：越冬层面至回填高程之间采用粘贴XPS板（厚10cm）＋外涂防裂聚合物砂浆＋耐碱网格布的保温结构型式；回填高程以下2.5m范围内采用粘贴XPS板（厚10cm）＋回填坡积物的保温结构型式；其他采用回填坡积物的保温结构形式。

10）坝体侧表面保温方法为：粘贴10cm厚的XPS保温板。

11）越冬层面保温：在最后一仓混凝土面上增设一道水平铜片止水；开春揭被采用逐层分时段揭开方式；越冬层面上新浇混凝土时必须保证均处于正温状态；越冬层面上增铺一层3mm的水泥砂浆。

（4）冬季保温效果。2008年3月底开始对坝面临时保温工程进行分阶段拆除，并于4月上旬全部拆除完成。经对整个坝面的水平面和上、下游部分立面全面检查发现，大坝混凝土除发生部分表面浅层裂缝外，未出现横向贯穿性深层裂缝，达到了预期的保护和防裂效果。

5 诱导缝重复灌浆技术

5.1 诱导缝重复灌浆系统

5.1.1 诱导缝重复灌浆技术

碾压混凝土坝采用大断面或者全断面通仓碾压施工工艺，一般不设纵缝，为防止产生裂缝，设计时根据温度仿真计算成果，一般均设置相应的横缝和诱导缝。混凝土坝接缝和诱导缝灌浆时，若坝体尚未达到稳定温度，则随着坝体温度降低，混凝土收缩导致已灌浆的接缝有可能拉开，需进行第二次，甚至第三次接缝灌浆，这就是所谓混凝土坝接缝重复灌浆。从国内外资料来看，常态混凝土重力坝、重力拱坝和拱坝都做过接缝重复灌浆，其中，混凝土坝接缝重复灌浆始于 20 世纪 50 年代瑞士大狄克逊（Grand Dixence）重力坝纵缝灌浆，我国于 20 世纪 60 年代曾进行过混凝土坝接缝重复灌浆，例如柘溪水电站大坝（单支墩大头坝）纵缝第一次灌浆是 1960 年 4 月，后来于 1961 年 1 月和 1965 年 1—4 月分别进行了第二次、第三次钻孔灌浆。还有陈村水电站重力拱坝进行过接缝重复灌浆，又如苏联于 1965—1966 年对布拉茨克水电站重力坝首次进行纵缝重复灌浆。苏联英古里水电站拱坝于 1986—1988 年曾进行过径向缝重复灌浆，还有契尔克依水电站拱坝径向缝、萨彦——舒申斯克水电站拱形重力坝柱状块接缝及周边缝等都进行过重复灌浆，意大利也研制出重复灌浆的出浆盒。我国柘溪水电站等混凝土坝纵缝重复灌浆没有预埋重复灌浆系统管路和出浆盒，而是采用钻孔灌浆。陈村水电站混凝土重力拱坝横缝预埋了重复灌浆盒和单回路灌浆管路，于 1964 年进行了重复灌浆，苏联几座坝的重复灌浆是通过预埋的重复灌浆系统管路和出浆盒进行的。

自 20 世纪 80 年代以来，碾压混凝土筑坝技术迅速发展，不仅建成数十座碾压混凝土重力坝，而且还修建了碾压混凝土重力拱坝和拱坝。1988 年南非建成世界上第一座碾压混凝土重力拱坝——克尼尔波特（Knellpoort）碾压混凝土重力拱坝（高 50m），1990 年南非又建成沃尔韦登斯（Wolwedans）碾压混凝土重力拱坝（高 70m）。1994 年我国建成当时世界上最高的普定碾压混凝土拱坝（高 75m），后来溪柄水电站碾压混凝土薄拱坝（高 63.5m）和温泉堡水电站碾压混凝土拱坝（高 48.5m）相继建成。当时的碾压混凝土拱坝一般未预埋冷却水管，靠低水泥用量、发热量小和薄层浇筑散热。因此，在水库蓄水前封拱时坝体达不到稳定温度就需对径向缝或诱导缝进行灌浆，随着坝体温度降低，导致已灌浆的径向缝或诱导缝有可能拉开，需进行重复灌浆。在我国“八五”期间（1991—1995 年）建成了普定、溪柄、温泉堡等 3 座水电站碾压混凝土拱坝，当时还未研制出重复灌浆出浆盒，因此普定水电站、温泉堡水电站碾压混凝土拱坝埋设了第二次灌浆系统，但由于种种原因没有用第二次灌浆系统进行重复灌浆。南非克尼尔波特坝和沃尔韦登斯坝都设有径向诱导缝，并在诱导缝内预埋了灌浆管路，当诱导缝裂开漏水时就进行灌浆，因沿外拱圈每隔 10m 左右设置一条诱导缝，因此每条诱导缝的开度都很小，没有进行重复灌浆。当时的碾压混凝土重力拱坝和拱坝均未进行过径向缝或诱导缝重复灌浆。

为满足碾压混凝土高拱坝重复灌浆需要，在沙牌水电站碾压混凝土拱坝施工中，结合“九五”国家重点科技攻关项目研究了一整套碾压混凝土诱导缝重复灌浆技术，并研制了相应的单回路重复灌浆系统、配套材料和施工工艺，该系统造价低、安装简易、节省工期、可多次重复灌浆。重复灌浆技术不仅在碾压混凝土拱坝接缝灌浆工程中应用，而且可在碾压混凝土重力拱坝接缝灌浆工程中应用，也可在常态混凝土拱坝、重力拱坝和重力坝接缝重复灌浆工程中应用，还可在封堵导流底孔、导流洞等顶拱缝隙重复灌浆工程中应用，研制出的超细水泥灌浆材料亦可用于小开度混凝土裂缝的灌浆，因此该项技术具有很好的推广应用前景，已推广应用于大花水、招徕河水电站等国内碾压混凝土高拱坝建设。

5.1.2 重复灌浆方式

按照接缝重复灌浆系统埋设方式和埋设灌浆系统数量，碾压混凝土坝接缝重复灌浆可分为单次多系统重复灌浆方式和单系统多次重复灌浆方式。

单次多系统重复灌浆方式是指坝体接缝处预埋两套或者两套以上灌浆管路系统，其中一套用于第一次封拱灌浆；另一套作为二次及以上重复灌浆备用，普定和温泉堡等水电站碾压混凝土拱坝都采用了这种方式。

单系统多次重复灌浆方式是指预埋一套灌浆管路系统，在灌浆管路中布置重复出浆盒，能多次重复用于接缝灌浆，以适应碾压混凝土拱坝的温度、水库水位等变化条件。灌浆结束后应立即对进回浆管和排气管进行通压力水或充气进行冲洗，以便后期重复灌浆使用。沙牌水电站碾压混凝土拱坝采用这种灌浆管路布置方式，研制了单回路灌浆管路和橡胶套阀出浆盒，具有费用低、容易安装、节省时间等优点，适应于碾压混凝土拱坝的施工。该方案每个灌浆区至少应设 2 根单回路灌浆管，一是可使灌浆管长度不至于过长，在灌浆时管内压力分布相对均匀，管路上的每个出浆盒均有条件开启；二是当一条灌浆管路出现堵塞时，可以使用另一条作为备用。橡胶套阀由优质高弹和耐久性良好的橡胶流化而成，该橡胶套阀由一根穿孔钢管、一个橡胶套和两个管接头组成，能够通过管接头方便快捷地串联安装在灌浆管路中。灌浆材料采用普通硅酸盐水泥及超细水泥。

5.1.3 诱导缝重复灌浆系统设计

5.1.3.1 灌区设计分区高度与基本原则

诱导缝重复灌浆系统可采用单回路灌浆系统，分灌区进行布置，灌区高度 6～12m，经试验论证和技术经济比较，沙牌拱坝采用的灌区高度为 6.0m。

灌区系统布置应遵循以下原则：

（1）浆液能自下而上均匀地灌注到整个灌区缝面。

（2）灌浆管路和出浆设施与缝面连通顺通。

（3）灌浆管路顺直、弯头少。

（4）同一灌区的进浆管、回浆管和排气管管口宜集中。

5.1.3.2 单回路重复灌浆系统

（1）诱导板设计。碾压混凝土坝诱导缝重复灌浆系统可采用预制混凝土重力式诱导板（见图5-1）成缝。诱导板由一对预制钢筋混凝土板组成，目的是在碾压混凝土坝体的诱导缝处形成不连续弱面，促使坝体裂缝发生在预定位置。重力式诱导板采用直接埋设的方式，为出浆盒、灌浆管路及排气管的布置和埋设提供了方便，并构成排气系统一部分。

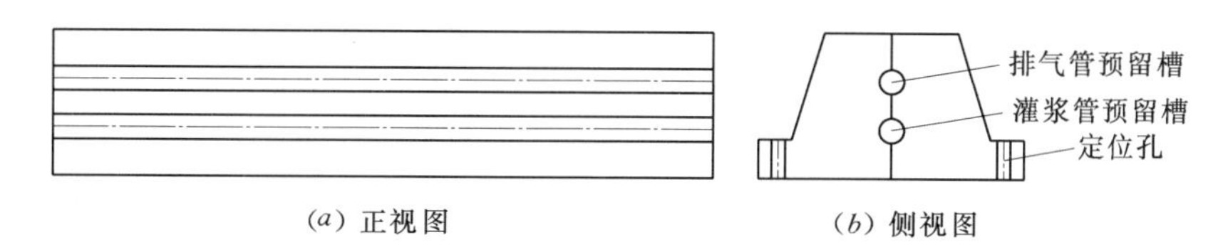

图5-1 诱导板典型结构示意图

（2）灌浆管路系统设计。

1）灌浆管路布置。每个灌浆分区高约6m的灌区一般预埋3条相互独立的单回路灌浆管道，和诱导板的布置相一致。诱导板由一对预制钢筋混凝土板组成，预置在诱导横缝的剖面上，径向水平方向间距和竖直高度方向间距分别为1.5m和1.0m。诱导板间距和数量由坝体温度应力分析成果确定。单回路灌浆管道应在浇筑碾压混凝土时，与诱导板同时预埋安装，串联在灌浆管道上的橡胶套阀应位于两块诱导板之间。诱导板通过钢筋与碾压混凝土体牢固连接，以确保接缝在两块诱导板之间张开。每个灌浆区的3条单回路灌浆管道是相互独立的，可单独施灌，且容易冲洗干净。在每个灌浆区的顶部要设排气槽，以排出在灌浆过程中上升到灌浆区顶部的空气、水或稀浆。排气槽的两端接有两根管子，一根用作排气管，一根用作给水管，以便在第一次灌浆结束后冲洗排气槽。沙牌水电站诱导缝重复灌浆系统布置见图5-2。

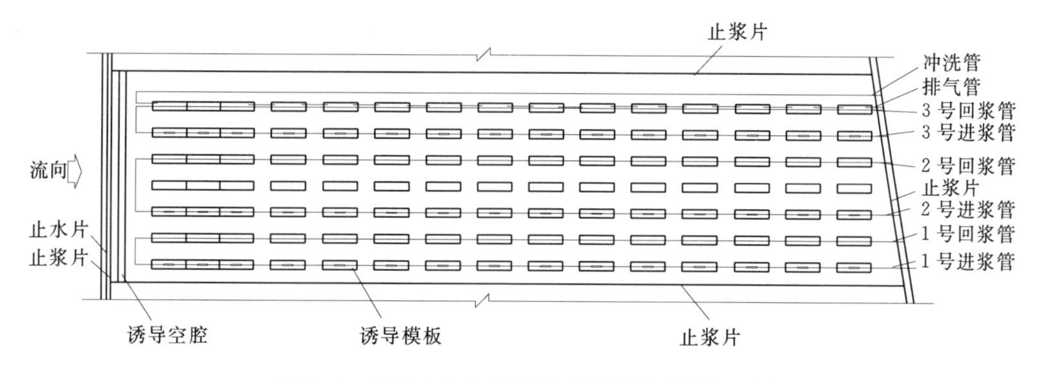

图5-2 沙牌水电站诱导缝重复灌浆系统布置图

2）排气管布置。灌浆系统排气管布置于各灌区顶部，其距出浆盒中心的垂直距离为0.5m左右，采用$\phi 2''$穿孔镀锌钢管连接各间断分布的预制混凝土诱导板（见图5-3），构成排气管，排气管上游端采用$\phi 1''$镀锌钢管引出冲洗管，以便在每次灌浆结束后冲洗排气管。

3）出浆盒结构。采用图5-4所示的一种特制的橡胶套阀作为重复灌浆管路的出浆

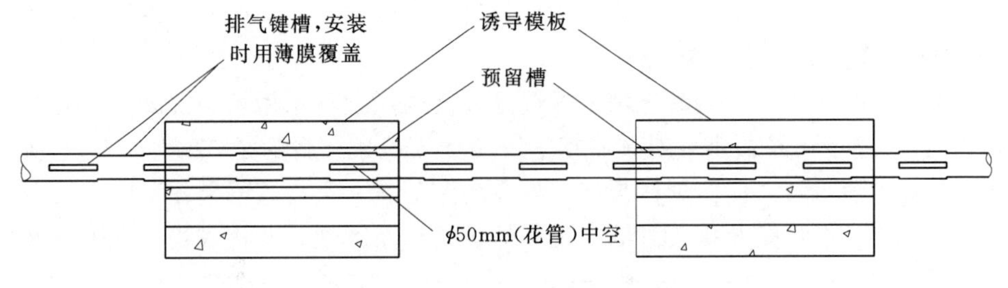

图 5-3　典型排气管布置示意图

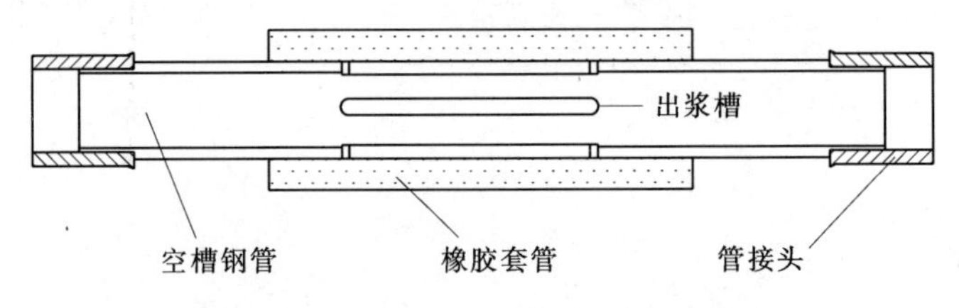

图 5-4　重复灌浆出浆盒结构示意图

盒。该橡胶套阀由一根穿槽钢管、一个橡胶套管和两个管接头组成，能够通过管接头方便快捷地串联安装在灌浆管路中。出浆盒上的出浆槽采用长槽形，4 条槽孔均布在钢管上。橡胶套采用优质高弹性和耐久性优良的橡胶硫化而成。该套在穿槽管的外面借助收缩压力能紧密地覆盖管壁上的出浆槽，只有当管内压力大于 0.10～0.21MPa 时，水或浆液才能顶开橡胶套，从出浆槽流出，而且，无论何种外压也不会使外面的水或浆液回流。

4）测缝计预埋。灌区缝面及混凝土设计应预埋一定数量的测缝计，以便了解坝体混凝土温度变化及缝面张开度等基础资料。

5.1.4　重复灌浆系统加工与安装

根据碾压层的厚度埋设诱导板，诱导板内设置重复灌浆系统的进浆管、回浆管、出浆盒、排气管和冲洗管等，并将管头引至坝的下游。管头出仓位置应进行统一规划，绘制管头出仓详图并进行标识。管头标识包括灌区编号、管路名称以及相对位置尺寸图等。为便于灌浆施工与控制，每一灌区管头位置应该集中一处，管头位置高程宜与灌区高程一致，不方便安装时，可选择合适位置出仓，但与灌区最大高差不应大于 6m。

接缝重复灌浆系统预埋管路弯处应使用弯管机加工或采用弯管接头连接。管路之间以及进浆管与出浆盒之间均采用管接头连接，不得焊接。管路宜采用钢管，使用其他材质管路应征得设计单位同意并进行必要的现场试验。

灌浆重复系统埋设方法：当埋设层的下一层碾压结束后，按诱导缝的准确位置放样，再按设计将准备好的成对重力式预制板安装在已碾压好的诱导缝上，诱导板的安设工作先于1～2 个碾压条带进行，并将重复灌浆管逐步向下游延伸；当铺料带在距诱导缝 5～7m 时，卸料后，用平仓机将碾压后混凝土小心缓慢地推至诱导缝位置，将诱导板覆盖，并保证预制板的顶部有 5cm 左右的混凝土料，防止在碾压混凝土时直接压在预制的诱导板上而损伤诱导板。对诱导缝的止浆片和诱导腔部位，采用改性混凝土浇筑。测温计与测缝计安装在测缝计专用模板中间，采用掏孔后埋法施工。止浆片安装需进行可靠固定，其周边混凝土需采用改性混凝土，并碾压和振捣密实。

灌浆管（含进浆管、回浆管、排气管、冲洗管等）根据设计图纸在车间内加工而成，诱导板在预制场按规定的规格及混凝土配合比进行预制。

灌浆系统应及时做好每层的施工记录。整个灌区形成后，必须绘制该灌区的灌浆系统竣工图。

5.2 重复灌浆施工

5.2.1 施工准备与基本条件

接缝重复灌浆施工基本条件包括制约与边界条件、测控条件、施工条件和重复灌浆满足条件等。

5.2.1.1 制约与边界条件

接缝灌浆应在库水位低于灌区底部高程的条件下进行，蓄水前应完成蓄水初期最低库水位以下各灌区接缝灌浆及验收工作。

接缝灌浆各灌区应符合下列条件：

（1）灌区两侧坝块混凝土的温度应达到设计规定值。

（2）灌区两侧坝块混凝土的龄期应满足规范或设计规定值。

（3）除顶层外，灌区上部混凝土的厚度不宜小于6m，其温度也应达到设计规定值。

（4）接缝的张开度不宜小于0.5mm。

（5）灌区周边封闭，管路和缝面通畅。

5.2.1.2 测控条件

为便于接缝灌浆前、灌浆过程中和灌浆后进行混凝土坝块温度与缝面张开度、增开度测量，需要在坝块混凝土内和上下游坝面分缝位置埋设一定数量的测温计和测缝计。

5.2.1.3 施工条件

施工条件主要包括制浆站、灌浆站布置，接缝重复灌浆管路系统布置以及施工人员通行条件等，为便于灌浆、处理事故及质量检查，应在大坝的适当部位设置廊道、预留平台，接缝灌浆系统管路出仓应引致相应高程的廊道或预留平台位置，接缝灌区与系统管路出口位置高差应小于6m。

5.2.1.4 重复灌浆满足条件

随坝体混凝土温度降低，分缝再度增开达设计规定值时进行重复灌浆，重复灌浆可多次进行，重复灌浆应满足下列条件：

（1）重复灌浆系统安装前，必须对拟采用的出浆设施的材质、构造及安装方法进行设计，并进行模拟重复灌浆试验。

（2）每次灌浆前，坝块混凝土的温度、缝面张开度应达到设计规定值；灌浆系统均应进行通水检查，缝面进行充水浸泡。

（3）每次灌浆后，灌浆管路系统能被低于灌浆压力的清水冲洗干净，而不使水渗入接缝内。

（4）当坝块混凝土温度再次降低、缝面重新张开时，灌浆系统的出浆设施能恢复出浆功能。

5.2.2 施工时段及施工程序

碾压混凝土坝接缝灌浆包括横缝和诱导缝重复接缝重复灌浆，两者区别在于成缝方式不一样，但灌浆系统布置和接缝灌浆施工方法相同。

5.2.2.1 低温季节灌浆和全年灌浆

按照接缝灌浆时间区分，接缝灌浆方式分为低温季节灌浆和全年灌浆。

有条件时，一般宜尽量安排在低温季节进行接缝灌浆，采用该种方式，一般在每年低温季节10月至次年4月进行灌浆。

全年灌浆一般需在新浇筑混凝土中埋设冷却水管，及时通水冷却，以满足混凝土设计接缝灌浆温度和龄期要求，接缝灌浆一般不受季节限制。

5.2.2.2 同时灌浆和逐区连续灌浆

按照接缝灌浆组织形式区分，接缝灌浆方式分为灌区同时灌浆和逐区连续灌浆。

同时灌浆方式主要针对同时具备条件的邻缝之间灌区，如果施工设备和人员数量满足同时灌浆要求，为节约施工时间，减少邻缝平压工序，采用同时灌浆可加快施工进度。

对于横缝，逐区连续灌浆方式需从坝体中间部位灌区往两边灌区连续灌浆推进，前一灌区结束后8h以内，必须开始后一灌区的灌浆，否则仍须间隔3d后再进行灌浆。为防止增开度超标和压缝，相邻后灌区在先灌区灌浆时，按设计要求进行通水平压。若上、下层灌区均已具备灌浆条件，可采用连续灌浆方式，但上层灌区灌浆须在下层灌区灌浆结束后4h以内进行，否则仍须间隔7d后再进行灌浆。

5.2.2.3 重复灌浆施工程序

碾压混凝土坝诱导缝重复灌浆施工程序见图5-5。

为防止在混凝土施工时破坏灌浆，由专人负责检查与维护，三班跟班检查，发现问题及时解决。每一层灌浆管路系统预埋完后，原则上要求通水检查，但考虑到碾压混凝土施工中不允许有过多的水进入仓面，通水检查一般安排在一次混凝土施工完成后3d到第二次碾压混凝土施工前进行，通水检查压力不大于0.1MPa。

对出仓管头进行临时性封堵和经常性巡查，不得损坏。

5.2.3 灌浆材料与施工设备

5.2.3.1 灌浆材料

接缝灌浆材料包括水、水泥、外加剂、掺合料等，接缝灌浆材料应满足《水工建筑物水泥灌浆施工技术规范》（DL/T 5148—2012）的要求。接缝灌浆前，浆液应进行室内性能试验和现场灌浆试验。

接缝灌浆一般采用普通水泥浆液进行灌注，当缝面张开度小，缝面通畅性较差时，可以采用超细水泥浆液或者灌注效果更好的化学灌浆材料。

（1）普通水泥浆液材料。为降低纯水泥浆液黏度，改善浆液流动性，普通水泥浆液中可添加高效减水剂。添加高效减水剂浆液一般宜采用单一水灰比，水灰比不得大于0.5∶1。高温季节灌浆时，为控制浆液温度，可采用制冷水制浆或者在制浆水中加入适量冰块。浆液温度必须控制在5～40℃，浆液马氏漏斗黏度宜小于35s。

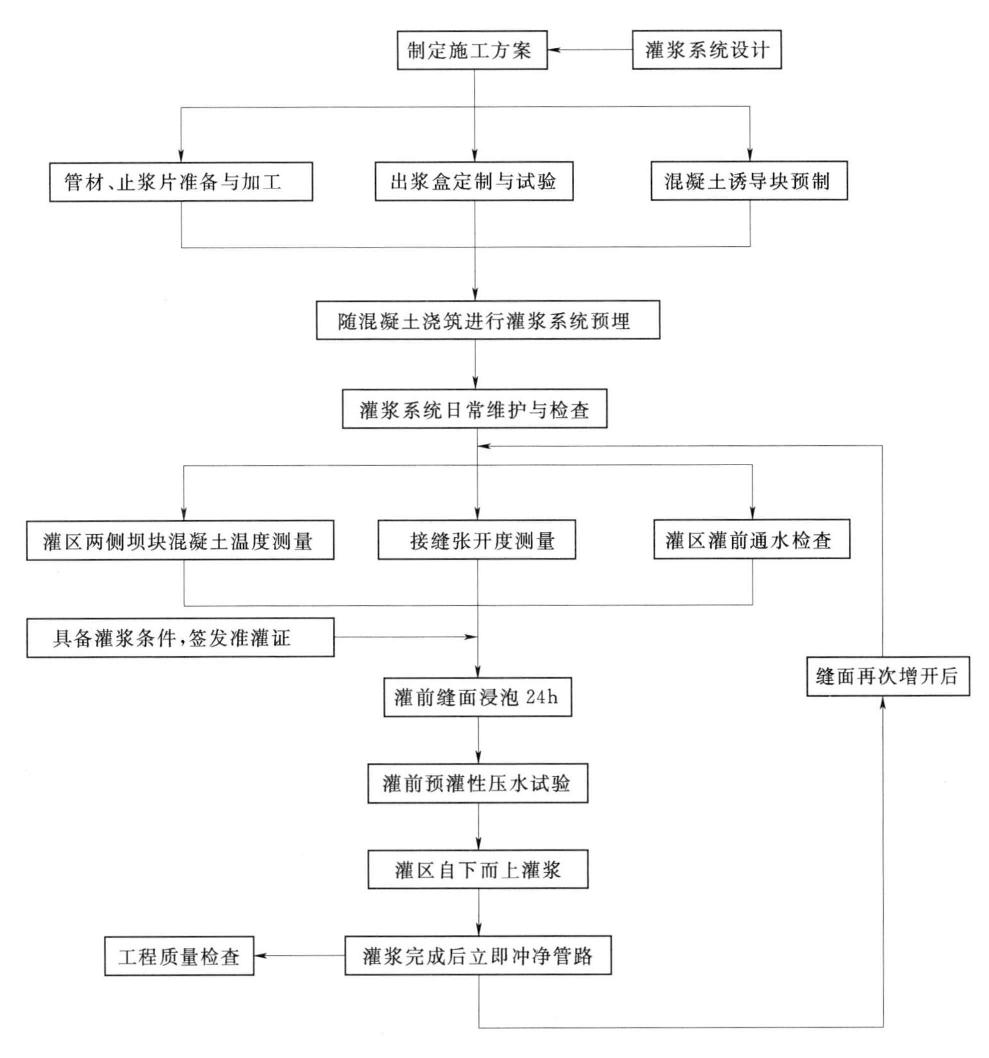

图5-5　碾压混凝土坝诱导缝重复灌浆施工程序图

(2) 超细水泥浆液材料。超细水泥采用42.5级普通硅酸盐水泥磨细，可以干磨，也可以湿磨。干磨要求比表面积出厂按大于6500cm^2/g控制；湿磨时，比表面积大于7000cm^2/g。无论干磨还是湿磨，其95%以上的水泥颗粒最大粒径小于40μm，$D_{50}=8\sim12\mu m$。

超细水泥检测频率：每个批次检测1次，若一个批次重量大于20t时，每20t水泥检测1次。超细水泥比表面积或粒径每半个月应检测1次。

1) 超细水泥检测项目：比表面积或颗粒粒径、强度等级。

2) 由于超细水泥比表面积大，有效粒径小，较普通水泥更容易碳化、水化，超细水泥储存条件要求高，存放地点应通风、干燥。尽量减少超细水泥的储存时间，当超过保质期并比表面积降低值超过1000cm^2/g，且其他指标不合格时，则该批水泥为废品，若其他指标合格，可以当普通水泥使用。

3) 制备超细水泥浆液时宜先采用0.5∶1的普通纯水泥浆液经3次以上的湿磨，达设计细度要求后再调稀至设计浓度，经普通搅拌机搅拌均匀后，方可用于灌浆作业。

4）制备超细水泥浆液时应加入高效减水剂，以改善浆液的流动性，其品种及掺量应通过室内浆材试验确定，一般掺量可按0.7%左右控制。

（3）化学灌浆材料。化学灌浆材料只有在重要结构部位灌区缝面张开度小于0.2mm，超细水泥灌浆效果不能满足设计要求情况下进行补充灌浆时使用。化学灌浆前，一般需要对缝面进行全面钻孔压风检查，根据压风检查结合结构要求选择合适的化学灌浆材料。化学灌浆材料包括环氧类化学灌浆材料、聚氨酯类化学灌浆材料、丙烯酸盐化学灌浆材料等。

5.2.3.2 灌浆施工设备

由于接缝灌浆需连续进行，单一灌区灌浆过程中不得中断，灌浆施工设备必须稳定可靠，现场必须配置备用设备。制浆采用高速搅拌机，并准备一定容量的储浆搅拌桶，灌浆采用中、高压灌浆泵。

5.2.4 灌浆施工工艺

5.2.4.1 灌浆前准备工作

灌浆前准备工作包括技术准备、缝面张开度和坝块温度测量、灌区通畅性及密封性检查、缝面浸泡与风干、施工布置等。

（1）技术准备。技术准备包括接缝灌浆系统竣工图查看、作业指导书制定以及灌前技术交底等。技术工作重点在于现场管路系统辨识、灌浆施工布置规划、灌浆顺序确定以及特殊部位灌浆措施等。

（2）缝面张开度和坝块温度测量。缝面张开度和两侧坝块温度一般通过预埋在缝面混凝土内的测温计和测缝计来观测，埋设有冷却水管的混凝土温度还需进行闷温测量，对于缝面张开度情况，也可利用廊道、坝前与坝后横缝进行观测。

（3）灌区通畅性及密封性检查。

1）灌浆前通水检查。通水检查分下列四步进行：

第一步，灌浆管路通畅性检查，主要检查进回浆管路的通畅性。采用压力水通过压力表、水表等仪器进行灌浆管路的通畅性检查。

第二步，排气管路的通畅性检查，主要检查排气管路与冲洗管互通情况。

第三步，出浆盒及缝面的通畅性检查。采用单开通水检查方法，即利用某一进浆管路通水，其回浆管路封闭，压力控制在0.4MPa左右，观测进浆管路进水和排气管路出水流量。

第四步，灌区的密封性检查。通水时观测坝前、坝后及廊道的缝面有无外漏现象。

系统通水检查结果需达到设计或规范要求条件，否则应根据具体情况采取有效措施进行处理。

2）灌浆前预灌性压水试验。灌浆前预灌性压水试验的压水压力与灌浆压力相同，以确定灌区漏水量，灌区总漏水量宜小于15L/min，发现明显渗漏点必须进行补漏。

（4）缝面浸泡与风干。灌浆前应对缝面通水浸泡24h，然后通入洁净的压缩空气排除缝内积水。

（5）施工布置。施工布置包括制浆系统、灌浆系统和灌浆管路布置，风、水、电系统布置等。每一次灌浆制浆站与灌浆站宜固定，相互之间距离宜短，灌浆站距离接缝灌浆系统引出管头位置宜短。除与接缝灌浆系统引出管头连接采用高压皮管连接外，为降低浆液在管路中的阻力，灌浆站与接缝灌浆引出管头位置之间灌浆管路宜采用高强塑料管或者铁管。

接缝灌浆前，所有灌区风、水、电以及灌浆管路布置到位并经试运行正常后才能开始灌浆作业。

5.2.4.2 灌浆工艺

（1）灌浆施工顺序。对于同时有接触灌浆、裂缝化学灌浆和接缝灌浆的坝段，则应先进行接缝灌浆，后进行接触灌浆，最后进行裂缝化学灌浆。对于同一坝段、同一坝缝的各层灌区，自基础层开始，逐层依高程自下向上灌注。上层灌区的灌浆，应待下层和下层相邻灌区灌好后方可进行。若发现上下层灌区串漏，须报专项处理措施，待设计、监理工程师审核批准后可进行灌浆施工。对于同一高程的接缝灌浆应从中间坝段之间的横缝开始灌浆，依次向左、右岸推进。对于同一横缝、同一高程的灌区灌浆结束3d后，其相邻横缝的灌区方可灌浆，若相邻的灌区已具备灌浆条件，可采用同时灌浆方式，也可采用逐区连续灌浆方式。当采用连续灌浆时，前一灌区结束后8h以内，必须开始后一灌区的灌浆，否则仍须间隔3d后再进行灌浆。对于同一横缝同一高程具有2～4个独立灌区时，可采用同时灌浆方式，也可采用连续灌浆方式，当采用连续灌浆方式时，第二灌区灌浆应在第一灌区灌浆结束后4h以内进行，否则仍应间隔7d后进行灌浆。当灌区两侧的坝块存在架空、冷缝或裂缝等缺陷需要处理时，灌浆与补强的先后次序应视具体情况分别对待：如坝块缺陷严重且与坝体横缝串通，可采取灌浆与补强同时进行的措施；如缺陷导致接缝灌浆影响到坝体安全时，必须先补强后灌浆。

（2）浆液水灰比的控制。水灰比一般采用1：1、0.5：1两个比级，先灌稀浆至排气管排出接近进浆浓度浆液或灌入量约等于缝面容积后，改浓一级水灰比直至结束。

当缝面增开度大，缝面管路通畅，缝面通畅性检查排气管单开流量大于30L/min时，一开始即灌注0.5：1浆液。

为使浓浆尽快填满缝面，开灌时，排气管全开放浆，其他管口（回浆管）间歇放浆，并测记相应管口排出浆液的密度与弃浆量，当排气管排出最浓一级浆液时，调节阀门控制压力直至结束。

先一回路灌注结束，立即进行后一回路的灌浆工作。后一回路灌注起始水灰比为先一回路灌注的最终水灰比。

（3）灌浆压力及缝面增开度控制。灌浆过程中，利用测缝计跟踪监测缝面增开度，确保缝面增开度控制在0.5mm以内。

灌浆进浆压力0.5～1.0MPa，用各回路回浆管管口压力表指示压力控制，回浆管堵塞的回路用进浆管管口压力控制；排气管压力为0.2～0.3MPa。最终以排气管压力来控制。

灌浆压力系指与排气槽同一高程处的排气管管口的浆液压力，如排气管管口引至廊道或者坝后平台，其管口控制压力应根据排气槽高程换算确定。

（4）灌浆结束标准。排气管出浆达到或接近最浓水灰比浆液，排气管口压力或缝面增开度达到设计规定值，注入率不大于0.4L/min时，续灌20min，灌浆即结束。

(5) 灌后冲洗。灌浆结束后，立即轮换对灌区各回路进浆管、回浆管进行冲洗，冲洗压力为 0.05～0.1MPa，直至回水清净。

排气管冲洗时间较难把握，一般在灌浆结束后 10～30min 之间进行，冲洗压力为 0.4～0.45MPa；冲洗至回清水的时间长，一般大于 30min，而且带出浆液过多。

(6) 灌区同灌控制。同时灌浆灌区应一区一泵进行灌浆，同一高程的灌区灌浆过程中应保持各灌区的灌浆压力基本一致。

同一坝缝的上、下层灌区相互串通采用同时灌浆方式时，应先灌下层灌区、待上层灌区有浆液串出时，开始用另一泵进行上层灌浆。灌浆过程中以控制上层灌浆压力为主，调节下层灌浆压力。下层灌浆应待上层开始灌注最浓比级浆液后再结束。

5.2.5　特殊情况处理

5.2.5.1　概述

(1) 灌浆管路堵塞处理。重复灌浆系统应确保灌浆管路（进浆管、回浆管、排气管、冲洗管）100%畅通。系统安装过程中，如果发现管路堵塞，应及时进行疏通处理，必要时补充埋设灌浆系统进行弥补。

灌前通水检查时发现灌浆管路堵塞，采用压力水冲洗或者风水联合冲洗等方法对堵塞管路进行正、反向反复浸泡冲洗。当排气管与缝面不通时，可针对排气管部位补钻排气孔。当灌浆管路全部堵塞无法疏通时，应全面补孔。

(2) 止浆片或混凝土缺陷漏水处理。当止浆片缺陷漏水时，应采取嵌缝、掏洞堵漏等措施。当混凝土缺陷（裂缝、骨料架空）漏水时，应先处理混凝土缺陷再灌浆。

(3) 浆液外漏、串浆处理。灌浆过程中，发现灌区浆液外漏或者灌区之间串浆时，可采取下列方法处理：

1) 当浆液外漏时，应先从外部进行堵漏；若无效，再采取灌浆措施，如加浓浆液、降低压力等，但不得采取间歇灌浆方法。

2) 当灌区之间串浆时，若串浆灌区已具备灌浆条件，可同时灌浆，并应按“一区一泵”的要求进行灌注；若串浆灌区不具备灌浆条件，且开灌时间不长，可先用清水冲洗灌区和串区，直至排气管排出清水止，待串区具备灌浆条件后再进行同时灌浆。若串浆轻微，可在串区通入低压水循环，直至灌区灌浆结束。

(4) 灌浆过程中进浆管堵塞处理。灌浆过程中，当进浆管和备用进浆管均发生堵塞，应先打开所有管口放浆，然后在缝面增开度限值内尽量提高进浆压力，疏通进浆管路。若无效可再换用回浆管进行灌注或采取其他措施。

(5) 灌浆中断处理。灌浆因故中断，应立即用清水冲洗管路和灌区，保持灌浆系统通畅。恢复灌浆前，应再做一次压水检查，若发现灌浆管路不通畅或排气管单开出水量明显减少，应采取补救措施。

(6) 缝面张开度小于 0.5mm 时处理。当灌区的缝面张开度小于 0.5mm 时，可采取下列措施：

1) 使用细度为通过 71μm 方孔筛筛余量小于 2%的水泥浆液或细水泥浆液。

2) 在水泥浆液中加入减水剂。

3) 在缝面增开度限值内提高灌浆压力。

4）采用化学灌浆。

5.2.5.2　灌区事故预防与处理

（1）灌浆管路堵塞事故预防与处理。对于重复灌浆系统，灌浆管路堵塞会造成管路无法清洗，从而不能实现重复灌浆。

1）预防措施。为了确保灌浆管路通畅，必须严把材料与材料加工质量关，安装过程中逐道工序进行仔细检查，管路管头及时引出仓外，混凝土浇筑过程中派专人盯仓，发现问题及时处理。必要时安装备用灌浆管路，降低管路堵塞风险。

2）处理措施。如果灌浆管路堵塞，采取措施进行疏通，若无效，则需全面钻孔进行接缝灌浆。

（2）缝面灌浆堵塞预防与处理。灌浆过程中，由于施工组织不当，施工设备与管路故障，突然停水、停电等会造成正在灌浆的灌区缝面堵塞。由于上、下层灌区串区未及时发现和通水循环，造成上层灌区堵缝。

1）预防措施：加强接缝灌浆施工组织管理，做好施工设备的维护保养和检查工作；备用必要的施工设备与电源、水源等；加强施工人员责任心，安排专人进行上层灌区的通水循环和洗缝工作。

2）处理措施：缝面灌浆堵塞后，应该立即采取措施及时对缝面进行冲洗，若无效，则需全面钻孔灌浆处理。

（3）重复灌浆系统不畅。灌后管路必须立即进行冲洗，如果冲洗过程中发现浆液带走过多，冲洗不彻底导致冲洗失败，则严重影响重复灌浆系统畅通。灌浆系统设计与安装不合理，重复灌浆系统灌后二次灌浆出浆不畅，也会严重影响重复灌浆系统畅通。

1）预防措施：灌浆完成后及时对各管路进行冲洗，冲洗干净后的管路间隔一段时间后应进行通水检查，确保管路通畅；灌浆系统安装前应进行必要的模拟现场重复灌浆试验，出浆盒、排气管等设计与安装必须可靠。

2）处理措施：重复灌浆系统不畅，采取钻孔等措施恢复灌浆系统畅通性。

5.3　重复灌浆质量控制

（1）质量检查方法。

1）重复灌浆工程质量应以分析灌浆施工记录成果资料为主，结合钻孔取芯等测试资料，综合进行评价。

2）重复灌浆结束后，由设计、监理联合确定质量检查孔方法。重复灌浆质量检查在灌区灌浆结束28d后进行，检查数量不宜超过灌区总数的10%，重点宜放在根据灌浆资料分析情况异常的灌区。

（2）质量检查标准。根据灌浆施工资料和钻孔检查成果分析，若满足下列条件之一，灌区灌浆质量可评定为合格：

1）施工资料表明，坝块混凝土温度达到设计规定，两个排气管的排浆密度达到$1.5g/cm^3$以上，且压力达到设计值的50%以上，其他情况基本符合要求。

2）钻孔取芯检查，斜穿缝面检查孔，在缝面处取出较完整的、有一定黏结强度的水泥结石，骑缝检查孔芯样缝面上水泥结石填充面积达70%以上。钻孔取芯检查合格的判定：钻穿孔取出的缝面结石能将两侧混凝土黏结或黏附在一侧者，为较完整和具有一定强度，实测每块芯样取出缝面的面积和水泥结石充填面积，并计算芯样取出缝面的总面积和水泥结石充填的面积比值，当比值不小于70%时为合格。

3）凿槽检查，直接观察接缝内填充有水泥结石或缝面呈闭合状态。

重复灌浆灌区合格率应在85%以上，不合格的灌区分布应不集中，且每一坝段内纵缝灌区的合格率不低于80%，每一条横缝内灌区的合格率不低于80%，重复灌浆工程质量可评为合格。

对质量检查不合格的灌区，应进行补充灌浆。最终的质量等级应根据补充灌浆效果另行评价。

（3）质量检查施工。

1）质量检查孔应布置在廊道或者坝后施工平台上，采用地质钻机造孔，钻孔取芯的孔径不宜太小，可选用ϕ91～150mm金刚石钻头；骑缝孔不宜太深，一般孔深5m左右，最深不超过10m。

2）缝面槽检采用凿槽机械在指定部位骑缝凿除接缝两侧混凝土，凿槽平面尺寸宜为40cm×40cm，槽深以凿穿止浆片为准。

3）检查工作结束后，检查孔和检查槽应采用水泥浆液或者水泥砂浆封填密实。

5.4 工程实例

5.4.1 沙牌水电站碾压混凝土拱坝诱导缝重复灌浆

5.4.1.1 概述

沙牌水电站碾压混凝土拱坝最大坝高为132.0m，坝底厚为28.0m，坝顶厚为9.5m，坝顶中心线弧长为255.0m，坝体碾压混凝土浇筑工程量约为41.5万m^3，采用全断面通仓薄层碾压、连续上升的方法施工。拱坝坝体碾压混凝土靠自然冷却，其混凝土水化热散发速度缓慢。在水库蓄水前封拱时坝体混凝土温度达不到稳定温度就需对诱导缝进行灌浆处理，随坝体混凝土温度降低，在冷却到稳定温度场的过程中，已灌浆的诱导缝将形成较大的温度拉应力，导致坝体诱导缝再一次拉开，需要进行重复灌浆。

沙牌水电站碾压混凝土拱坝设置2条诱导缝（2号、3号缝面）和2条横缝（1号、4号缝面），诱导缝靠近河谷中部，底高程1750.00m；横缝靠近两岸坡，底高程分别为1810.00m及1813.00m。沙牌水电站碾压混凝土拱坝分缝布置见图5-6。

5.4.1.2 诱导缝重复灌浆系统

拱坝诱导缝重复灌浆系统采用单回路灌浆管路，分区高度一般为6m。采用预制混凝土重力式诱导板，重力式诱导板埋设采用直接埋设方式。

（1）诱导缝灌浆系统。诱导缝采用双向间断的布置形式，即水平径向间距0.5 m，沿高程方向间距0.5～0.6m，埋设一块长1.0m、高0.25～0.30m的预制混凝土诱导成缝板，形成不完全切断坝体的间断缝。一般每个灌浆区诱导缝面预埋相互独立的3套$\phi 1''$单回路钢管作进回浆管（管间距为0.75～0.90m），管口设计直通下游面，出露0.5m

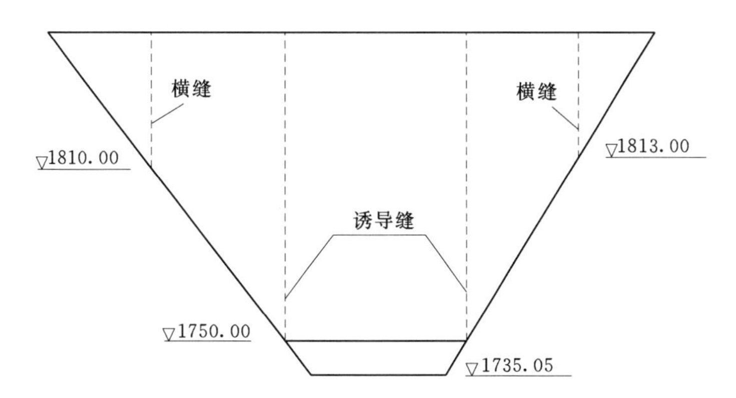

图 5-6　沙牌水电站碾压混凝土拱坝分缝布置示意图

左右（考虑到坝后无灌浆平台，不方便施工，一般将管口引至坝后左右岸边坡）。单回路灌浆管路在浇筑碾压混凝土的过程中预埋诱导板的同时安装，串联在灌浆管路上的出浆盒安装在相对的两块诱导板之间，矩形布置，水平径向间距 1.5m，高程方向间距 1.50～2.25m。

(2) 排气管布置。灌浆系统排气管布置于各灌区顶部，其距出浆盒中心的垂直距离为 0.75m 左右，采用 $\phi2''$穿孔镀锌钢管连接各间断分布的预制混凝土诱导板，构成排气管，排气管上游端采用 $\phi1''$镀锌钢管引出冲洗管。

(3) 出浆盒结构。采用一种特制的橡胶套阀作为重复灌浆管路的出浆盒。该橡胶套阀由一根穿槽钢管、一个橡胶套管和两个管接头组成，能够通过管接头方便快捷地串联安装在灌浆管路中。出浆盒上的出浆槽采用长槽形，4 条槽孔均布在钢管上。橡胶套由优质高弹和耐久性优良的橡胶硫化而成。该橡胶套在穿槽管的外面借助收缩压力能紧密地覆盖管壁上的出浆槽，只有当管内压力大于 0.10～0.21MPa 时，水或浆液才能顶开橡胶套，从出浆槽流出，而且，无论何种外压也不会使外面的水或浆液回流。

5.4.1.3 诱导缝重复灌浆施工

(1) 出浆盒试验。每一批次出浆盒到货后，都进行抽样试验，主要测定出浆盒的开环压力。检测器材包括压力泵、压力表、灌浆管路、减压阀等。根据前期抽样试验统计结果表明，出浆盒开环压力一般约为 0.17MPa，最高为 0.21MPa，最低为 0.10MPa。

(2) 灌浆系统预埋。灌浆系统预埋采取随混凝土碾压上升同时施工、流水作业的方式。混凝土碾压层厚度一般为 25～30cm，诱导板和灌浆管路系统按每三个碾压层预埋一次。在碾压混凝土碾压完成后，根据设计图放样标示预埋位置，随后根据样点堆放一侧诱导板，将预先加工好的灌浆管及出浆盒置入诱导板半圆槽中，最后将另一侧诱导板拼合上，继续下一混凝土碾压层碾压施工。诱导缝重复灌浆系统预埋施工流程见图 5-7。

灌浆管（含进浆管、回浆管、排气管、冲洗管等）根据设计图纸在项目部车间内加工而成，诱导板在预制场按规定的规格及混凝土配合比进行预制。

(3) 灌浆系统检查与维护。为防止混凝土施工时对灌浆管路的破坏，灌浆管路由专人负责检测与维护，三班跟班检查，发现问题及时解决。每一层灌浆管路系统预埋完成后，原则上要求通水检查，但考虑到碾压混凝土施工中不允许有过多的水进入仓面，通水检查

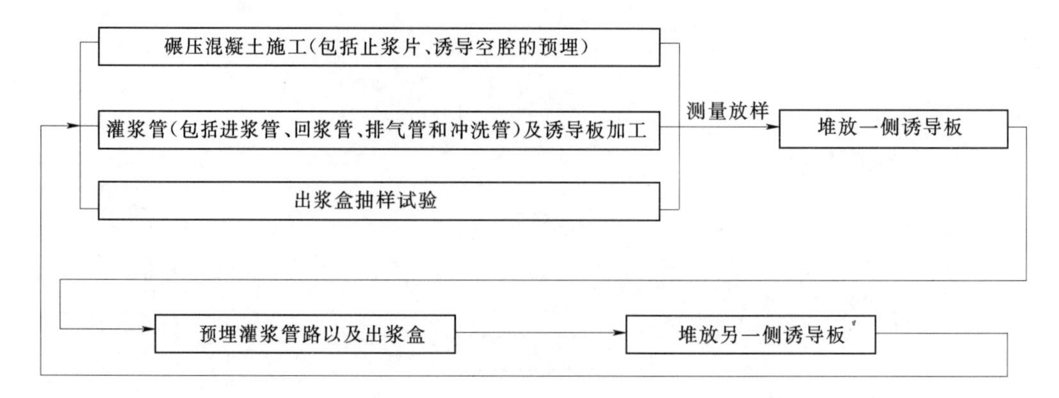

图 5-7　诱导缝重复灌浆系统预埋施工流程图

一般安排在一次混凝土施工完成后 3d 到第二次碾压混凝土施工前进行，通水检查压力不大于 0.1MPa。检查结果表明，进回浆管路通畅性较好，很少堵塞；排气管路的通畅概率在 70%左右。

（4）灌前准备工作。

1）缝面张开度、坝体混凝土温度测量。缝面张开度和坝体混凝土温度通过预埋在缝面及混凝土的测缝计来观测。从灌前最后一次测量结果（见表 5-1）看，2 号、3 号诱导缝 1～3 号灌区（灌区编号采取自下而上顺序号表示）的坝体混凝土温度较低，缝面张开度较大；4～7 号灌区的坝体混凝土温度偏高，缝面张开度较小。

表 5-1　　2 号、3 号诱导缝 1～7 号灌区温度、张开度平均值表

灌区名称（诱导缝号—灌区号）	2—1	2—2	2—3	2—4	2—5	2—6	2—7	3—1	3—2	3—3	3—4	3—5	3—6	3—7
温度 /℃	10.1	12.1	12.1	13.2	13.4	15.6	22.1	10.5	13.4	13.4	12.6	14.2	15.8	22.4
张开度 /mm	3.1	2.9	2.5	1.0	0.8	0.7	0.5	3.2	2.5	2.3	1.1	0.8	0.6	0.5

2）通水检查。通水检查分下列四步进行：

A. 灌浆管路通畅性检查。主要检查进回浆管路的通畅性。采用压力水通过压力表、水表等仪器进行灌浆管路的通畅性检查，水流压力控制在 0.05～0.1MPa 之间。进回浆管路的通畅性情况分为 3 类：在规定的压力下，测定回浆管路的出水率，当出水率大于 30L/min 时，为畅通；出水率为 15～30L/min 时，为半通；出水率小于 15L/min 时为微通或不通。其灌浆管路通畅性检查情况见表 5-2。

表 5-2　　2 号、3 号诱导缝 1～7 号灌区灌浆管路通畅性检查情况表

灌区名称（诱导缝号—灌区号）	2—1	2—2	2—3	2—4	2—5	2—6	2—7	3—1	3—2	3—3	3—4	3—5	3—6	3—7
畅通回路数量	3	3	3	2	2	2	3	3	3	3	2	2	3	3
半通回路数量	0	0	0	0	0	0	0	0	0	0	0	0	0	0
微通或不通回路数量	1	0	0	1	1	1	0	1	0	0	1	1	0	0

从表5-2可以发现，灌浆管路通畅情况一般为两种：一种为畅通；另一种为微通或不通，而半通的情况没有。出现这种情况主要是因为管路在埋设完成后进行向上或水平引管时管路断裂或堵塞所致。

B. 排气管路的通畅性检查。主要检查排气管路与冲洗管互通情况。检查方法为，利用冲洗管路进水，进水压力0.1～0.3MPa，观察排气管的出水流量，互通流量大于25L/min时为畅通，流量为25～15L/min时为半通，流量小于15L/min时为微通或不通。从检查结果看，2号、3号诱导缝1～3号灌区排气管与冲洗管基本不通，4～7号灌区基本上都互通。具体情况见表5-3。

表5-3　　2号、3号诱导缝1～7号灌区排气管路通畅性情况表

灌区名称（诱导缝号—灌区号）	2—1	2—2	2—3	2—4	2—5	2—6	2—7	3—1	3—2	3—3	3—4	3—5	3—6	3—7
互通情况	不通	微通	不通	畅通	畅通	畅通	畅通	不通	不通	不通	微通	畅通	畅通	畅通

C. 出浆盒及缝面的通畅性检查。采用单开通水检查方法，即利用某一进浆管路通水，其回浆管路封闭，压力控制在0.2～0.4MPa之间，观测进浆管路进水和排气管路出水流量。除部分管路堵塞外，进浆管路进水流量一般大于30L/min，占进浆管路总数的75%，最大进水流量为97L/min，最小为25L/min；部分排气管出水流量大于25L/min，占排气管总数的50%。

D. 灌区的密封性检查。缝面密封性主要指缝面在压水灌浆时水或浆液是否外漏或串通。通水时观测坝前、坝后发现缝面无外漏现象；但上下灌区串通的现象比较普遍，这主要是因为诱导缝成缝不规则，开缝不平直，且止浆片宽度仅为40cm，止浆片很可能没有完全置于缝面之上，产生空隙，导致串浆。

（5）灌浆施工。

1）灌浆材料。灌浆采用白花水泥厂生产的525号普通硅酸盐水泥，所用水泥经过沙牌试验室检测完全符合质量标准，水泥无受潮结块现象。

2）浆液制备。浆液采用制浆站集中制浆，制浆水泥采用磅秤称量，称量误差小于5%；制浆用水采用水表计量。浆液搅拌采用高速搅拌机，搅拌时间一般为90s，自制备至用完时间小于2h。制浆站标准浆液水灰比均为0.5∶1的浓浆。

3）施工顺序。

A. 灌区施工顺序为：

2号诱导缝1灌区 $\xrightarrow{\text{间隔 14d}}$ 3号诱导缝1～3灌区 ⟶ 2号诱导缝2灌区、3灌区 $\xrightarrow{\text{间隔 42d}}$ 3号诱导缝4～7号灌区。

B. 灌区各回路浆管灌注次序。灌区各回路灌注次序全部按自下而上的原则，即先灌注1号灌区回路（回路编号按自下而上的顺序），再依次灌注2号灌区、3号灌区等回路。

4）浆液水灰比控制。

A. 水灰比采用2∶1、1∶1、0.5∶1三个比级，先灌稀浆至排气管排出接近进浆浓度浆液或灌入量约等于缝面容积后，改浓一级水灰比直至结束。

B. 当缝面张开度大，缝面管路畅通，缝面通畅性检查排气管单开流量大于 30L/min 时，一开始即灌注 0.5：1 浆液。

C. 为使浓浆尽快填满缝面，开灌时，排气管上阀门均全开放浆，其他管口（回浆管）间歇放浆，并测记相应管口排出浆液的密度与弃浆量，当排气管排出最浓一级浆液时，调节阀门控制压力直至结束。

D. 先一回路浆管灌注结束，立即进行后一回路的灌浆工作。后一回路灌注起始水灰比比为先一回路灌注的最终水灰比。

5）灌浆压力及缝面增开度控制。灌浆过程中，利用测缝计跟踪监测缝面增开度，确保缝面增开度控制在 0.5 mm 以内，施工中缝面增开度最大为 0.1mm，最小为 0，一般在 0.04mm 左右。灌浆进浆压力为 0.4MPa，以各回路回浆管管口压力表指示压力控制；排气压力为 0.2MPa。最终以排气管压力来控制。

6）结束标准：排气管出浆达到或接近最浓比级浆液，排气管口压力或缝面张开度达到设计规定值，注入率不大于 0.4L/min 时，续灌 20min，灌浆即结束。

7）灌后冲洗：灌浆结束后，立即轮换对灌区各回路进回浆管进行冲洗，冲洗压力为 0.05～0.10MPa，直至回水清净。排气管冲洗时间较难把握，一般在灌浆结束后 10～30min 之间进行，冲洗压力为 0.40～0.45MPa；但冲洗至回清水的时间过长，一般大于 30min，而且带出浆液过多。由于灌区之间串浆较普遍，冲洗后的管路极易重新被堵塞。

8）特殊情况处理。

A. 进回浆管及排气管路堵塞情况处理，主要采取掏孔、冲洗、钻孔等方法。掏孔具体针对管口被堵塞的管路；冲洗是采用高压脉冲水反复冲洗微通的管路；钻孔则是在管路完全不通时，在灌区合适位置（廊道或坝后）钻穿缝孔，孔位、孔向、孔斜计算确定，测量放样，孔深以穿过缝面 20cm 控制。前期灌浆共钻孔 11 个，恢复 7 个灌区的灌浆及排气系统。

B. 串浆时，如果缝面具备灌浆条件，灌浆设备及材料满足要求，采用几个灌区连续灌浆的方法。

5.4.1.4 灌浆成果

诱导缝 20 个灌区自 2001 年 4 月开始至 2001 年年底完成首次灌浆，灌区面积 3210.6m^2，注入水泥总量 93409.6kg，最大单位注灰量 56.5kg/m^2，最小单位注灰量 10.3kg/m^2。首次灌浆后，随着坝体混凝土温度降低，到 2003 年 4 月坝体混凝土温度基本达到稳定温度，坝体混凝土收缩使得已灌浆的诱导缝又一次拉开，缝宽最大达到 1.6mm，再次对缝面进行了灌浆，共耗水泥总量 21021.8kg，最大单位注灰量 9.6kg/m^2，最小单位注灰量 3.7kg/m^2，用橡胶套管制成的重复灌浆出浆盒，其开环出浆压力无约束时为 0.10～0.21MPa，预埋后一般为 0.2MPa，开环出浆率为 100%，可实现重复灌浆，具有经济实用、制作安装简便、易冲洗的特点，经历了汶川大地震，大坝运行至今缝面未发生渗水现象。

5.4.2 大花水碾压混凝土拱坝诱导缝重复灌浆

大花水拱坝位于贵州省开阳县清水河上，拦河大坝为抛物线双曲拱坝＋左岸重力墩。最大坝高 134.50m，坝顶宽 7.00m，坝底厚 25.0m，厚高比 0.186。坝体大体积混凝土为

C20 三级配碾压混凝土，坝体上游面采用二级配碾压混凝土自身防渗。拱坝基础垫层常态混凝土浇筑层厚 1.0～2.0m，碾压混凝土浇筑采用全断面通仓薄层碾压、连续上升的浇筑方式，每一升层高度为 3～9m；拱坝采用 2 条诱导缝＋2 条横缝的分缝方案。诱导缝编号为 2 号、3 号，其中 2 号诱导缝自下而上分为 13 个灌区，面积共 1523.9m^2；3 号诱导缝共分 12 个灌区，面积为 1418.1m^2。

诱导缝采用单回路灌浆管路重复灌浆系统，每一灌区由 6 套进回浆管路和 1 套排气管路组成，出浆盒为自行特制。诱导缝高程范围为 738.50～840.00m，大坝蓄水前，坝体尚未达到稳定温度，缝面张开度较小，最大值不到 1.0mm。25 个灌区的首次接缝灌浆从 2007 年 3 月 1 日开始，至 3 月 26 日全部完成。诱导缝灌浆累计注入水泥总量 15513kg，单位面积平均注入水泥量 5.27kg/m^2；灌区最大单位注入水泥量 15.5kg/m^2，最小单位注入水泥量 3.56kg/m^2；灌浆效果良好。

 碾压混凝土质量控制与检测

碾压混凝土的质量控制是在碾压混凝土施工过程中和施工完成后所进行的与碾压混凝土质量直接相关的各项工作，质量控制的关键是要有科学的控制程序、检测手段以及有效的质量保证体系。

6.1 质量控制标准

碾压混凝土的质量控制是对原材料、配合比、拌和物、运输、碾压浇筑仓面的每一道工序的质量控制与检测。碾压混凝土质量控制主要依据《水工碾压混凝土施工规范》(DL/T 5112—2009)、《水电水利基本建设工程单元工程质量等级评定标准　第8部分：水工碾压混凝土工程》(DL/T 5113.8—2012）以及具体工程合同文件技术条款的有关规定执行。

《水工碾压混凝土施工规范》(DL/T 5112—2009）对碾压混凝土的原材料、配合比设计、施工质量控制都做了相应规定，现就几个关键的质量控制标准分述如下。

6.1.1 碾压混凝土原材料质量控制标准

《水工碾压混凝土施工规范》(DL/T 5112—2009）对碾压混凝土原材料的质量控制标准进0行了规定，其中水泥的品质及检测应符合《通用硅酸盐水泥》(GB 175—2007)、《中热、低热、低热矿渣硅酸水泥》(GB 200—2003)、《矿渣硅酸盐水泥、火山灰质硅酸盐水泥及粉煤灰硅酸盐水泥》(GB 1344—1999)、《低热微膨胀水泥》(GB 2938—2008）等的有关规定；各种掺合料的品质及检测应符合《用于水泥和混凝土中的粉煤灰》(GB/T 1596—2005)、《水工混凝土掺用粉煤灰技术规范》(DL/T 5055—2007)、《用于水泥和混凝土中的粒化高炉矿渣粉》(GB/T 18046—2008)、《水工混凝土掺用磷渣粉技术规范》(DL/T 5387—2007)、《水工碾压混凝土施工规范》(DL/T 5112—2009）的相关规定，2009年版本施工规范中将矿渣粉、磷渣粉、火山灰等活性材料列入掺合料；外加剂品质及检测应符合《水工混凝土外加剂技术规范》(DL/T 5100—2014）的规定；砂石骨料品质及检测应符合《水工混凝土砂石骨料试验规程》(DL/T 5151—2014)、《水工碾压混凝土施工规范》(DL/T 5112—2009）的相关规定；拌和及养护用水应符合《水工混凝土施工规范》(DL/T 5144—2015)、《水工混凝土水质分析试验规程》(DL/T 5152—2001）的规定。

DL/T 5112—2009中对人工砂中的石粉含量控制标准做了新的补充。DL/T 5112—1994对人工砂中的石粉含量要求控制在8%～17%，超过17%应经试验论证，DL/T

5112—2000 对人工砂石粉含量放宽到 10%～22%，并提出最佳石粉含量应通过试验确定，DL/T 5112—2009 在 DL/T 5112—2000 的基础上，补充了石粉中 $d<0.08$mm 的微粒含量不宜小于 5%的规定。这说明对人工砂中石粉的作用，有了更多的认识和发现，研究证实，石粉中 $d<0.08$mm 的微粒有一定的减水作用，同时促进水泥的水化且有一定活性。

6.1.2 碾压混凝土配合比控制

碾压混凝土配合比设计可遵循 DL/T 5330 的规定，应满足工程设计的各项技术指标及施工工艺要求。碾压混凝土的配置强度应遵循 DL/T 5144 的规定。

（1）DL/T 5112—2009 对碾压混凝土配合比部分参数做出了规定，主要有：水胶比不宜大于 0.65；永久建筑物碾压混凝土胶凝材料用量不宜低于 130kg/m^3。永久建筑物碾压混凝土胶凝材用量不宜低于 130kg/m^3，在 DL/T 5112—2009 中已有论述，DL/T 5112—2009 中增加了“当低于 130kg kg/m^3 时应专题试验论证”内容，这为进一步优化碾压混凝土配合比设计提供了依据。

（2）VC 值选用控制标准。VC 值的大小对碾压混凝土的性能有显著影响。混凝土 VC 值的选取，是控制水工碾压混凝土质量的关键指标，在历次规范中都是作为重要指标加以明确。

DL/T 5112—1994 中规定“机口 VC 值宜在 5～15s 范围内选用”；DL/T 5112—2000 中进一步修改为“碾压混凝土拌和物的设计工作度（VC 值）可选用 5～12s，机口 VC 值应根据施工现场的气候条件变化动态选用和控制，机口 VC 值可在 5～12s 范围内”；DL/T 5112—2009 更是在 DL/T 5112—2000 的基础上做了较大的改动，修改为“碾压混凝土拌和物的 VC 值现场宜选用 2～12s，机口 VC 值应根据施工现场的气候条件变化，动态选用和控制，宜在 2～8s 范围内。”可以说，几次修改，VC 值控制一次比一次小，一次比一次更体现我国水工碾压混凝土的特性，特别是 2009 年的修改，突出了碾压混凝土拌和物 VC 值现场选用标准，有利于现场施工和保证混凝土质量。我国在 20 世纪 80 年代引进碾压混凝土施工技术时，同时引进了国外高 VC 值的理念，经过 20 多年的研究和探索，我国的碾压混凝土配合比设计采用低中胶凝材用量、高石粉含量、掺缓凝减水剂，低 VC 值的技术路线，改善了拌和物性能，使碾压混凝土的可碾性、液化泛浆、层间结合、密实性、抗渗性能都得到了较大的提高。

（3）弹簧土质量控制标准。DL/T 5112—2009 中取消了碾压过程中对弹簧土处理的要求，条文说明指出，只要表观密度能满足要求，碾压中出现的弹簧土现象，有利于层间结合，不必处理。

6.2 质量控制

6.2.1 质量检查目的和内容

碾压混凝土质量检查的目的就是使碾压混凝土最终达到混凝土产品的质量要求。

碾压混凝土的质量检查分为两部分：一部分为碾压混凝土生产阶段的质量检查；另外

一部分为碾压混凝土施工阶段的质量检查。

6.2.1.1 碾压混凝土生产阶段的质量控制与检测

（1）原材料的检测与控制。主要含胶凝材料、砂石骨料、外加剂的检测。

（2）拌和生产过程中的质量检测。主要检测和控制的内容有：配料过程中的质量控制与检测；原材料变化时的配合比调整；出机口混凝土质量的抽样检测与控制。

6.2.1.2 碾压混凝土施工阶段的质量控制与检测

（1）拌和物碾压时 VC 值、初凝时间的检测。

（2）卸料、平仓、碾压作业时的检查与控制。主要有层间结合质量控制，及时铺料与碾压、碾压密实度的检测与控制。

（3）异种混凝土结合部位的质量控制。

（4）关键工序的时间控制。主要有拌和时间的控制、从出机到碾压完毕的时间控制、从入仓到开始碾压的时间控制等。

6.2.2 原材料检测与控制

（1）混凝土的原材料现场检测项目和检测频率。原材料检测的目的是检查水泥、掺合料、骨料和外加剂的质量是否满足质量标准，并根据检查结果调整碾压混凝土配合比和改善施工工艺，评定原材料的生产控制水平。如龙滩工程每班测定人工粗骨料的裹粉含量，对超过指标的进行二次冲洗。根据工程施工经验并参考有关资料，DL/T 5112—2009 规定碾压混凝土的原材料现场检测项目和检测频率按表 6-1 进行。

表 6-1 原材料现场检测项目和检测频率表

<table>
<tr><th colspan="2">名称</th><th>检测项目</th><th>取样地点</th><th>检测频率</th><th>检测目的</th></tr>
<tr><td colspan="2" rowspan="2">水泥</td><td>快速检定等级</td><td>拌和厂水泥库</td><td>必要时进行</td><td>验证水泥活性</td></tr>
<tr><td>细度、安定性、标准稠度需水量、凝结时间、等级</td><td>水泥库</td><td>每 1 次 200～400t①</td><td>检定出厂水泥质量</td></tr>
<tr><td colspan="2" rowspan="2">掺合料</td><td>密度、细度、需水量比或流动度比、烧失量</td><td>仓库</td><td>每 1 次 200～400t①</td><td>评定质量稳定性</td></tr>
<tr><td>强度比或活性指数</td><td></td><td>必要时进行</td><td>检定活性</td></tr>
<tr><td colspan="2" rowspan="4">细骨料</td><td>细度模数、石粉和微粒含量</td><td>拌和厂、筛分厂</td><td>每天 1 次</td><td rowspan="2">筛分厂控制生产、调整配合比</td></tr>
<tr><td>颗粒级配</td><td>筛分厂</td><td>必要时进行</td></tr>
<tr><td>含水率</td><td>拌和厂</td><td>每 1 次 2h 或必要时进行</td><td>调整混凝土用水量</td></tr>
<tr><td>含泥量、表观密度</td><td>拌和厂、筛分厂</td><td>必要时进行</td><td>检验细骨料质量</td></tr>
<tr><td rowspan="5">粗骨料</td><td>大石</td><td rowspan="3">超径、逊径</td><td rowspan="3">拌和厂、筛分厂</td><td rowspan="3">每班 1 次</td><td rowspan="3">筛分厂控制生产、调整配合比</td></tr>
<tr><td>中石</td></tr>
<tr><td>小石</td></tr>
<tr><td rowspan="2">小石</td><td>含水率</td><td>拌和厂</td><td>每班 1 次或必要时进行</td><td>调整混凝土用水量</td></tr>
<tr><td>黏土、淤泥、细屑含量</td><td>拌和厂、筛分厂</td><td>必要时进行</td><td>检验小石质量</td></tr>
<tr><td colspan="2">外加剂</td><td>溶液浓度</td><td>拌和厂</td><td>每班 1 次</td><td>调整外加剂掺量</td></tr>
</table>

① 每批不足 200t 时，也应检测 1 次。

(2) 严格控制细骨料的含水率和级配。砂细度模数变动将引起 VC 值等的变动，因此，将砂细度模数控制在允许变动范围内，对稳定碾压混凝土生产质量是必要的。细骨料（人工砂、天然砂）宜质地坚硬，级配良好；人工砂的细度模数宜为 2.2～2.9，天然砂的细度模数宜为 2.0～3.0；使用细度模数小于 2.0 的天然砂，应经过试验论证。细度模数允许偏差为±0.2，砂细度模数检测结果如果与给定值之差超过±0.20 时，则应调整碾压混凝土配合比。

碾压混凝土施工时细骨料（人工砂、天然砂）的含水率控制比常态混凝土严格，因为含水率的允许偏差超过 0.5%时，可能引起碾压混凝土 VC 值不稳定。与 DL/T 5144 的规定一致，细骨料应有一定的脱水时间，含水率应不大于 6%，允许偏差值为 0.5%，超过时应调整混凝土拌和用水量。含水率原则上应连续测定，同时宜用传统的烘干法按规定进行核定。

(3) 严格控制各级粗骨料超、逊径含量。现场生产的粗骨料主要控制超、逊径和各级石子的含水率。

骨料超、逊径的检验应使用原孔筛或超、逊径筛进行。用原孔筛检验时，其控制标准为：超径小于 5%，逊径小于 10%；以超、逊径筛检验时，其控制标准为超径为 0，逊径小于 2%。

粗骨料主要应对小石（粒径 5～20mm）含水率进行检测，石子含水率的允许偏差为±0.2。小石含水率、VC 值和抗压强度测定结果表明，小石含水率波动会引起碾压混凝土 VC 值和抗压强度波动。

(4) 石粉等对碾压混凝土的均匀性和泛浆性能很关键。DL/T 5113.8—2012 标准条文说明第 5.1.4 条“国内石粉含义是指小于 0.16mm 的颗粒，而国外一般是以小于 0.075mm 颗粒作评价指标”。如美国对碾压混凝土拌和楼（小于 0.075mm）的粉砂理想含量为 5%～8%；规定小于 0.075mm 粉砂含量可达 5%～7%；谢拉德等于 1984 年指出非塑性微粒小于 0.075mm 含量为 4%～11%较为理想；日本学者指出石粉含量在 10%～15%时，稠度最好，抗折强度最高。日本上居坝每立方米混凝土添加石粉 40kg，胶材减少 20kg，DL/T 5113.8—2012 标准第 5.1.4 条将“石粉含量宜控制在 10%～23%”作为保证项目，但附录中“原材料质量评定表”无此检测项目。人工砂石粉（$d \leqslant 0.16$mm 的颗粒）含量宜控制在 12%～22%，其中 $d \leqslant 0.08$mm 的微粒含量不宜小于 5%。鉴于当前多个工地已在外掺石粉或矿粉，可将“石粉含量控制在技术文件要求”（扣除外掺石粉或矿粉）作为一个重要的检测项目。

(5) 掺合料含量对改善出机口温度和均匀性很有帮助。国内水工碾压混凝土使用的掺合料有粉煤灰、磷矿粉、铁矿渣加石粉、磷矿粉加石粉等多种掺合方式。应通过掺合技术试验明确掺合料控制指标。

(6) 外加剂应按品种、进场日期分别存放，存放场所应通风干燥。检验合格的外加剂储存期超过 6 个月，使用前应重新检验。使用时，外加剂应配制成溶液并搅拌均匀，储存在室内容器中，避免污染。

6.2.3 砂浆与灰浆浇筑质量检测与控制

(1) 砂浆与灰浆浇筑质量标准及检测频次见表 6-2。

表 6-2　　砂浆与灰浆浇筑质量标准及检测频次表

项类	项次	项目	质量标准	检测频次
主控项目	1	砂浆强度	比混凝土强度高一个等级	1次/碾压层
	2	摊铺厚度	10～15mm	1次/碾压层
一般项目	1	砂浆稠度	80～120mm	1次/工作班
	2	灰浆水胶比	测定质量密度，不大于碾压混凝土水胶比	1次/碾压层

（2）检验方法：查看现场拌制记录，并按规定取样检测。

6.2.4 拌和生产过程质量检测与控制

（1）配料称量检验标准。每盘混凝土各组成材料称量准确与否，是影响混凝土生产质量的重要因素，应对衡器进行定期检验。用于碾压混凝土的配料称量衡器应每月率定一次。每班称量前应对称量设备进行零点校验，各配料称量检验标准见表 6-3。

表 6-3　　各配料称量检验标准表

材料名称	水	水泥、掺合料	粗、细骨料	外加剂
允许偏差/%	±1	±1	±2	±1

（2）碾压混凝土拌和物检测项目、质量标准和检测频次。碾压混凝土的检测重点是出机口的新拌碾压混凝土性能，其目的是用来发现施工中的失控因素，并加以调整。碾压混凝土拌和物的质量检测可在搅拌机口随机取样，按 DL/T 5112、DL/T 5433 的要求检验，检测项目、质量标准和检测频次按表 6-4 执行。

表 6-4　　检测项目、质量标准及检测频次表

项类	项次	检测项目	质量标准	检测频次
主控项目	1	拌和时间	拌和时间符合试验规定时间或拌和机拌和工艺确定的时间	1次/工作班
	2	出机口拌和物 VC 值	配合比设计中值±3s	1次/2h
	3	拌和物均匀性	（1）用洗分析法测定骨料含量时，两个样品差值小于10%； （2）采用砂浆密度分析法测定砂浆密度时，两个样品差值不大于 30kg/m³	在配合比或拌和工艺改变、机具投产或检修后等情况分别检测1次
一般项目	1	称量误差	水、冰、水泥、掺合料、水泥、粉煤灰、外加剂±1%，骨料±2%	1次/工作班
	2	出机口混凝土温度	扣除运输过程温度变化值后符合设计要求的入仓温度	1次/(2～4h)
	3	拌和物含气量	配合比设计值±1%	1次/工作班

（3）碾压混凝土各组分材料应搅拌均匀，适宜的拌和时间随碾压混凝土 VC 值、搅拌机容量、类型和投料顺序而异，应由拌和试验确定。混凝土拌和设备投入运行前，应通过碾压混凝土拌和物均匀性试验，以确定拌和时间和投料顺序。强制式搅拌机投料顺序一般采用胶凝材→细骨料→水＋外加剂溶液先拌制约 20s，随后投入粗骨料。

（4）碾压混凝土现场质量控制的重点是 VC 值和初凝时间，VC 值控制是碾压混凝土可碾性和层间结合的关键。根据江垭、棉花滩、大朝山、龙首、沙牌、蔺河口、百色、龙滩等水电站的施工经验，确定机口 VC 值允许偏差为±3s。中国是一个区域性差异很大的国家，存在高温、高寒、潮湿多雨和大风干燥等多样性气候条件，施工过程中的气温、日照、风速等对碾压混凝土的 VC 值影响较大，所以各工程 VC 值控制范围不尽相同，应根据工程实际对 VC 值实行动态控制。

混凝土拌和物的配合比设计中值，在施工中可以根据天气等因素调整。根据工程经验及施工设备性能的不断提高，将 VC 值建议为 2～8s，以不陷碾为原则，尽量往小值靠近，对层间结合更为有利。碾压混凝土拌和物 VC 值选定后，机口 VC 值允许偏差±3s，超出控制界限时，应查找原因，采取措施控制工作度变化。如需调整碾压混凝土拌和物用水量时，应保持水胶比不变。气候条件变化较大（大风、雨天、高温）时应适当增加检测次数。

（5）掺合料含量对改善出机口温度和均匀性很有帮助。国内水工碾压混凝土使用的掺合料有粉煤灰、磷矿粉、铁矿渣加石粉、磷矿粉加石粉等多种掺合方式。应通过掺合技术试验确定掺合控制指标。

（6）严格控制和调整引气剂掺量。为提高大坝混凝土的耐久性，混凝土中需保持一定的含气量，无论北方寒冷地区或南方亚热带温和地区，抗冻等级已成为碾压混凝土耐久性设计的必要指标。碾压混凝土由于掺加比例较大的掺合料，以及干硬性特点，引气比较困难，要达到与常态混凝土相同的含气量，就需要增加引气剂掺量。为了保证碾压混凝土施工质量和提高耐久性性能，掺加引气剂的碾压混凝土应严格控制含气量，掺加引气剂的碾压混凝土含气量允许偏差为±1%。

（7）抗压强度的检测目的是检验碾压混凝土拌和质量及施工质量。抗压强度试件取样频率与 DL/T 5144 规定一致，以便于对碾压混凝土和常态混凝土采用同一标准进行检测和质量评定。检测频次为 28d 龄期每 500m^3 成型一组，设计龄期每 1000m^3 成型一组；不足 500m^3 至少每班取样一次。

（8）抗渗、抗冻、极限拉伸等检测要求，参照《水工混凝土施工规范》（DL/T 5144—2015）的规定执行。

（9）拌和物外观评价。以“拌和物均匀性”主控项目进行控制，拌和物外观评价可作为施工过程中质量控制的辅助手段，其质量标准为“拌和物颜色均匀，砂石表面附浆均匀，无水泥粉煤灰块；刚出机的拌和物用手轻握能成团，松开后手心无过多灰浆黏附，石子表面有灰浆光亮感”。

6.2.5 混凝土运输铺筑质量标准及检测频次

（1）混凝土运输铺筑质量标准及检测频次见表 6-5。

表 6-5　　混凝土运输铺筑质量标准及检测频次表

项类	项次	项　目	质量标准	检测频次
主控项目	1	无垫层混凝土的基础块铺筑	基岩面上先铺砂浆，再浇筑变态混凝土，或在基岩面上直接铺筑小骨料混凝土或富砂浆混凝土。砂浆摊铺均匀，混凝土振捣密实	1次/碾压层或作业仓面
	2	碾压混凝土品种及强度等级分区	符合设计要求	1次/碾压层或作业仓面
	3	碾压摊铺层厚和碾压遍数	碾压摊铺层厚，应控制在碾压工艺试验确定的范围内； 碾压遍数、有振无振的顺序遵循碾压工艺试验确定方案	1次/碾压层或作业仓面
	4	仓面实测VC值	仓面在压实前测试VC值，控制在设计值±5s波动范围	1次/2h
	5	仓面碾压混凝土外观	经碾压3～4遍后，碾轮过后混凝土有弹性（塑性回弹），80%以上表面有明显灰浆泛出，混凝土表面湿润，有亮感，及时处理泌水，无明显骨料集中	1次/(100～200m^2碾压层)
	6	压实密实度	满足设计要求，无设计要求时，应满足外部碾压混凝土相对压实度不小于98%、内部碾压混凝土相对压实度不小于97%	1次/(200～500m^2碾压层)
	7	异种混凝土结合部位浇筑碾压	在两种混凝土初凝前，结合部位碾压振捣密实	每一结合部位1次
	8	混凝土温度控制	(1) 碾压混凝土的仓面温度应控制在设计规定范围； (2) 摊铺、碾压过程中保湿，碾压后及时遮盖，仓面保温措施符合要求； (3) 冷却水管埋设和通水应符合设计要求	1次/碾压层或作业仓面
一般项目	1	运输与卸料工艺	运输方式与运输机具有避免产生骨料分离的措施，车辆入仓前应冲洗干净，在仓面行驶无急刹车、急转弯，任一环节的接料、卸料的跌落高度和料堆高度不宜超过1.5m，并宜设有缓冲措施，仓内卸料宜采用梅花形重叠方式，卸料堆旁的分离骨料应用人工分散	1次/工作班
	2	平仓工艺	(1) 薄层平仓，每层摊铺厚度在170～340mm，或符合设计规定要求值； (2) 边缘死角部位辅以人工摊铺； (3) 平仓后，仓面平整，无坑洼，厚度均匀； (4) 斜层摊铺，层面不得倾向下游，坡度不得陡于1∶10，坡脚部位应避免形成薄层尖角	1次/工作班
	3	碾压工艺	(1) 在坝体迎水面3～4m范围碾压方向与水流方向垂直； (2) 碾压条带搭接宽度为100～200mm，端头部位搭接宽度宜为1m； (3) 靠近模板、基岩等大振动碾无法碾压的边缘部位，应采用小振动碾碾压，或做成变态混凝土	1次/工作班
	4	造缝、模板、止水及埋件保护	造缝、模板、止水及埋件埋设符合设计要求，保护完好	1次/碾压层
	5	混凝土养生	(1) 铺筑仓面保持湿润； (2) 永久暴露面养生时间符合要求； (3) 水平面养护到上层碾压混凝土铺筑为止	1次/工作班

(2) 检验方法：检查现场记录，进行统计。

(3) 仓面施工质量控制是碾压混凝土施工过程中的一个重要环节，除了碾压混凝土施工规范明确提出的一些检测指标需满足要外，还有一系列的有关特殊过程控制要点及要求。

(4) 两个碾压层间隔时间应全过程控制，由试验确定不同气温条件下允许层间间隔时间，并按其判定，以保证层面良好结合，使层面满足强度和抗渗性能要求。浇筑现场的VC测值允许偏差±5s。

(5) 混凝土加水拌和至碾压完毕时间应全过程控制，小于2h或通过试验确定。随着高效缓凝减水剂的研制和应用，混凝土凝结时间可相对延长。因此，混凝土加水拌和至碾压完毕时间控制标准可通过试验确定，有的工程还测定浇筑温度。

(6) 骨料分离情况应全程控制，避免出现骨料集中现象。

(7) 表观密度检测采用核子水分密度仪或压实密度计。使用表面型核子水分密度仪测定压实表观密度已经积累了一定经验，产品的性能、质量能达到要求。由于碾压完毕后压实能量有段释放过程，宜以碾压完毕10min后的核子水分密度仪测试结果作为表观密度判定依据。

(8) 碾压混凝土的表观密度应满足设计要求，无设计要求时，应满足外部碾压混凝土相对压实度不小于98%、内部碾压混凝土相对压实度不小于97%要求，以满足碾压混凝土坝重力稳定和密实性的基本要求。

(9) 气候条件变化较大（大风、雨天、高温）时应适当增加VC值、入仓温度的检测次。

6.2.6 层间及缝面处理与防护质量标准检测及检测频次

(1) 层间及缝面处理与防护质量标准及检测频次见表6-6。

表6-6 层间及缝面处理与防护质量标准及检测频次表

项类	项次	项目	质量标准	检测频次
主控项目	1	上、下碾压层间隔时间	下层碾压混凝土初凝前上层碾压混凝土应碾压完毕	1次/碾压层
	2	铺浆	(1) 砂浆厚度10～15mm，摊铺均匀，砂浆的水胶比由试验确定，不得在仓面加水，边铺边覆盖上层混凝土； (2) 灰浆水胶比与碾压混凝土水胶比相同，喷洒均匀，边喷洒边覆盖上层混凝土	1次/缝面或作业仓面
	3	碾压层面状态与处理工艺	(1) 下层碾压混凝土未初凝前可连续铺上层碾压混凝土； (2) 下层碾压混凝土初凝但未终凝，应铺砂浆或灰浆后再覆盖上层碾压混凝土； (3) 下层碾压混凝土已终凝，应按施工缝处理后再覆盖上层碾压混凝土	1次/碾压层或作业仓面
	4	施工缝面处理	(1) 刷毛或冲毛后缝面无乳皮、无松动骨料、微露粗砂； (2) 缝面清洗洁净，无积水、无积渣等	1次/缝面或作业仓面

续表

项类	项次	项　目	质量标准	检测频次
一般项目	1	层面或缝面保护	层面或缝面应保持清洁、湿润、无污染	1次/（层或缝）
	2	接缝处理	（1）接缝宜做成1∶4斜坡； （2）同层接缝不宜形成上下游通缝； （3）按冷缝处理要求冲毛和清洗	1次/缝
	3	横缝设置	横缝位置及填缝材料符合设计要求	1次/缝
	4	雨天施工层面防护、处理	应符合《碾压混凝土施工规范》（DL/T 5144—2015）的有关规定	雨天适时

（2）检查方法：现场观察和查看施工记录。

（3）对“拌和物土出机到碾压完历时”，一般建议在1.5～2h，以更好地保证层间结合。

6.2.7　变态混凝土浇筑质量标准及检测频次

（1）变态混凝土制浆宜采用机械拌制，变态混凝土浇筑质量标准及检测频次见表6-7。

表6-7　　变态混凝土浇筑质量标准及检测频次表

项类	项次	项　目	质　量　标　准	检测频次
主控项目	1	灰浆配合比	符合设计要求	1次/工作班
	2	加浆量	符合规范要求	1次/碾压层
	3	振捣	振捣密实，振捣器插入下层混凝土50mm左右，相邻区域混凝土碾压时与变态区域搭接宽度应大于200mm	1次/碾压层
一般项目	1	加浆方法	在新铺碾压混凝土底部和中部分层铺浆或造孔、切槽注浆	1次/碾压层
	2	浇筑宽度	不小于设计要求	1次/碾压层

（2）检查方法：现场检查、查看施工记录。

6.2.8　关键或特殊过程控制

6.2.8.1　关键工序的时间控制

（1）碾压混凝土拌和物从出机到碾压完毕的时间一般不超过2h，随着高效缓凝减水剂的应用，碾压混凝土凝结时间已经大大延长，2h的控制标准可以根据实测资料延长。

（2）碾压混凝土拌和物从入仓到开始碾压的时间一般不超过1h。

（3）层缝面的垫层料如砂浆，从摊铺到覆盖的时间一般不超过15min。在处理碾压混凝土冷缝时，多采用铺筑砂浆或灰浆做垫层接缝，应注意做到摊铺均匀，以及铺开后及时覆盖，避免砂浆或灰浆发白变干，造成两层碾压混凝土之间形成夹层，使接缝性态恶化。

（4）层间允许间隔时间控制。层间允许间隔时间需控制在设计要求的范围内，使层面质量满足抗剪断强度和抗渗性能要求。层间允许间隔时间应根据不同气温和施工环境条件，通过试验确定允许间隔时间。层面覆盖标准应根据现场具体情况确定，现行施工规范是以碾压混凝土的初凝时间作为层面覆盖的判断标准。

6.2.8.2 斜层铺筑质量控制

(1) 采用斜层平推法铺筑时，层面不得倾向下游，坡度不应陡于1∶10。为有利坝体稳定。根据江垭、百色、龙滩等多个水电站实践，斜层坡度不陡于1∶10时，可进行正常施工，坡度过陡，不易保证铺料厚度均匀。

(2) 避免在坡脚部位形成薄层尖角和严格清除二次污染是保证斜层平推法施工质量的两个主要问题。

坡脚部位应避免形成薄层尖角，因薄层尖角部位的骨料易被压碎，在坡脚伸出一个平段是避免形成薄层尖角的有效方法。

施工缝面在铺浆（砂浆、灰浆或小骨料混凝土）前应严格清除二次污染物，铺浆后应立即覆盖碾压混凝土。为改善层间结合质量，提高抗剪断参数，应结合工程的实际情况，确定铺浆材料，可采用灰浆、砂浆和小骨料混凝土，工程实践证明，小骨料混凝土施工难度大，但质量有保障；灰浆和砂浆则应严格控制稠度和摊铺的均匀性，特别是灰浆，若层面不平整、摊铺不均匀致使浆液集中，对层间结合不利。

(3) 采用斜层平推法施工时，应控制每个斜层升程的高度，龙滩水电站高温季节每个斜层的升程高度为1.5～3.0m，低温季节为3.0～6.0m。有预埋冷却水管时，要与冷却水管的间隔高程相协调。

(4) 为避免因为拌和物放置时间过长而引起混凝土质量问题，对拌和物自拌和到碾压完毕的时间应予限制，具体应根据不同天气条件下混凝土VC值变化情况和对压实后的表观密度的影响来确定。碾压混凝土入仓后应尽快完成平仓和碾压，从拌和加水到碾压完毕的最长允许历时，常根据不同季节、天气条件及VC值变化规律，经过试验或类比其他工程实例来确定，不宜超过2h。江垭、棉花滩、龙滩等多个水电站，碾压均在混凝土拌和开始后2h内完成。低温或多雨天气，可适当延长。

(5) 碾压层内铺筑条带边缘、斜层平推法的坡脚边缘，碾压时应预留宽度200～300mm，以便与下一条带同时碾压，这些部位最终完成碾压的时间应控制在直接铺筑允许时间内。

与下一条带同时碾压的部位，完成碾压的时间，应严格控制在能够满足层间结合质量的最大层间间隔时间内。层间间隔时间应根据工程的具体条件由现场试验确定。如龙滩水电站在高温季节规定层间间隔时间不超过4h，并对不同的季节不同的气温情况下对层间间隔时间均做了具体规定。

6.2.8.3 冷却水管施工

(1) 预埋冷却水管常采用PVC冷却水管，局部也可采用铁管。铺料、碾压及通水过程中要有专人维护、检查，发现问题及时处理。

(2) 碾压混凝土中预埋冷却水管时，应在碾压完成后上层铺料前进行。管路接头应牢固，安装完毕后，应通水（气）检查，发现堵塞或漏水（气），及时处理，直至合格。冷却水管引入廊道或坝体外时，管道应按序排列，明确标识，周边宜采用变态混凝土施工。

(3) 在碾压混凝土中铺设冷却水管，主要担心在摊铺、碾压过程中，各种设备、骨料（尤其人工骨料）的挤压造成水管破损，甚至使通水冷却无法实施。龙滩水电站通过对冷却水管预埋进行碾压试验，详细规划了水管铺设方式和开始通水时间，尽量减少碾压过程对水管的干扰，并采用了新型的卡式接头，以满足水管的快速铺设。

PVC冷却水管管材和接头质量是保证冷却水管施工的关键。施工时，布设在施工缝面上的冷却水管采用1英寸的黑铁管，在浇筑过程中铺设的冷却水管则采用直径32mm的高密塑料管。为避免仓内施工设备压坏水管，最初开始采用挖槽埋设，此法费工、费时，效果亦不佳；后改为全部在施工缝面上先摊铺碾压一层30cm垫层后或在胚层面直接铺设，用钢筋或铁丝固定间距，开仓时用砂浆包裹，推土机入仓时先用混凝土作垫层。

(4) 仓内冷却水管布置。

1) 坝内埋设的蛇形水管一般按1.5m（水管垂直间距）×1.5m（水管水平间距）布置，埋设时水管距上游坝面2.0m，距下游坝面2.0～2.5m，水管距接缝面、坝内孔洞周边1.0m。通水单根水管长度不宜大于300m。坝内蛇形水管按分区范围结合坝体通水计划就近引入坝内基础排水廊道或下游坝面预留槽内。引入槽内的水管做到排列有序，做好标记记录，并注意立管布置间距，确保引入槽内的立管布置不过于集中，以免混凝土局部超冷。引入槽内的水管间距一般不小于1m。管口朝下弯，管口长度不小于15cm，并对管口妥善保护，防止堵塞。立管引至下游坝面临时施工预留槽内或坝内基础排水廊道内，应注意避免过于集中，立管管间间距一般不小于1.0m。

2) 为防冷却水管在施工过程中受冲击或碾压损坏，冷却水管不宜直接铺设在老混凝土或基岩面上。常态混凝土冷却水管布置在每一浇筑仓的第一铺筑坯层上部，即1.5m浇筑层铺设在0.5m处，3.0m浇筑层分别铺设在0.5m和2.0m处；碾压混凝土冷却水管需铺设在刚碾完的新混凝土面上，第一层铺设在60cm处，以后每升1.5m铺设一层。当冷却水管直接铺在老混凝土面上时，需避免常态混凝土下料时直接冲击冷却水管，碾压混凝土需在水管被埋后才能碾压，以避免冷却水管冲击破坏。坝内引至坝外或廊道内的进回水管预先埋设在其下已浇浇筑层下游坝面预留槽内，以便模板安装和初期通水需要。

3) 在有帷幕、固结灌浆及排水孔的部位，埋设冷却水管前，在空间上将水管布置位置与钻孔位置错开，铺设时需将冷却水管用∩形ϕ6mm钢筋与仓面固定，并采取有效措施防止冷却水管被钻孔打断。

4) 冷却水管在仓内拼装成蛇形管圈。埋设的冷却水管不能堵塞，并应固定和清除表面的油渍等物。管道的连接确保接头连接牢固，不应漏水。对已安装好的冷却水管须进行通水检查，安装好的冷却水管覆盖第一层混凝土后即可进行初期通水，如发现堵塞及漏水现象，应立即处理。在混凝土浇筑过程中，注意避免水管受损或堵塞。

(5) 通水冷却是温控过程中的一个环节，所起的作用至关重要，但冷却水管在碾压混凝土中的铺设容易在施工中受到破坏而失去作用，甚至管路漏水还会影响混凝土的层面结合质量。由于混凝土骨料为人工骨料，因此碾压混凝土要比常态混凝土干硬。为避免混凝土在碾压过程中压破水管，造成在混凝土初凝前的漏水，影响混凝土质量和施工进度，龙滩水电站利用碾压混凝土水化较常态混凝土慢的特性，在碾压混凝土收仓后48h（即混凝土达到终凝有一定强度后）开始通水，来解决这道难题。根据设计要求，开始对冷却水管通冷却水，冷却水进水温度约为12～15℃，流量为18～20L/min，初期通水时间为15d（距上游面40m以后坝体只进行初期通水冷却）。通水冷却对于碾压混凝土的后期散热、降低坝体内部温度是目前较为有效的方法，应采取可靠措施保障通水冷却的效果。

6.2.8.4 碾压混凝土与异种混凝土结合部的质量控制

坝内常态混凝土宜与主体碾压混凝土同步进行浇筑，以保证两种混凝土交界面的结合质量。中孔、底孔、溢流面、闸墩等对表面平整度要求高，或者厚度和体积比较大的常态混凝土，与坝体碾压混凝土同步浇筑时不易保证外观质量，上升速度会受到较大影响，同步交叉浇筑比较困难，宜分二期分别浇筑，但应确保一期、二期混凝土之间的良好结合。

常态混凝土与碾压混凝土的结合部两种混凝土应交叉浇筑，常态混凝土应在初凝前振捣密实，碾压混凝土应在允许层间间隔时间内碾压完毕。

结合部位的常态混凝土振捣与碾压混凝土碾压应相互搭接。在结合部位，振捣器应插入到碾压混凝土中，并用振动碾对结合处补充碾压，搭接常态混凝土范围不小于200mm。

6.2.9 碾压混凝土质量检测方式

碾压混凝土在碾压成型完毕后，还需要采用多种检测方式来检测已浇混凝土的内部质量。常用的检测方式有：采用核子密度仪检测碾压完毕后混凝土的表观密度；采用钻孔取芯、压水试验及原位抗剪试验来检测碾压混凝土坝体层间结合质量、防渗性能及抗滑稳定性。

6.2.9.1 核子密度仪检测

（1）在碾压混凝土施工时，主要是通过核子密度仪检测碾压混凝土的压实度，达到控制碾压质量的目的。

核子密度仪品牌及种类比较多，但工作原理基本一致。核子密度仪通常安装有一个密封的伽玛源和一个密封的中子源，仪器中还安装有密度和湿度两种射线探测器，分别与伽玛源和中子源共同对被测材料的密度和湿度进行测量。

（2）核子密度仪检测碾压混凝土表观密度的优势。将核子密度仪与灌沙法或其他破坏性检测方法相比较，其优势是显而易见的，主要包括：无损检测、准确检测、检测速度快、还能在碾压机通过后几分钟就可以检查出检测结果，可以立即对是否需要增加碾压进行指导，可以帮助及时调整施工方法以保证获得所需要结果，达到实时检测的目的。

（3）目前在碾压混凝土施工中用的比较多的是浅层核子仪，测量深度为30cm的浅层核子密度/湿度检测仪，常见的型号有国内的科汇K2030型、科汇K2040型，美国的3440型、MC-3C型和MC-4C型核子仪等。

除了浅层核子仪，测量深度达到60～90cm的中层核子仪也开始使用，这也为增加碾压混凝土单层松铺厚度，加快碾压混凝土的施工速度提供了有利的技术支撑。中层核子仪常见型号有MC-S-24型和MC-S-36型。

（4）核子水分密度仪应在使用前用与工程一致的原材料配制碾压混凝土进行标定。

（5）核子水分密度仪是具有放射源的检测仪器，需引起高度重视，为做好安全卫生防护及环境保护，核子水分密度仪应由受过专门培训的人员使用、维护保养，严禁拆装仪器内放射源，严格按操作规程作业。应进行仪器登记备案，存放在符合安全规定的地方，一旦发生丢失或仪器放射源损坏，应立即采取措施妥善处理，并及时报告有关管理部门。核子水分密度仪的使用应按《核子水分—密度仪现场测试规程》（SL 275—2014）的有关规定执行。

6.2.9.2 钻孔取芯及压水试验

(1) 钻孔取芯一般在碾压混凝土达到设计龄期后进行。钻孔取芯的目的主要是检查混凝土拌和出机后，经过一系列的施工操作，包括运输、平仓、碾压和养护最终能达到的质量效果。

钻孔取芯通过计算芯样获得率，检查碾压混凝土的均质性；通过压水试验检查碾压混凝土的抗渗性；进行芯样的物理力学性能评定碾压混凝土的均质性和力学性能；通过对芯样断口的检查，评价碾压混凝土的层间结合是否符合设计要求。

(2) 钻孔取芯采用岩芯钻机，选用金刚钻头钻进。开孔采用钻机的最低转速，一般为40～60r/min，钻压采用低压，确保开孔的垂直度。为避免钻孔过程中产生的岩粉及碎渣沉积对芯样产生扰动，及时冷却钻头，必要时可选用润滑型的钻孔冲洗液。芯样孔的回填一般采用不低于该部位混凝土强度等级的砂浆进行处理。

(3) 国内部分工程芯样性能试验结果统计见表6-8。

表6-8　　国内部分工程芯样性能试验结果统计表

序号	工程名称	试验结果统计	芯样性能试验结果						备注
			表观密度/(kg/m³)	抗压强度/MPa	极限拉伸值(×10⁻⁴)	弹性模量/GPa	抗渗等级	抗冻等级	
1	岩滩	平均	2475	24.2		30.00			14号、15号、17号坝段
2	普定	平均	2497	36.1	0.81	3.98	>S7		R_{180}200 二级配
		平均	2518	38.0	0.72	4.12	>S5		R_{180}200 三级配
3	棉花滩	平均	2464	31.3	0.58	28.00	>S8		R_{180}200 二级配
		平均	2469	30.2	0.53	28.40	>S4		R_{180}150 三级配
4	大朝山	平均	2612	24.6	0.76	26.80	>S8		R_{90}150 三级配
		平均	2560	26.6	0.86	32.70	>S10		R_{90}200 二级配
5	红坡水库	最大	2521	26.1		41.00			三级配自身防渗
		最小	2479	24.3		34.40			
6	沙牌	平均	2466	27.2		16.20			R_{90}200 二级配
		平均	2471	28.6	1.45	15.20	>W8	F150	R_{90}200 三级配
7	蔺河口	平均	2504	29.3	0.60	30.40			RCC 二级配
		平均	2507	30.0	0.53	30.60			RCC 三级配
8	百色	平均	2626	25.7	0.78	30.07	>S10		二级配
		平均	2646	19.2	0.74	29.80	>S2		准三级配
9	戈兰滩	平均	2427	24.5	0.93		>W8	F100	C_{90}20 二级配
		平均	2438	19.9	0.89		>W4	F50	C_{90}15 三级配
10	龙滩（右岸）	平均	2494	32.1		74.30	>W6	F50	RⅠC_{90}25 三级配
		平均	2499	30.8		40.20	>W6	F50	RⅡC_{90}20 三级配
		平均	2488	34.0	0.42	45.00	>W12	F25	RⅣC_{90}25 二级配

续表

序号	工程名称	试验结果统计	芯样性能试验结果						备注
			表观密度/(kg/m³)	抗压强度/MPa	极限拉伸值(×10⁻⁴)	弹性模量/GPa	抗渗等级	抗冻等级	
11	龙滩(左岸)	平均	2489	26.1			>W6		三级配
		平均	2478	35.6	0.56		>W12		二级配
12	光照(下部)	平均	2441	33.6	0.83	34.50	>W12	F100	C_{90}25W12F150 二级
		平均	2491	29.7	0.69	36.50	>WL2	F100	C_{90}25W12F150 三级
		平均	2489	21.9	0.57	36.20	>W8	F75	C_{90}20W6F100 三级
13	光照(上部)	平均	2405	32.2	0.61	33.10	>W12	F100	C_{90}25W12F150 二级
		平均	2479	31.6	0.59	35.50	>W12	F75	C_{90}20W10F100 二级
		平均	2510	28.0	0.54	28.50	>W10	F75	C_{90}20W6F100 三级
		平均	2539	22.0	0.52	27.50	>W6	F25	C_{90}15W6F50 三级
14	金安桥(三次)	平均	2555	27.9	0.70	30.90	>W8	F75	C_{90}20W8F100 二级
		平均	2641	24.1	0.58	29.50	>W8	F75	C_{90}20W6F100 三级
		平均	2630	25.6	0.56	30.80	>W6	F75	C_{90}15W6F50 三级
15	喀腊塑克	平均	2416	36.5	0.81	38.60	>W8	F200	R_{180}200F300W10 二级
		平均	2404	30.4	0.78	2.63	>W8	F75	R_{180}200F200W10 二级
		平均	2420	28.7	0.72	28.10	>W4	F25	R_{180}200F50W4 三级

(4) 压水试验。压水试验设备主要包括止水栓塞和供水设备，其中供水设备包括精密流量泵、普通流量泵、稳定空压室、滤水器等。试验方法一般参照《水利水电工程钻孔压水试验规程》(SL 31—2003)。国内部分工程现场压水试验结果统计见表 6-9。

表 6-9　　国内部分工程现场压水试验结果统计表

序号	工程名称	压水日期/(年.月)	压水段数		透水率/Lu		备注
			总孔长/m	总段次	最小	最大	
1	江垭	1997.8—1999.6	656.85	595	0.0078	>1.0000	大于 1.0Lu 占 7.6%～17.0%
2	汾河二库	1998.11—1999.12	320.91	207	0.0007	0.6541	抗渗性能好
3	红坡水库	1998.12—2000.7	66.00	21	0	1.0000	渗透系数 0.0042m/d
4	棉花滩	1999.7—1999.12	223.30	44	0.0070		5 号坝灌浆处理小于 1Lu
5	大朝山	1999.10—2001.8	2734.90	758	0	<1.0000	小于 1.0Lu 占 97.2%
6	红坡水库	2000.7—2000.8			0.0190	1.0000	迎水面小于 0.20Lu
7	沙牌	1999.10—2002.8		33	0	0.4300	17 孔压水试验
8	蔺河口	2001.12—2003.6	275.80	138	0.0020	1.0200	大于 1.02Lu 为 1 段

续表

序号	工程名称	压水日期/(年.月)	压水段数		透水率/Lu		备注
			总孔长/m	总段次	最小	最大	
9	百色	2003.7—2003.9	108.90	26	0.0000	0.3800	压水检测满足设计要求
		2004.7—2004.9	181.50	36	0.0000	0.7700	压水检测满足设计要求
10	景洪	2004.9—2005.10		198	0.0100		小于1.0Lu占91.9%不合格灌浆处理
11	戈兰滩	200.07—2007.8	172.73	33	0.0700		小于1.0Lu占87.9%不合格进行灌浆处理
12	龙滩	右岸大坝1～21号	2170.40	693	0.0000	0.9930	不合格进行灌浆处理
		左岸大坝22～35号	1011.20	342	0.0000	0. 7380	
13	光照	2007.1—2007.3	320.50	106	0.0050	0. 2180	整体抗渗性能良好
		2007.10—2007.12	212.00	68	0.0110	0. 5360	整体抗渗性能良好
14	金安桥	2008.5—2008.6（第一次）	108.00	36	0.0200	0.5000	整体抗渗性能良好
		2008.12—2009.1（第二次）	66.00	22	0.0500	0.8000	整体抗渗性能良好
15	喀腊塑克	2009. 4—2009.5	97.87	18	0.0500	0.9500	不合格进行灌浆处理

6.2.9.3 碾压混凝土原位抗剪断试验

碾压混凝土原位抗剪断试验在《水工混凝土试验规程》(SL 352—2006)“碾压混凝土自身和层间结合的原位抗剪强度试验”有专门的规定，主要内容有：

(1) 试验采用的加荷、传力、量测系统仪器设备及滚轴排摩擦系数率定等，按《水利水电工程岩石试验规程》(SL 264—2001) 的规定进行。

(2) 原位抗剪选定的试验区域面积不小于2m×8m，试体布置在同一层面上，数量4～5块，每块试体的剪切面积不小于500mm×500mm。试体龄期不少于21d，严防试体扰动。

(3) 试验结果主要是抗剪断强度参数，即f'、c'。

(4) 国内部分工程芯样抗剪强度及原位抗剪断试验结果见表6-10。

表6-10　　国内部分工程芯样抗剪强度及原位抗剪断试验结果表

序号	工程名称	试验结果统计	设计指标		芯样抗剪断结果		原位抗剪断结果		备注
			f'	c'	f'	c'	f'	c'	
1	岩滩	平均			1.120	0.990	1.120	0.839	14号、15号、17号坝段
2	普定	平均			1.412	3.664	1.517	3.148	R_{180}200二级配
		平均			1.656	3.177	1.882	2.753	R_{180}200三级配

续表

序号	工程名称	试验结果统计	设计指标		芯样抗剪断结果		原位抗剪断结果		备注
			f'	c'	f'	c'	f'	c'	
3	江垭	平均			1.400	1.030			平层碾压
		平均			1.270	1.150			斜层碾压
4	棉花滩	平均			1.370	2.550	1.380	2.800	R_{180}200 二级配
		平均			1.360	2.160	1.200	2.560	R_{180}150 三级配
5	大朝山	平均			2.140	4.000	1.483	1.201	热升层、三级配
		平均			1.880	3.500	1.428	1.001	冷升层、三级配
6	红坡水库	最大					1.820	3.570	三级配抗剪断指标为芯样试验结果
		最小					1.300	2.750	
7	蔺河口	最大					2.120	4.120	试验为三级配结果
		最小					1.990	3.810	
8	百色	平均	1.1	1.00	1.360	2.710	1.470	1.600	设计坝基指标、二级配
		平均	1.1	0.90	1.290	2.620	1.130	1. 090	设计层间指标、准三级配
9	彭水	平均	1.00	1.00			1.430	2. 620	迎水面 C_{90}20 二级配
		平均	1.0	1.00			1.140	1. 860	坝内 C_{90}15 三级配
10	龙滩（右岸）	平均	1.1	1.36	1.350	4.360	1.350	2.020	RⅠC_{90}25 三级配
		平均	1.1	1.35	1.730	3.930	1.290	1.790	RⅡC_{90}20 三级配
		平均	1.0	1.30			1.150	1.770	RⅢC_{90}15 三级配
		平均			1.530	4.350	1.350	2.020	RⅣC_{90}25 二级配
11	光照	平均	1.1	1.50	1.539	1.890	1.560	2.020	C_{90}25 二级配
		平均	1.1	1.50	1.328	1.598	1.570	1.680	C_{90}20 二级配
		平均	1.0	1.28	1.253	1.560	1.310	1.630	C_{90}20 三级配
		平均	0.9	0.60	1.153	1.342	1.130	1.290	C_{90}15 三级配
12	金安桥	平均	1.1	1.30	1.260	1.770			C_{90}20W8F100 二级配
		平均	1.1	1.30	1.230	1.620	1.280	1.630	C_{90}20W6F100 三级配
		平均	1.0	1.20	1.130	1.470	1.200	1.790	C_{90}15W6F50 三级配
13	喀腊塑克	平均			1.080	1.610			R_{180}200F300 二级配
		平均			1.090	1.290			R_{180}200F200 二级配
		平均			1.060	1.420			R_{180}200F50 三级配

注　室内芯样抗剪断结果主要以层缝面的试验结果为主。

6.3 质量评定

6.3.1 单元工程质量评定

水工碾压混凝土工程的质量验收和评定主要依据《水电水利基本建设工程单元工程质

量等级评定标准　第8部分：水工碾压混凝土工程》（DL/T 5113.8—2012）。碾压混凝土评定标准对水工碾压混凝土工程进行了单元划分，列出了单元工程各工序的质量标准。主要要求和规定如下：

（1）单元工程应根据设计、施工和质量评定要求进行划分。

（2）单元工程质量检查项目分为主控项目和一般项目两类。单元工程质量等级分为优良和合格两级。不合格单元工程应经处理合格后，在进行单元工程质量复评。

（3）水工碾压混凝土使用的材料应按相关技术要求进行检验，原则上原材料检测项目不分主控项目或一般项目，均应按有关规范进行全面检验，不合格的不得使用。

（4）水工碾压混凝土的质量等级评定主要是从坝基及岸坡处理、坝体碾压混凝土铺筑工程、碾压混凝土质量三大块进行质量评定。其中坝体铺筑工程的单元工程可按浇筑层高度或验收区、段划分，每一浇筑层高度或验收区、段为一单元工程。

（5）水工碾压混凝土工程单元工程施工工序划分及质量评定标准见表6-11。

表6-11　　水工碾压混凝土工程单元工程施工工序划分及质量评定标准表

	单元工程	主要工序或组成	质量评定标准
水工碾压混凝土工程	坝基及岸坡处理	①坝基及岸坡开挖	合格标准：第①～④项质量合格； 优良标准：第②～④项质量优良，第①项合格
		②地质缺陷处理	
		③基础处理	
		④坝基垫层混凝土浇筑	
	坝体碾压混凝土铺筑工程	①砂浆与灰浆	合格标准：第①～⑤项质量合格； 优良标准：第②～④项达到优良，第①项质量合格
		②混凝土拌和物	
		③混凝土运输铺筑	
		④层间及缝面处理与防护	
		⑤变态混凝土浇筑	
	碾压混凝土质量评定	①机口及现场试样	合格标准：第①～③项质量合格； 优良标准：第①～③项质量优良
		②钻孔取样	
		③外观质量	

6.3.2　碾压混凝土机口及现场试样质量评定

（1）碾压混凝土试件应在搅拌机口取样成型。碾压混凝土生产质量控制应以标准养护28d标准立方体150mm试件的抗压强度为主，以衡量碾压混凝土拌和物生产的质量管理水平。

（2）碾压混凝土机口（或现场）试样质量标准按表6-12执行。

表6-12　　碾压混凝土机口（或现场）试样质量标准表

项类	项次	项　　目	质量标准
主控项目	1	VC值	符合设计要求
	2	抗压强度保证率	合格：$P \geqslant 80\%$； 优良：$P \geqslant 85\%$

续表

项类	项次	项　　目	质量标准
主控项目	3	最低抗压强度与设计强度标准值的比值	合格： 不小于75%（设计龄期强度标准值不大于20MPa）； 不小于80%（设计龄期强度标准值大于20MPa）； 优良： 不小于85%（设计龄期强度标准值不大于20MPa）； 不小于90%（设计龄期强度标准值大于20MPa）
一般项目	1	含气量（掺引气剂）	不小于70%的测值在配合比设计规定范围内
	2	抗拉、抗渗、抗冻	符合设计要求

DL/T 5112—2009中第8.4.3条和第8.4.4条选取强度不低于强度标准值的百分率、均方差和抗压强度平均值、最低抗压强度作为质量评定项目。DL/T 5113.8—2000中附录A的表A5“碾压混凝土（常态混凝土）试件及芯样质量评定表”中，有保证项目“保证率”、基本项目“离差系数”，但无“最低强度值”检查项目。DL/T 5113.8—2011继续采用了原标准条文中使用的抗压强度保证率和最低抗压强度与设计强度标准值的比值，以保持延续性。

（3）碾压混凝土抗冻、抗渗检验的合格率不应低于80%。

（4）碾压混凝土生产质量水平评定标准。混凝土生产的质量水平，常用强度均值和标准差描述，评定一批混凝土的强度质量时，从检验批的总体中，随机抽取若干组试件进行试验，推断总体的质量状况。混凝土结构的可靠度与混凝土强度的变异程度有关，混凝土强度变异程度能综合地反映混凝土生产的质量管理水平。根据对混凝土强度的调查结果表明，质量管理水平越高，反映强度变异的强度标准差越小。

DL/T 5112—2009中规定碾压混凝土生产质量水平评定标准采用DL/T 5144—2015评定标准方法，并根据碾压混凝土特点，强度不低于强度标准值的百分率 P_s，优秀与良好分别取不小于90%及不小于85%，共划分了4个不同的质量水平（见表6-13）。

应由一批（至少30组）连续机口取样的28d龄期抗压强度标准差 σ 值表示。统计数据说明当统计组数值足够大时（如 $n>30$），保证率 P 和合格率 P_s（即强度不低于规定强度等级的百分率）两者的结果相近。为便于现场混凝土质量控制的计算，将 P_s 列为衡量管理生产水平指标之一，以避免出现标准差达到优良而合格率或保证率却很低时，误评为较高水平。百色、棉花滩等水电站越来越多的碾压混凝土工程强度等级设计龄期采用180d，故表中涵盖了90d和180d等龄期评定指标。

表6-13　碾压混凝土生产质量评定标准表

评定指标		质量等级			
		优秀	良好	一般	差
不同强度等级下的混凝土强度标准差 σ/MPa	$\leqslant C_{90}20$（$C_{180}20$）	<3.0	$3.0\leqslant\sigma<3.5$	$3.5\leqslant\sigma<4.5$	>4.5
	$>C_{90}20$（$C_{180}20$）	<3.5	$3.5\leqslant\sigma<4.0$	$4.0\leqslant\sigma<5.0$	>5.0

续表

评定指标	质量等级			
	优秀	良好	一般	差
强度不低于强度标准值的百分率 P_s/%	≥90	≥85	≥80	<80

（5）碾压混凝土质量评定，应以设计龄期的抗压强度为准，混凝土强度平均值和最小值应同时满足下列要求：

$$m_{fcu} \geqslant f_{cu,k} + Kt\sigma_0$$

$$f_{cu,\min} \geqslant 0.75 f_{cu,k} (\leqslant C_{90}20)$$

$$f_{cu,\min} \geqslant 0.80 f_{cu,k} (> C_{90}20)$$

式中　m_{fcu}——混凝土强度平均值，MPa；

$f_{cu,k}$——混凝土设计强度标准值，MPa；

K——合格判定系数，根据验收批统计组数 n 值，见表 6-14；

t——概率系数；

σ_0——验收批混凝土强度标准差，MPa；

$f_{cu,\min}$——n 组中的最小值，MPa。

表 6-14　合格判定系数 K 值

n	2	3	4	5	6～10	11～15	16～25	>25
K	0.71	0.58	0.50	0.45	0.36	0.28	0.23	0.20

注　1. 同一验收批混凝土，应由强度标准相同，配合比和生产工艺基本相同的混凝土组成。
　　2. 验收批混凝土强度标准差 σ_0 计算值小于 $0.06f_{cu,k}$ 时，应取 $\sigma_0=0.06f_{cu,k}$。

6.3.3 钻孔取样质量评定

（1）钻孔取样是评定碾压混凝土质量的综合方法和重要手段，钻孔取样的芯样质量标准是单位工程质量评定的重要依据。在混凝土搅拌机机口取样，成型的标准立方体试件，不能反映碾压混凝土出机后一系列施工操作，包括运输、平仓、碾压和养护中所引起的质量差异。现场综合评价碾压混凝土质量目前多采用钻芯取样法，钻孔取样可在碾压混凝土达到设计龄期后进行，钻孔的部位和数量应根据需要确定，钻孔取样数量及试验内容可根据设计要求或现场情况确定。

（2）钻孔取样评定主要有下列内容：

1）芯样获得率：评价碾压混凝土的均匀性。

2）压水试验：评定碾压混凝土的抗渗性。

3）芯样的物理力学性能试验：评定碾压混凝土的均匀性和力学性能。

4）芯样断口位置及形态描述：碾压混凝土层间结合的质量非常重要，为能更好反映层间结合的情况，应描述断口形态，分别统计芯样断口在不同类型碾压层层间结合处的数量，并计算占总断口数的比例，评价层间结合是否符合设计要求。

5）芯样外观描述：评定碾压混凝土的均匀性和密实性，其评定标准见表 6-15。

表 6-15 碾压混凝土芯样外观评定标准表

级别	表面光滑程度	表面致密程度	骨料分布均匀性
优良	光滑	致密	均匀
一般	基本光滑	稍有孔	基本均匀
差	不光滑	有部分孔洞	不均匀

注 本表适用于金刚石钻头钻取的芯样。

(3) 测定抗压强度的芯样直径。一般芯样直径应大于混凝土最大骨料粒径的2.5～3.0倍。碾压混凝土最大骨料粒径为80mm，则芯样直径应为200～240mm。考虑到目前钻机性能，一般芯样直径以150～200mm为宜。对于大型工程或混凝土的最大骨料粒径大于80mm的部位，宜采用直径200mm或更大直径芯样。

(4) 一般以高径比为2.0的芯样试件为标准试件，当试件高度大于1.7倍直径时，端面约束已减弱到可以不予考虑的程度。考虑到工程一般使用最大骨料粒径为80mm以及端面约束问题，高径比小于1.5的芯样试件不得用于测定抗压强度。

(5) 根据工程实践，高坝胶凝材料用量大，钻孔压水透水率可在0.5Lu以下，对碾压混凝土高拱坝、薄拱坝，钻孔压水透水率宜取低值。对低坝的内部混凝土，安全性要求较低的，经论证可放宽要求。

(6) 对严寒及寒冷地区，采用全碾压混凝土筑坝时，其抗冻指标应作为重点进行施工控制；对碾压混凝土拱坝，其抗拉强度也应作为重点进行施工控制。

6.3.4 碾压混凝土外观质量评定

混凝土拆模后，碾压混凝土外观质量待进行全面检查。碾压混凝土外观质量标准见表6-16。

表 6-16 碾压混凝土外观质量标准表

项类	项次	项目	质量标准
主控项目	1	形体尺寸	合格：不小于80%的测值在允许偏差范围内； 优良：不小于95%的测值在允许偏差范围内
	2	裂缝	合格：裂缝经修补后满足要求； 优良：裂缝经修补后满足要求，且无贯穿性裂缝
一般项目	1	表面平整度	不小于80%的测值符合设计要求
	2	蜂窝麻面	处理后符合要求

7 典型工程实例

7.1 普定水电站碾压混凝土拱坝

7.1.1 简介

普定水电站位于贵州省中西部乌江上游三岔河中游。水电站枢纽由碾压混凝土拱坝、右岸发电引水系统、发电厂房及厂后露天式升压开关站等建筑物组成。大坝坝顶高程1150.00m，水库正常蓄水位1145.00m，死水位1126.00m，总库容4.21亿m^3，为不完全年调节水库。水电站以发电为主，兼有防洪、供水、灌溉、养殖及旅游等开发功能。

碾压混凝土拱坝为定圆心、变半径、变中心角的等厚、双曲非对称拱坝，右岸设30m长的重力墩。大坝由左右非溢流坝段、4孔敞开式溢洪道、坝右侧冲砂兼放空底孔、坝脚碾压混凝土护坦及下游护坡等建筑物组成，坝顶高程1150.00m，最大坝高75m，最大底宽75m，厚高比0.376，坝顶弧长195.65m，坝体上游面在1100.00m以上呈铅直面，以下为抛物线。坝体混凝土总量14.99万m^3，其中碾压混凝土12.7m^3。普定水电站碾压混凝土拱坝全貌见图7-1。

图7-1 普定水电站碾压混凝土拱坝全貌

7.1.2 主要技术特点

1990 年“普定水电站碾压混凝土拱坝结构设计研究”课题列为能源部重点科技攻关项目，1991 年我国再次把“高坝建设关键技术研究”列为“八五”国家重点科技攻关项目，依托普定高拱坝进行了“碾压混凝土拱坝筑坝技术”专题研究，系统地进行了碾压混凝土拱坝结构、温控技术、抗裂技术、层间结合技术、入仓技术、碾压混凝土施工工艺、筑坝材料、观测设计与仪器埋设、碾压混凝土拱坝安全评估等综合研究，形成了普定水电站碾压混凝土拱坝成套技术，主要成果包括：采用整体碾压混凝土结构设计，在迎水面用二级配、富胶凝材料混凝土，作为防渗体的自身结构，采用全断面通仓、薄层连续浇筑快速施工技术等，对碾压混凝土通仓、连续施工工艺研究和碾压混凝土现场质量控制等进行了深入研究，取得了较多突破性创新成果，解决了碾压混凝土高拱坝关键技术难题，获得国家科技进步一等奖和科技攻关重大成果奖。

普定水电站碾压混凝土拱坝是我国第一座碾压混凝土拱坝，也是我国第一座采用碾压混凝土自身防渗的碾压混凝土坝，在科研、设计、施工各方面均展开了深入的研究，获得了一系列高质量、高水平科研成果。施工中成功地采用了碾压混凝土层间结合技术、异种混凝土施工法、变态混凝土作业法、洒铺水泥粉煤灰净浆作业法、汽车卸料叠压式摊铺法、VC 值动态控制、特殊气候条件下的施工等一些带突破性的精细施工方法。研发采用的上下交替连续上升可调式全悬臂大模板成功地解决了碾压混凝土连续上升的关键技术问题。在施工实践中采用的《普定碾压混凝土拱坝施工工法》，使整个生产过程走上规范化、文明化。碾压混凝土拱坝于 1992 年 1 月开始碾压，分 13 个升程浇筑，至 1993 年 5 月底完工，仅利用两个枯水期低温季节共计 9.5 个月的时间，充分体现碾压混凝土施工进度快、工期短的优越性。

（1）采用了不设施工缝的整体碾压混凝土结构设计，采用全断面通仓、薄层连续浇筑快速施工技术。坝体设计采用了诱导缝防裂技术，最大缝距 80m，用以释放温度应力，改善坝体受力状态。根据普定水电站碾压混凝土拱坝温控计算成果结合坝体结构布置，坝体共布置了 3 条诱导缝，诱导缝由预制混凝土板形成。为了能够对今后产生的裂缝进行灌浆，在诱导缝中埋设了两套灌浆系统，一套进行水泥灌浆；另一套进行化学灌浆，这种结构型式简单易行、安全可靠，达到了预期的防裂效果。

（2）碾压混凝土自身防渗技术。普定水电站碾压混凝土拱坝成功采用了二级配碾压混凝土自身防渗技术，不另设防渗层，打破了以往的“金包银”方式，采用以二级配富胶凝材料碾压混凝土为主外部增加变态混凝土的复合型防渗结构体系。变态混凝土临靠上游坝面，厚度 30～50cm，二级配富胶凝材料碾压混凝土厚度为坝高的 1/20～1/15，其防渗效果可满足 W10、W12 的抗渗指标要求，碾压混凝土自身防渗结构能确保两种混凝土同步上升，避免由于不能及时变换混凝土品种而使层面间隔时间过长，形成交界薄弱面甚至冷缝现象。同时，大大减小了坝体碾压混凝土的施工干扰，提高了施工速度，充分体现了碾压混凝土快速筑坝施工优势。

（3）采用了高掺粉煤灰和低水泥用量碾压混凝土筑坝材料。不仅水泥用量小，工程造价低，而且混凝土水化热低，简化了温控措施，加快了施工进度。在碾压混凝土配合比设计上采取了一系列措施：迎水面防渗混凝土材料采用小骨料级配；适当提富胶凝材料用量、外加剂掺量，提高碾压混凝土的和易性及可碾性；充分利用人工砂中小于0.16mm以下的石粉，并将其含量提高12%～15%等一系列综合技术来改进碾压混凝土的性能，防止骨料分离，提高碾压混凝土的可碾性和出浆率，从而提高其抗渗性和层面结合质量，提高层面抗剪及抗渗性能。

（4）真空溜管入仓新技术。根据普定水电站坝址河床狭窄，两岸山峰陡峭，且左岸为悬岩绝壁，无交通道路，主要交通全部位于右岸的特点，以及碾压混凝土拱坝特征和通仓连续施工工艺要求，对混凝土入仓方案经过对经济、快速及技术可行性方面的详细分析论证，碾压混凝土入仓分别采用了固定式缆机、斜坡真空溜管和自卸汽车入仓相结合的组合方案。自卸汽车控制坝体高程1100.00m以下坝体施工，斜坡真空溜管承担坝体在高程1100.00～1140.00m之间碾压混凝土入仓，缆机承担左岸高程1131.00m以上及右岸高程1140.00m以上的碾压混凝土入仓，同时担负大坝溢流面、闸墩、电梯井及廊道等常规碾压混凝土浇筑和材料、机械设备、模板吊运。

（5）连续上升可调式悬臂组合钢模板研制。研发的上下交替连续上升可调式全悬臂组合钢模板成功地解决了碾压混凝土连续上升的关键技术难题。为加快施工进度，满足通仓薄层碾压连续上升工艺的需要，经反复研究，设计出由两块3m×4m（宽×高）的模板，通过铰接而成6m×4m（高×宽），重2250kg，能交替连续上升的可调式全悬臂组合钢模板，其面板的倾斜度可调节，模板内倾最大可调值为256mm，外倾最大可调为200mm。模板上设有专门的导向装置，只要将模板对准导向装置，模板即可准确对位，然后将上、下模板铰接起来，即成为新的悬臂模板，需要时模板也可分开独立使用。该模板具有变位小、加工简单、造价低廉、拆装简便等特点，能满足碾压混凝土连续快速上升施工需要。

（6）层间结合处理技术。普定碾压混凝土的VC值控制在5～15s范围内，现场施工VC值采取动态控制，根据当时环境条件以及仓内碾压的具体情况进行调整。为提高层面结合能力，防止层面渗漏，采用了在上游迎水面二级配混凝土区，层面铺小水胶比的水泥粉煤灰净浆。后将铺净浆逐渐发展为在迎水面防渗二级配混凝土加净浆，使用插入式振捣器振捣的变态混凝土技术。上游面二级配碾压混凝土除采用高掺粉煤灰、较富胶凝材料配合比和严格的工艺控制措施外，在坝迎水面3～5m范围内，每一个碾压层层间均喷洒一层2～3mm的40%粉煤灰掺量、水灰比0.48的水泥粉煤净浆。水泥粉煤灰净浆由专门设置的制浆站通过输送泵随时送入仓面，施工简便。

（7）变态混凝土技术。变态混凝土是在碾压混凝土拌和物铺料前和铺料中间加一定量的水泥粉煤灰净浆，增加浆液含量，使其由碾压密实改为振捣密实，以替代常态混凝土。普定水电站施工中，在模板相交的阴角部位、廊道及竖井周围布有钢筋部位、下游面顺楼板下部均研究采用了变态混凝土技术，变态混凝土的加浆量按4%～5%控制。

（8）异种混凝土结合技术。普定水电站碾压混凝土拱坝两岸坝肩和基岩接触部位及廊道、电梯井周边采用常态混凝土浇筑。异种混凝土采用同步上升先碾压后常规的方法施工，异种混凝土结合处采用插入式振捣器交叉振捣密实，其后根据实际情况用振动碾补碾密实。施工中有部分常规混凝土尝试过在干硬性混凝土中注入水泥浆的方式进行施工，以避免拌和系统频繁更换配合比，弥补拌和能力不足。

7.1.3 检测及运行

普定水电站碾压混凝土拱坝施工经历了2个枯水施工期和2个度汛期，第一个度汛期经过了7次过水，坝面最大水深8m，未发现混凝土裂缝。检测成果表明坝体渗漏量很小，廊道渗漏量小于0.05L/s，碾压混凝土抗渗性良好。溢洪道最大泄量达$4100m^3/s$，未见任何破坏。坝体钻取芯样和压水试验以及超声波检测的成果表明：碾压混凝土坝内部密实，层间结合优良，施工质量和抗渗性能优越，从而取消了原设计的坝面丙乳水泥砂浆防渗层，成为我国第一座完全靠碾压混凝土防渗的大坝。

7.2 沙牌水电站碾压混凝土拱坝

7.2.1 概况

沙牌水电站碾压混凝土拱坝位于四川省阿坝藏族羌族自治州汶川县境内，是岷江支流草坡河上的龙头水电站，距成都市135km。大坝为单曲拱坝，最大坝高132m，坝底宽28m，坝顶宽9.5m，坝顶高程1867.50m，坝顶弧长258m。坝体上游面高程1790.00m以下为1∶0.11的倒悬结构，高程1790.00m以上为铅直面。整个大坝结构简单，仅设置了三层廊道和一个电梯井，并设有两条横缝及两条诱导缝。坝体混凝土总量39.2万m^3，其中碾压混凝土36.5万m^3，碾压混凝土占混凝土总量的93.1%。沙牌水电站碾压混凝土拱坝全貌见图7-2，沙牌水电站碾压混凝土拱坝见图7-3。

图7-2 沙牌水电站碾压混凝土拱坝全貌

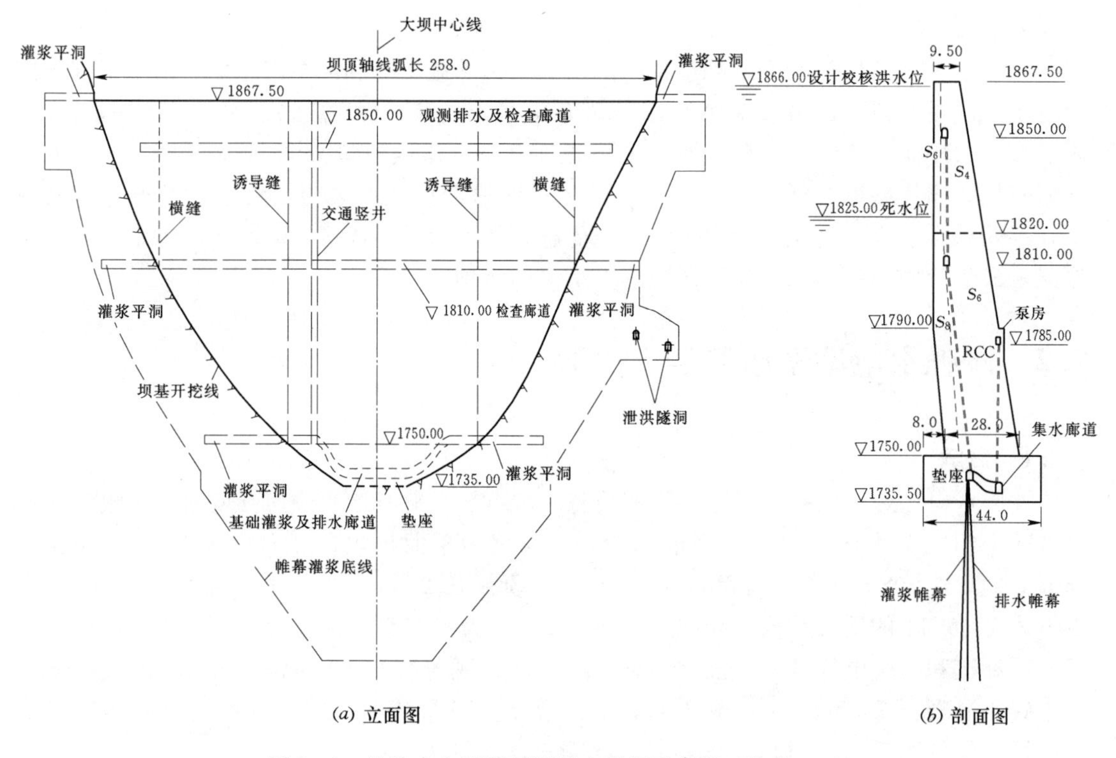

图 7-3　沙牌水电站碾压混凝土拱坝示意图（单位：m）

沙牌水电站坝址处呈大致对称的 V 形河谷，两岸岸坡 30°～60°，临河坡高 200m 以上，施工布置较困难。坝址处多年平均气温 11.3℃，极端最高气温 33.7℃，极端最低气温－11℃，气温温差大，对混凝土冬、夏季施工极为不利。

7.2.2　主要技术特点

沙牌碾压混凝土拱坝是 21 世纪初世界最高碾压混凝土拱坝，拱坝设计采用“全碾压混凝土坝”模式，采用全断面薄层碾压、连续上升施工工艺。具有混凝土量大、施工条件复杂、坝体应力水平高等特点，高混凝土拱坝施工期温度荷载引起的温度拉应力对拱坝应力影响较大，较易产生裂缝，沙牌水电站碾压混凝土拱坝应力达 3MPa，远超过拱坝规范规定的 1.0～1.2MPa 应力控制标准，拱坝温度应力和裂缝控制问题突出，施工技术难度大。

针对沙牌水电站碾压混凝土拱坝设计与施工关键技术问题，“八五”国家重点科技攻关开展了“100m 级碾压混凝土拱坝结构设计和新材料研究”专题研究，在“九五”国家重点科技攻关项目“碾压混凝土高坝筑坝技术研究”中进行了“100m 以上高碾压混凝土拱坝研究”科研攻关，依托沙牌水电站碾压混凝土拱坝研究解决 100m 以上高碾压混凝土拱坝筑坝关键技术，开展了“高碾压混凝土拱坝结构分缝及建坝材料特性研究”“高碾压混凝土拱坝原型观测研究”“高碾压混凝土拱坝快速施工研究”等专题研究。主要内容为：高碾压混凝土拱坝分缝及建坝材料特性研究，包括高碾压混凝土拱坝结构分缝及诱导缝特性，施工期全过程温度仿真计算及温控，碾压混凝土拱坝开裂和破坏机理，碾压混凝土拱坝重复灌浆，抗裂性碾压混凝土材料优化等研究；碾压混凝土拌和设备研制；碾压混凝土高拱坝快速施工研究，包括高碾压混凝土拱坝快速施工技术，入仓工艺及高速运输带式输送机等的研究；碾压混凝土高拱坝现场快速质量检测技术研究，包括层面特性多参数质量控制综合测试技术及质量管理数据库等研究；高碾压混凝土拱坝原型观测技术研究，包括高碾压混凝土拱坝安全监测设计，原型观测成果分析及其反馈分析应用，碾压混凝土埋入式测缝计的改进等研究。

在沙牌水电站碾压混凝土拱坝的施工中，经过多年设计、科研、施工、设备制造和工程管理等各方面人员科研攻关，总结摸索出了一套具有先进水平的施工工艺，完善了沙牌水电站碾压混凝土拱坝筑坝配套技术，取得了许多突破性的成果，其中包括全自动连续强制式拌和楼、100m 级真空溜管、新的横缝诱导缝成缝方式、单回路重复灌浆技术、变态混凝土扩大使用范围到岸坡建基面、在碾压混凝土中埋设高强度高密度聚乙烯冷却水管进行初期冷却降温、碾压混凝土的超长距离运输、低弹性模量高抗拉强度混凝土配合比的设计和现场快速质量检测技术等研制和应用，并在施工中采用了斜层平摊铺筑法和上部三级配碾压混凝土自身防渗技术，取出了当时国内最长的碾压混凝土芯样，较好地解决了碾压混凝土高拱坝施工技术难题，多项技术属国内首次应用，先后获得 2005 年度国家科学技术进步奖二等奖和第三届碾压混凝土坝国际里程碑工程奖。

（1）研究采用了典型的碾压混凝土拱坝枢纽布置。枢纽布置采用典型的厂坝分离式布置，根据坝址自然条件，拱坝体形设计采用了三心圆单曲拱坝，结构简单，应力和稳定条件好。拱坝坝身不布置泄洪建筑物，在拱坝右岸布置两条泄洪洞，较大地简化了碾压混凝土拱坝结构，为碾压混凝土快速施工创造了有利条件。

（2）在碾压混凝土拱坝分缝理论和技术方面实现重大突破。系统建立了碾压混凝土拱坝的分缝设计理论和方法，提出了诱导缝开裂分析理论依据和开裂判别式；提出了沙牌水电站碾压混凝土拱坝结构分缝方案采用诱导缝和横缝的组合方案，以释放坝体施工期温度应力，有效地控制了坝体开裂。

1）研究应用了新的诱导缝和横缝成缝方式。对碾压混凝土拱坝分缝结构，既要保证分缝的作用，又要满足全断面通仓碾压、连续上升施工要求，最大限度地减少施工干扰。沙牌水电站碾压混凝土拱坝采取了诱导缝和常规横缝组合的分缝方案，首次提出了采用预制混凝土重力式结构型式和先安装后填筑碾压混凝土的成缝技术。沙牌水电站碾压混凝土拱坝共设置了两条诱导缝和两条横缝，两条诱导缝（2 号诱导缝、3 号诱导缝）从高程 1750.00m 基座混凝土开始一直到坝顶，两条横缝设在大坝两岸，从高程 1810.00m（右岸 1 号诱导缝）与高程 1813.00m（左岸 4 号诱导缝）开始直到坝顶。普定水电站工程的诱导缝是采用诱导板成对埋设的方式形成，存在要挖槽埋设和不好固定的问题，为克服这些缺点，在沙牌水电站碾压混凝土施工中采用了重力式的混凝土预制件成缝，每隔 2 个碾压胚层埋设一层形成。重力式诱导缝预制件上部宽 10cm，下部宽 20cm，高度有 30cm 和 25cm 两种，长度 100cm，重量不到 50kg。诱导缝预制件成对埋设，定位后在底部翼板上预留的孔洞内插入短钢筋固定。诱导缝设有重复灌浆系统，重复灌浆管从成对埋设的预制件中所留的孔中穿过通向下游；诱导缝的上、下游设有诱导空腔和止浆片，用变态混凝土施工。

横缝也采用重力式混凝土预制件，外形与诱导缝预制件稍有区别，且因横缝灌浆的需要，每一条横缝需由 4 种不同的预制件组成。这种新的成缝形式比普定等水电站有了较大改进，安装更简单方便，且结构更可靠，由于构造轻巧，适合人工进行安装。诱导缝与横缝重力式预制件的安装要先于 1～2 个碾压条带进行，当铺料条带距缝面 5～7m 时，卸两车料后，用平仓机将碾压混凝土料小心缓慢推进到缝面位置，将预制构件覆盖并保证预制顶部有 5cm 左右混凝土料，然后进行碾压。该技术具有成缝效果好，施工工艺简单，适应碾压混凝土快速施工等优点，已推广应用于其他碾压混凝土高拱坝工程。

2）研发了单回路重复灌浆技术。碾压混凝土拱坝在蓄水时一般尚未达到稳定温度，但为使拱坝成为整体受力，需对横缝或诱导缝进行灌浆。但随着坝体温度的下降，坝体收缩有可能使已灌浆的缝面重新拉开，故需进行第二次（或多次重复）灌浆。沙牌水电站碾压混凝土拱坝研发了适用于碾压混凝土拱坝的单回路重复灌浆系统，橡胶套阀重复出浆盒和可灌注细缝的改性超细水泥浆材等灌浆技术，可实现拱坝多次重复灌浆。

重复灌浆采用穿孔管套阀重复出浆盒实现，它由一根钢管、一个橡胶套和两个管接头组成。橡胶套包裹在穿孔管外面，靠自身收缩力覆盖了管壁上的长椭圆形出浆孔，只有当管内压力达到开阀压力 0.2～0.4MPa 时，水或浆材才能顶开橡胶套从出浆孔流出，而无论何种外压力也不会使外面的水或浆材回流。灌浆前先要通水检查灌浆管路的畅通性，通水压力为 0.05～0.1MPa。此外还要检查排气管路的畅通性，以检查与冲洗管是否互通，进水压力为 0.1～0.3MPa。灌浆结束后立即轮换对进浆管进行冲洗，冲洗压力为 0.05～0.1MPa；排气管冲洗一般在灌浆结束 10～30min 之间进行，要求在灌浆浆液初凝前完成，冲水压力为 0.4～0.45MPa。

沙牌水电站碾压混凝土拱坝已进行了 2 次灌浆，20 个灌区总面积 3210.6m^2，首次灌浆耗灰总量 93409.6kg，平均单位耗灰量 29.1kg，最大单位耗灰量 56.6kg；重复灌浆耗灰总量 21021.8kg，平均单位耗灰量 6.5kg，最大单位耗灰量 9.6kg。钻孔取芯检查表明，水泥结石充实缝面，一次、二次灌浆层面清晰，缝面充填良好。实践表明，单回路重复灌浆系统具有构造简单、造价低、安装容易、灌浆效果好和容易冲洗干净及可实现多次重复灌浆等优点，已普遍应用于碾压混凝土高拱坝施工。

（3）高拱坝快速施工技术取得重要发展。采用了计算机动态模拟技术提高施工组织水平，研发采用了 100m 级真空溜管技术，研制了 200m^3/h 全自动连续强制式拌和楼，研制优化了上下交替、连续上升的可调式全悬臂大模板，扩大了改性混凝土应用范围，减少施工干扰，加快混凝土施工。

1）采用高碾压混凝土拱坝计算机模拟程序，对混凝土运输和大坝浇筑过程进行仿真模型处理，对大坝施工全过程进行动态模拟，实现了快速、多方案和定量化分析，为预测和监控施工，确定施工方案提供定量分析依据，提高施工组织水平。

2）研发采用了 100m 级真空溜管技术，有效解决了狭窄河床、高落差条件下碾压混凝土高强度快速经济入仓难题。针对“八五”国家重点科技攻关项目所用真空溜管关键部位下料控制装置存在的问题，研究采用了全封闭自动弧门，解决了弧门漏气、漏浆、密封件磨损大及维修不便等问题。研发了超软耐磨橡胶带并采用了二胶一芯结构，使其柔软性、密封性大为提高，工作面覆盖层磨耗量比国家标准降低了一半以上。以上关键技术的采用，保证了100m级真空溜管输送混凝土不飞溅、不堵塞和基本不分离，实现了100m级真空溜管技术突破。

这项研究首先应用于大朝山水电站碾压混凝土重力坝，随后用于沙牌水电站工程。100m级真空溜管在沙牌水电站和大朝山水电站工程应用，分别输送混凝土约22万m^3和42万m^3。大朝山水电站所用真空溜管输混凝土强度达220m^3/h，最大高差达87m，溜管长123m，沙牌水电站所用真空溜管高差达68m。

3）研制了200m^3/h全自动连续强制式拌和楼。连续强制式拌和楼具有连续进料、连续拌和、连续出料的特点，具有结构简单、生产效率高，运行成本低的巨大优势，特别适用于快速、连续生产混凝土的需要。过去这种大型连续拌和楼只能从国外进口，为改变这一局面，填补国内空白，国家将200m^3/h连续强制式拌和设备的研制列为“九五”国家重点科技攻关项目。

拌和楼的搅拌机为双卧轴强制式，采用有衬板方式，搅拌机叶片及衬板均采用自己研制的耐磨材料。采用重量法连续配料系统，比国外采用的体积法先进，其配料系统精度高；采用全自动微机系统进行控制，自动化程度高，实现了从配料、运输、搅拌、出料一条龙综合生产全过程自动化，操作简单方便，同时具有声光报警、生产流程模拟显示、电视监控、配料管理与报表打印等功能；采用模块式设计，具有安装、拆除、运输方便的特点，对土建的要求低，土建工程量小，安装工期5～7d，拆除工期2～3d。生产每立方米混凝土的能耗比自落式或强制式搅拌机低33％～45％。不仅能生产碾压混凝土，也能生产常态混凝土。

沙牌水电站碾压混凝土拱坝混凝土总量39.2万m^3（其中碾压混凝土36.5万m^3），其中近30万m^3碾压混凝土是采用新研制的连续强制式拌和楼拌制，施工检测表明其拌制的碾压混凝土质量优良，满足设计和施工要求。

4）研制优化了上下交替、连续上升的可调式全悬臂大模板，保障了碾压混凝土连续施工。根据沙牌水电站拱坝的结构，对上下交替、连续上升的可调式全悬臂大模板进行了优化。上下模板吊装就位时连接不用螺栓，改为“Y”形承插对位，缩短立模时间；拉模装置采用固定式锥头螺栓与拉模埋筋连接，脱模时拉模筋与大模板分开，使大模板退位迅速，拉模杆不易丢失；大模板各部件之间全采用螺栓连接，维护、拆装运输方便。

5）扩大了改性混凝土应用范围，减少施工干扰，加快混凝土施工。在“八五”国家重点攻关项目的普定水电站碾压混凝土拱坝施工中，已成功地将改性混凝土应用于振动碾碾压不到的死角及电梯井、廊道周边钢筋混凝土区域。为了更快地提高碾压混凝土施工速度，沙牌水电站碾压混凝土拱坝在普定工程改性混凝土应用的基础上，结合沙牌水电站工程进行了一系列室内试验和现场试验，解决浆体设计、浆体量控制、施工工艺和质量控制等问题，通过优化改性混凝土施工工艺，扩大其使用范围，将与两岸坡基岩面接触的垫层常态混凝土、坝面上游防渗区混凝土、下游斜面混凝土均用改性混凝土代替，实现了全碾压混凝土施工，提高了碾压混凝土施工速度。

（4）碾压混凝土温度控制技术取得重要突破。沙牌水电站碾压混凝土拱坝采用全断面薄层通仓碾压、连续上升施工工艺，拱坝坝体高，规模大，温度应力问题突出。施工中研究采用了高抗裂性能碾压混凝土技术和高强高密度聚乙烯冷却水管通水冷却降温技术，满足温控防裂要求。

1）采用了高抗裂碾压混凝土技术，研发了低弹模、高极限拉升和微膨胀特性的高抗裂性能碾压混凝土。通过多方案试验研究比选，因地制宜就近选择厂家，采取降低熟料中C_3A和C_3S，提高C_4AF和C_2S含量，引入低碱性钢材混合材技术，成功研发了低脆性延迟微膨胀专用水泥，其水化热指标低于中热水泥，采用该水泥和花岗岩低弹模人工骨料及粉煤灰配制出了低弹模、高极限拉升和微膨胀特性的高抗裂性能碾压混凝土。沙牌水电站碾压混凝土拱坝从施工期到运行期，至今尚未发现裂缝，表现出良好的抗裂性能。

2）采用高强高密度聚乙烯冷却水管（HDPE）通水冷却降温解决了夏季碾压混凝土温度控制施工技术难题。碾压混凝土高拱坝温控要求严，仓面面积大，层间间隔时间长，夏季浇筑易因温度倒灌易导致浇筑温度高，温度应力超标。沙牌水电站碾压混凝土拱坝研究应用了高强高密度聚乙烯冷却水管通水冷却降温技术，冷却水管降温技术是常态混凝土拱坝控制施工期混凝土水化热温升和进行后期冷却将坝体温度降到封拱温度的一种常用技术，由于埋设冷却水管于碾压混凝土施工干扰大，一直成为制约其在碾压混凝土中应用的难题。沙牌水电站碾压混凝土拱坝，开展了高强高密度聚乙烯冷却水管通水冷却降温技术研究，并在大朝山水电站上游碾压混凝土拱围堰上成功地进行了试验，其后在沙牌水电站碾压混凝土拱坝进行了试验和成功应用。

在碾压混凝土施工中采用HDPE冷却水管能适应碾压混凝土的施工，对碾压混凝土的施工干扰小，对削减碾压混凝土的水化热温升和降低碾压混凝土的最高温度效果明显。沙牌水电站碾压混凝土拱坝在2000年与2001年夏季埋设HDPE冷却水管对碾压混凝土进行初期冷却，采用的HDPE管外径32mm，壁厚2.3mm，单根回路总长最大为240m，埋设距离一般为1.5m×1.5m（水平距离×垂直距离），埋设冷却水管长度近2万m，利用沙牌水电站当地低温河水进行冷却，通水历时一般为15～20d，削减坝体内部混凝土水化热温升平均3.5℃左右，用最低的代价实现了夏季碾压混凝土施工。

3）拱坝垫座采用了掺氧化镁微膨胀混凝土技术。沙牌水电站碾压混凝土拱坝垫座最大长度56m，宽44m，高12.5m，混凝土体积大，基础约束强，采用了掺氧化镁微膨胀混凝土技术。为控制MgO掺和比例和均匀性，通过水泥厂在生产过程中掺和，有效地保证了质量。采用掺氧化镁微膨胀混凝土技术，取消了分缝分块，简化了温控措施，实现了通仓连续碾压，加快了使用进度，经济效益明显。

（5）系统完善了碾压混凝土拱坝原型观测技术。根据沙牌水电站碾压混凝土拱坝施工快速的特点，进行了与其施工方法相适宜的仪器选型和埋设技术研究，采用了“护管悬挂法”“钻孔法”和“挖坑法”进行坝内仪器埋设安装，研究了适合碾压混凝土的RCJ－1型埋入式测缝计，实现自动化监测。建立了高碾压混凝土拱坝的原型观测成果分析和反馈分析方法、理论，研制了数据管理系统和分析程序，提供定量分析依据，保证了沙牌水电站工程安全运行。

7.2.3 检测和运行

沙牌水电站碾压混凝土拱坝于2002年5月建成，坝体分缝间距大70m，坝顶诱导缝张开约6mm左右，采取了重复灌浆处理。拱坝经过施工期高温、严寒以及下闸蓄水和运行期考验，坝体未发现裂缝。大坝自2003年5月蓄水以来，正常运行至今，并经历了

2008年汶川8.0级特大地震，水电站距震中仅36km，离龙门山后山断裂8km，130m高碾压混凝土拱坝经受住强震考验，在正常蓄水位运行状况下安然无恙，施工质量优良，相关科研和施工技术成果，已推广应用于类似碾压混凝土高拱坝工程。

7.3 龙滩水电站碾压混凝土重力坝

7.3.1 概况

龙滩水电站碾压混凝土重力坝坝顶高程406.50m，最大坝高216.50m。坝顶长849.44m，共由34个坝段组成，即6个溢流坝段，2个底孔坝段，1个电梯井坝段，1个转弯坝段，9个进水口坝段，1个通航坝段，6个河床挡水坝段和8个岸边挡水坝段。坝体除结构和布置上要求采用常态混凝土外，凡具备碾压混凝土施工条件的部位均为碾压混凝土。大坝混凝土总量740万m^3，其中碾压混凝土480万m^3，约占坝体混凝土总量的65%。

大坝工程建设工期经过多次优化，由最初的11年建设工期优化为5.7年，要求大坝碾压混凝土快速施工。同时，为缩短层间间隔时间，提高层面结合质量，也需要加快碾压混凝土施工速度、提高施工强度。大坝工程碾压混凝土浇筑强度高、工期紧，仅2005年混凝土浇筑量达300万m^3，其中碾压混凝土为240万m^3。龙滩水电站碾压混凝土重力坝全貌见图7-4。

图7-4 龙滩水电站碾压混凝土重力坝全貌

7.3.2 主要技术特点

龙滩水电站碾压混凝土重力坝为目前世界上已建规模最大的200m级高碾压混凝土坝，“九五”国家重点科技攻关项目“碾压混凝土高坝筑坝技术研究”将“200m级高碾压混凝土重力坝筑坝研究”课题纳入专题研究，依托龙滩水电站碾压混凝土重力坝进行科研攻关，研究解决200m级高碾压混凝土重力坝筑坝关键技术，主要内容包括高碾压混凝土重力坝应力计算和极限承载能力、温度应力和防裂设计、碾压混凝土材料性能和耐久性的研究等。先后组织20多个单位300多名科技人员联合攻关，解决了200m级碾压混凝土重力坝的设计方法和准则、防渗结构及渗流控制、材料及配比、施工成套设备、高温多雨气候环境下全年连续施工及碾压混凝土快速施工技术等关键技术问题，并全面应用于龙滩水电站工程建设，充分发挥碾压混凝土筑坝“快好省”的技术优势。龙滩水电站大坝节约水泥用量30%，节省材料费约1.3亿元，节省混凝土温度控制费用约1.1亿元；建设期间创造多项施工生产纪录，提前一年完成工程建设，增加发电量79亿kW·h，在保障下游防洪、水资源配置方面获得巨大的社会、经济综合效益。2007年获得了碾压混凝土坝国际里程碑工程奖，2010年获得国家科学技术进步二等奖。

7.3.2.1　200m级碾压混凝土重力坝快速施工关键技术

龙滩水电站碾压混凝土重力坝施工特点：大坝坝高浇筑量大；高温多雨气候环境复杂，夏季时间长，仓面气温高达40℃，坝区属于亚热带气候，早晚温差大，特别是雨季气候早晚变化无常；混凝土浇筑仓面大，大坝最大底宽168.6m，浇筑强度高，仓面小时覆盖能力500m^3/h，入仓条件受到限制；施工工期紧，从2004年10月开浇到2006年10月下闸蓄水仅2年时间需要浇筑665.5万m^3混凝土，其中碾压混凝土446万m^3。

碾压混凝土重力坝采用常态混凝土经济断面、碾压混凝土自防渗和高温多雨气候环境下全年连续施工技术。大坝由坝基高程190.00m浇筑至2007年高程342.00m度汛，历时32个月，月平均升4.75m，月最大上升速度11m，年最大上升74m，充分发挥了压混凝土快速施工的优势；2005年、2006年均实现了碾压混凝土全年连续施工，其中6—8月高温多雨季节共浇筑碾压混凝土78.5万m^3；创造了日浇筑碾压混凝土20078m^3、月浇筑碾压混凝土38万m^3的纪录；2条带式输送机供料线输送强度最高日产达13050.5m^3，当天单机平均强度为326.3m^3/h（以20h运行时间计），创造了单条供料线最高班产达3680m^3，单条供料线最高班月输送110554.5m^3混凝土的世界纪录，实测坝体温度在控制范围内，未发现危害性裂缝，较计划工期提前完工，效益显著。

（1）采用了长距离输送带式输送机运输成品骨料，运送强度高，运输费用低，运行可靠，维护使用简单。成品砂石料由大法坪人工砂石系统采用湿法生产，可满足混凝土月浇筑强度32.5万m^3的需要，另有麻村人工砂石系统补充。大法坪砂石系统生产规模：处理能力2500t/h，生产能力2000t/h。采用的带式输送机长4km，带宽1200mm，带速4m/s，设计输送能力3000t/h，长距离带式输送机最高小时强度达到3200t/h，平均小时强度2800t/h，运行可靠，平均每公里每吨运输费用仅0.49元，满足了高强度运输要求。

（2）配置了生产效率高的大型强制式拌和系统。左右岸混凝土系统总设计生产能力达1300m^3/h，12℃碾压混凝土的生产能力900m^3/h。其中，右岸混凝土拌和系统配备3座2×6.0m^3双卧轴强制式搅拌楼和1座4×3.0m^3自落式搅拌楼，左岸混凝土拌和系统由1座HL120－3F1500L自落式搅拌楼和1座HL120－2S1500L强制式搅拌楼组成。高温季节碾压混凝土的出机口温度为12℃，采用二次风冷粗骨料、加冰及低温水搅拌的方式对混凝土进行预冷。龙滩水电站大坝右岸混凝土拌和系统全貌见图7－5。

图 7-5　龙滩水电站大坝右岸混凝土拌和系统全貌

(3) 采用了塔带机、顶带机、缆机和高速带式输送机供料线。配置了满足最大仓面4h覆盖的入仓设备，大坝碾压混凝土运输采用3条高速带式输送机供料线、2台塔（顶）带机、2台平移式缆机、1条真空溜槽及自卸汽车等运输设备，入仓能力达到600m^3/h。形成配套的混凝土生产、运输和仓面施工“一条龙”生产线，并与施工强度配套，以保证施工设备的高强度、高效率。

供料线、塔带机与顶带机均随大坝浇筑仓面的上升进行顶升，始终保持最佳浇筑高度，其标准节也随坝面上升而不断埋入混凝土中。龙滩水电站大坝混凝土运输高速带式输送机及塔（顶）带机全貌见图7-6。

图 7-6　龙滩水电站大坝混凝土运输高速带式输送机及塔（顶）带机全貌

(4) 仓面布置摇摆式雾化设备可使仓面温度降低4～7℃，使仓面保持湿润和避免碾压混凝土摊铺的温度回升；采用施工质量快速检测技术；采用了适合现场碾压条件的VC值，VC值以施工碾压不陷碾为原则，尽量采用较低的VC值，一般控制在3～5s；雨季施工中摊铺、碾压和防雨布覆盖及时跟进，尽量避免未碾压的混凝土遭遇雨淋，影响混凝土质量；在高温季节浇筑碾压混凝土时，按照温控计算成果的温度应力分区分组预埋冷却水管，以满足不同分区温控降温要求；采用了新型坝体排水孔结构和快速成孔方法，减少了排水孔施工对进度的影响。

（5）开发整合监控系统，实现混凝土生产、运输系统的“一体化”控制。通过监控设备迅速发现生产、运输及仓面施工各环节的施工状况，对出现的问题迅速做出反应，以保证整个混凝土施工过程的安全性及连续性。

（6）采用碾压混凝土浇筑分仓与并仓优化技术。以坝体施工过程动态模拟的仓面规划方案为基础，提出了智能式分仓与并仓优化技术，使整个工程施工在时空上衔接紧凑，有效地利用了施工时间，最大限度地实现施工生产均衡和高强度施工，实现了大仓面（13520m^2）连续施工。

（7）通过仿真计算，优化温控措施，实现了6m升程连续施工，减少了施工层面，加快了施工进度。

7.3.2.2　高温多雨条件下施工控制技术

（1）根据施工进度安排、坝体全年施工要求、混凝土浇筑方式、浇筑过程及混凝土性能试验的相关物理力学热学参数，对挡水坝段、溢流坝段、底孔坝段的温度场和应力场进行相应的三维仿真计算分析，将无温控措施和考虑综合温控措施的计算结果进行对比。综合评价各工况大坝三维有限元仿真计算成果，针对混凝土块体所在部位与浇筑时间，确定常态及碾压混凝土的允许浇筑温度（T_p）和允许内部混凝土最高温度（T_{max}），为高温或次高温季节混凝土连续施工及施工温控方案优化提供依据。

（2）建立基于骨料生产到仓面作业的“一条龙”监控体系，从出机口、运输直至仓面的全线温控措施。在拌和楼自卸汽车入口设置喷雾装置，以降低小环境气温，对车厢进行降温湿润；在高速带式输送机沿线的桁架顶部镀锌铁板上铺盖聚乙烯保温层，并在顶层保温板间两端安装保温帘，形成相对封闭的环境；增设制冷机组，通过PVC管输送冷风到皮带上方混凝土表面，减少混凝土在运输过程中的温度回升；自卸汽车运输时车厢顶部设活动遮阳棚，外侧面贴隔热板；提高混凝土入仓强度，加快混凝土入仓速度，缩短层间间隔时间，改善混凝土层间结合质量；及时摊铺、及时碾压、及时覆盖，防止热气倒灌；在混凝土浇筑过程中，进行仓面喷雾降温保湿，形成仓面小气候，降低仓面温度，减少太阳辐射热和风速。

（3）VC值动态控制。VC值是碾压混凝土稠度或可碾性的重要指标，VC值的取值、保值、控制、调整对碾压混凝土的质量有直接影响。它与振动碾的激振力、激振频率、振幅、行驶速度、碾压遍数以及仓面的气温、湿度、覆盖时间、原材料和配合比等均有密切关系。因此，针对龙滩水电站工程的实际情况和特殊施工条件，研究VC值的损失及保值方法，确保碾压混凝土在高气温条件下施工质量。VC值应根据施工时的气象条件和仓面实际情况及时调整，动态控制。龙滩水电站碾压混凝土配合比设计VC值为2～7s，仓面VC值按3～5s控制。

（4）采用了预埋冷却水管通水冷却降温措施控制混凝土最高温度、基础温差和内外温差在设计允许范围之内。

（5）通过建立温度控制参数的实时反分析模型，从现场试验资料和工程实测资料两个方面进行反分析求解相关温度控制参数，考虑混凝土龄期、混凝土温度和水泥水化反应累计完成程度的影响等，使仿真计算结果更符合实际情况。

7.3.2.3　碾压混凝土重力坝防渗结构及混凝土基本性能

（1）大坝防渗结构采用了变态混凝土与二级配碾压混凝土组合防渗方式。

（2）碾压混凝土采用的粉煤灰品质较好，保证了粉煤灰形态、活性和填充效应的充分发挥，同时粉煤灰与外加剂的相容性较好，保证了碾压混凝土的基本性能。

（3）碾压混凝土的配合比经过优化后，适当降低了胶凝材料的用量，同时保持较小的水灰比，使各项性能都能满足要求。既保证了工程质量，又降低了工程造价。

（4）从碾压混凝土摊铺、碾压、连续升层间隔时间、压水、原位抗剪及混凝土超强等方面进行分析。

（5）根据混凝土配合比试验以及碾压混凝土工艺性能试验的成果，确定出碾压混凝土的施工配合比。碾压混凝土抗压强度富余系数较大，f'和c'都较国内外其他工程高。同事变态混凝土的徐变性能、抗渗强度和抗冻强度均比较高，为建造更高的碾压混凝土重力坝提供了依据。

7.3.2.4　施工层面控制技术

（1）在对试验成果整理分析的基础上，研究碾压混凝土层面的结合机理，重点分析碾压混凝土层面结合强度的影响因素：碾压混凝土的配合比、层间间隔时间、VC值、气候条件、层面初始起伏角及其他因素。提出了碾压混凝土层间允许间隔时间的判定方法和控制措施。

（2）从原材料、混凝土生产、运输及仓面施工四个方面研究碾压混凝土层面结合质量控制的具体措施，以保障碾压混凝土层面结合质量。采用高效仓面喷雾的方法形成仓面小环境气候，起到降温保湿、减小VC值增长，降低混凝土浇筑温度的作用。在高气温环境下，采用仓面喷雾可使混凝土表面温度保持比外界气温低5～8℃，增大了散热效果。同时，对仓面进行覆盖保温。

（3）将碾压混凝土层面质量控制融入“一条龙”质量控制体系，提出了完整的、适合大规模推广的全过程质量控制体系。

（4）在钻孔取芯检测中，层面折断率在2.5%以下，碾压混凝土层间结合良好。

7.3.2.5　施工设备防碰撞预警系统

研究开发的防碰撞预警系统集成了GPS定位技术、无线通信网络技术和自动控制技术等，实现了设备上的GPS位置信息检测，机械运动部件的位置、运动方向及速度实时检测，采用GPS信息系统进行无线数据采集、计算，为设备操作运行提供预警信号，便于在设备作业过程中及时采取正确的处理方式。大坝施工设备GPS防碰撞预警系统自2005年8月开始投入应用，有效解决了复杂施工环境下高危设备防碰撞难题。

7.3.2.6　混凝土生产系统优化设计与应用

（1）根据施工的实际情况，分析混凝土生产系统的工艺特点，对原方案进行优化设计。同时，对砂石料运输系统、胶凝材料储运系统、混凝土生产制冷系统及电气系统设计进行分析研究。

（2）对长距离胶带机和混凝土生产系统进行系统优化与技术改造，提高设备运行自动化程度，提高运输效率，降低运输成本。在水电行业首次采用了长距离胶带机输送砂石骨料，骨料运输成本较其他运输工具减少50%以上。

（3）采用了整合监控技术和自动控制技术，使大坝混凝土生产系统从给料到混凝土入仓真正成为可监控的“一条龙”生产线，提高系统的运行效率，降低生产运行成本，保证大坝建设的需要。

7.3.2.7　施工动态可视化仿真及施工控制系统开发

（1）运用系统工程理论和计算机仿真技术，建立龙滩大坝坝体混凝土施工过程仿真模型并开发出相应的仿真软件，对不同机械配置、不同施工工艺条件下施工方案进行仿真试验，获得各施工方案实施过程中的各项参数和定量分析图表，为方案比较和选择提供参考信息。

（2）基于碾压混凝土重力坝的施工特性、施工导流的程序和大坝施工控制点以及相关的影响因素，建立坝体混凝土浇筑仓面规划优化模型和施工全过程仿真模型，开发坝体施工过程三维动态可视化仿真软件，模拟大坝混凝土施工全过程。

（3）在实时仿真系统的基础上，开发出大坝动态施工控制系统。根据坝体混凝土施工模拟成果，对坝体混凝土施工进度进行动态控制。通过对坝体不同施工方案的仿真计算分析，将模拟结果与施工进度计划耦合分析，优选施工方案，为现场施工管理与适时调度提供依据。

7.3.3　检测和运行

碾压混凝土钻孔取芯单根最大芯样长度15.03m。芯样表面光滑，结构致密，骨料分布均匀，表明碾压混凝土质量良好；水库水位蓄至高程374.80m（大坝挡水高度为184.8m）时，实测坝体坝基总渗漏量为1.65L/s（5.95m^3/h），坝体廊道内干燥，坝体防渗效果良好。

经国家质量监督和安全鉴定专家检查，龙滩水电站大坝质量优良、安全可靠，技术监控指标先进。

7.4　光照水电站碾压混凝土重力坝

7.4.1　概况

光照水电站位于贵州省关岭县和晴隆县交界的北盘江中游，是北盘江干流的龙头梯级水电站，工程以发电为主，其次航运，兼顾灌溉、供水等任务。工程枢纽由碾压混凝土重力坝、坝身泄洪表孔、放空底孔、右岸引水系统及地面厂房等组成。水电站装机容量1040MW（4×260MW），保证出力180.2MW，多年平均发电量27.54亿kW·h。水库正常蓄水位745m，总库容32.45亿m^3，为不完全多年调节水库。

主坝为全断面碾压混凝土重力坝，坝顶全长410m，坝顶高程750.50m，最大坝高200.5m，共分为20个坝段，包括4个溢流坝段及底孔坝段、1个电梯井坝段和15个岸坡挡水坝段，大坝混凝土总量约280万m^3，其中碾压混凝土约240万m^3、常态混凝土约40万m^3。光照水电站碾压混凝土重力坝全貌见图7-7，大坝溢流坝段和底孔坝段剖面见图

7－8。

图 7－7　光照水电站碾压混凝土重力坝全貌

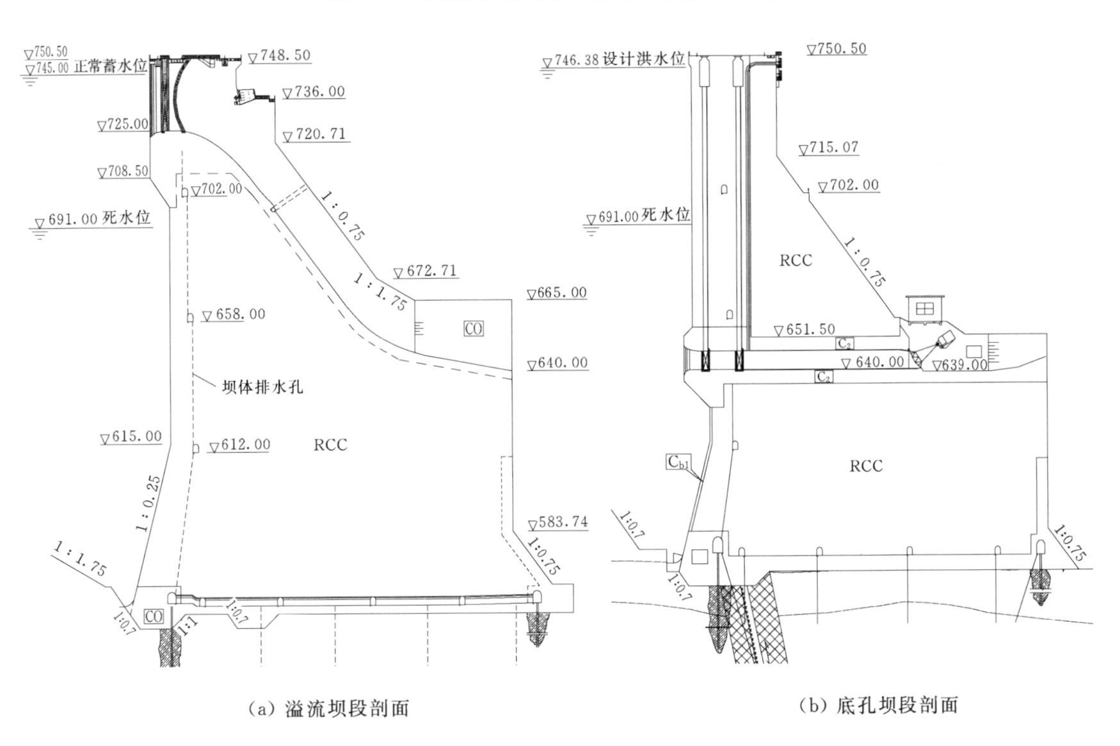

(a) 溢流坝段剖面　　(b) 底孔坝段剖面

图 7－8　大坝溢流坝段和底孔坝段剖面图

7.4.2 主要技术特点

光照水电站碾压混凝土重力坝是目前世界上已建最高的碾压混凝土坝。坝体设计采用最优法确定大坝的经济断面，采用了富胶凝碾压混凝土材料，全断面碾压混凝土浇筑，坝上游面采用变态混凝土和二级配碾压混凝土自身防渗，坝基面扬压力计入抽排减压效果。

光照水电站大坝混凝土高峰月浇筑强度为23.2万m^3，其中常态混凝土0.95万m^3，碾压混凝土22.25万m^3。拌和系统分左、右岸布置，左岸布置两座2×4.5m^3强制式搅拌楼和一座2×3.0m^3强制式搅拌楼，右岸布置一座4×3.0m^3自落式搅拌楼，大坝左右岸拌和系统的碾压混凝土拌和能力为840m^3/h。混凝土拌和系统全年生产，为保证夏季混凝土出机口温度控制在15℃以下，在左岸配置了制冷车间，采取二次风冷粗骨料，加冷水拌和的方式。制冷系统设计蒸发温度为－15～－5℃，凝结温度40℃，选用6台螺杆式氨制冷压缩机组及配套设备，总制冷容量为828.6万kcal。

大坝碾压混凝土水平运输主要采用汽车和深槽高速带式输送机；垂直运输主要采用缆机和箱式满管。碾压混凝土入仓方式采用了自卸汽车直接入仓、带式输送机＋箱式满管入仓＋自卸汽车、自卸汽车＋箱式满管、自卸汽车＋缆机入仓等综合入仓方式。

施工中采用了许多新技术和新工艺，研究的大口径箱式满管混凝土垂直输送技术，实现了混凝土大方量、高强度、抗分离输送；采用溢洪道常态混凝土与坝体碾压混凝土同步浇筑，简化了施工程序；采用全面采用斜层碾压施工工艺，实现了全断面立体循环连续滚动上升；通过针对施工度汛的水力学模型试验，加高上游围堰，取消了坝体度汛缺口，实现了大坝全年连续施工；应用了浓相气力输送粉料技术，满足工程对粉料持续高强度输送的要求，从源头上保证了水电站的施工进度和效益；移动式冷水站水回收技术、底孔周边采用高流态自流密实性混凝土浇筑拌和系统骨料二次风冷技术、高空冷水管网建立仓面小气候技术、阶梯浇筑大坝技术应用、移动式带式输送机输送混凝土技术、粉煤灰替代人工砂、贝雷桥跨缺口技术等新技术和新工艺的应用，有效降低了施工成本，保证了施工质量和施工进度，效果明显。

工程于2006年2月开浇碾压混凝土，高温季节正常施工，2007年12月下闸蓄水，2008年2月碾压混凝土浇筑至坝顶高程，施工中全面采用斜层碾压工艺，实现“全仓面、全断面、立体循环”、连续滚动上升，斜坡坡度为1∶12～1∶15，斜层碾压混凝土量占大坝碾压混凝土总量92%。采用深槽高速带式输送机＋大口径箱式满管输送技术，皮带输送强度500m^3/h，系统最大日输送量11161m^3。坝体碾压混凝土日浇筑强度最大为13582m^3，月浇筑最大强度为22.25万m^3，23.8个月完成了大坝浇筑，混凝土筑坝速度快速高效。

（1）采用大口径箱式满管混凝土垂直输送技术，实现了混凝土大方量、高强度、抗分离输送。光照碾压混凝土重力坝坝址地形陡峭，仅底部局部混凝土可采用汽车入仓，大量混凝土入仓须从上往下输送。施工中针对工程实际特点进行了深槽高速皮带＋箱式满管输送混凝土系统研究，大坝高程622.50m以上的碾压混凝土水平运输采用深槽高速皮带进行输送，每条皮带输送碾压混凝土能力可达500m^3/h，深槽高速皮带安装在混凝土输送洞内，混凝土从拌和楼卸料后经深槽高速皮带输送至箱式满管受料斗，由箱式满管输送至仓面。采用箱式满管输送碾压混凝土输送能力每条可达 500m^3/h，供料顺畅，且投资少，制作、安装、检修、拆除都较为方便。箱式满管输送混凝土能实现碾压混凝土快速运输，最大日浇筑 11161m^3，最大月浇筑强度达 221831m^3，采用箱式满管输送碾压混凝土达 150 万 m^3 以上。

（2）溢洪道常态混凝土与坝体碾压混凝土同步浇筑，简化了施工程序。光照碾压混凝土重力坝施工中采用溢流面常态混凝土与碾压混凝土同步浇筑上升的施工工艺。该施工工艺有下列优点：常态混凝土入仓方便，可采用自卸汽车直接入仓；溢流面常态混凝土与碾压混凝土同步上升之后，可使常态混凝土施工工作面增大，有利于混凝土振捣密实；减小了污染和施工缝处理等仓面准备工作量；异种混凝土之间结合良好。溢流面常态混凝土与碾压混凝土同步上升施工工艺不仅有利于节约工期，而且有利于保证施工质量。

（3）全面采用斜层碾压施工工艺，实现了全断面立体循环连续滚动上升。光照大坝碾压混凝土最大浇筑仓面面积达 2.2 万 m^2，为避免大仓块平层碾压层间覆盖时间过长，机械设备及人员投入过大，降低碾压混凝土供料强度，提高层间结合质量，全面采用了斜层碾压施工技术。大坝高程 662.50m 以下斜层碾压浇筑方向由下游往上游，高程 662.50m 以上斜层碾压浇筑方向由右岸往左岸，斜层碾压混凝土量占大坝碾压混凝土总量的 92%，并在施工中对斜层碾压施工工艺不断深化，在碾压方向、坡角处理、增设水平垫层、斜面坡度等问题上进行了深入研究。采用斜层碾压，碾压混凝土日浇筑强度达 13582m^3，碾压混凝土月浇筑强度达到 22.25 万 m^3。

（4）通过针对施工度汛的水力学模型试验，加高上游围堰，取消了坝体度汛缺口，实现了大坝全年连续施工。原大坝基坑上游围堰按 10 年一遇枯期流量设计，枯水时段为 11 月 6 日至次年 5 月 15 日共 6 个月一旬，设计流量为 1120m^3/s。采用土石过水围堰，上游围堰堰顶高程 596.50m。该围堰设计标准偏低，围堰经常过水，过水后夹着草根和树枝，使基坑清理和恢复混凝土浇筑困难重重，为挡住初汛的洪水和为大坝碾压混凝土浇筑赢得时间，通过对历年水文资料、导流洞实际泄洪能力、上游库容增加后调洪演算等分析，设计加高了 6m 混凝土围堰，成功地拦截了七次洪水，最大洪峰流量为 2220m^3/s，保证了大坝碾压混凝土浇筑和施工工期。

（5）应用了浓相气力输送粉料技术，满足工程对粉料持续高强度输送的要求，保证了工程施工进度和效益。在气力输送中，物料在管道内的流动模式完全取决其料性。针对水电站所要输送的水泥及粉煤灰，在光照水电站拌和系统输送粉料方面，借鉴火电厂气力除灰技术，研究浓相气力输送粉料系统，成功地将水泥及粉煤灰以料气比达到 60 以上进行输送。

（6）因地制宜地采用了移动式冷水站水回收、底孔周边采用高流态自流密实性混凝土浇筑、拌和系统骨料二次风冷、高空冷水管网建立仓面小气候、阶梯浇筑大坝、移动式带式输送机输送混凝土、粉煤灰部分替代人工砂、贝雷桥跨缺口等新技术和新工艺，降低了施工成本，保证了施工质量和进度，效果明显。

7.4.3 混凝土施工质量检测情况

为验证光照水电站大坝碾压混凝土质量情况，对大坝混凝土进行了钻孔取芯，检测结果如下：

(1) 大坝碾压混凝土钻孔取芯，芯样获得率为99.50%、芯样优良率为95.19%，10m以上的芯样占13.5%，最长芯样为15.33m，芯样层、缝面折断率1.30%。芯样表面光滑致密，结构密实，骨料分布均匀。

(2) 经106段压水试验，透水率最大值为0.22Lu，最小值为零；小于0.1Lu的试段93.4%，小于0.01Lu的试段12.3%。混凝土整体抗渗性能良好。

(3) 碾压混凝土三级配 $C_{90}20$ 实测强度平均值25.5MPa，标准差3.9，保证率为91.7%；三级配 $C_{90}25$ 实测强度平均值32.2MPa，标准差3.7，保证率97.3%。

检测结果表明：碾压混凝土施工质量良好，满足设计和规范要求。

参 考 文 献

［1］ 张严明，王圣培，潘罗生．中国碾压混凝土坝20年［M］．北京：中国水利水电出版社，2006.

［2］ 贾金生，等．碾压混凝土坝发展水平和工程实例［M］．北京：中国水利水电出版社，2006.

［3］ 李春敏．碾压混凝土坝筑坝技术综述［A］//中国水利学会专业学术综述（第五集）［C］．2004.

［4］ 方坤河，刘数华，石研．碾压混凝土的技术性能研究［J］//中国碾压混凝土坝20年［M］．北京：中国水利水电出版社，2006.

［5］ 梅锦熠，郑桂斌．我国碾压混凝土筑坝技术的新进展［J］．水力发电，2005（6）．

［6］ 孔令兵，李新．碾压混凝土高坝筑坝技术［J］．水利水电技术，2002（2）．

［7］ 朱伯芳．大体积混凝土温度应力与温度控制［M］．北京：中国电力出版社，2003.

［8］ 孙恭尧，等．高碾压混凝土重力坝［M］．北京：中国电力出版社，2004.

［9］ 涂怀健，黄巍．碾压混凝土筑坝施工技术综述［J］．水利学报，2007（10）．

［10］ 杨康宁．碾压混凝土施工［M］．北京：中国水利水电出版社，1997.

［11］ 田玉功．碾压混凝土快速筑坝技术［M］．北京：中国水利水电出版社，2010.

［12］ 秦蛟，陈世其．普定碾压混凝土拱坝施工［A］//中国水力发电工程学会2003年度学术年会碾压混凝土筑坝技术交流论文汇编［C］．2003.

［13］ 陈秋华．沙牌碾压混凝土拱坝的技术创新及成就［J］//中国碾压混凝土坝20年［M］．北京：中国水利水电出版社，2006.

［14］ 刘炎生，黄巍．沙牌碾压混凝土拱坝施工新技术、新成果［A］//中国水力发电工程学会2003年度学术年会碾压混凝土筑坝技术交流论文汇编［C］．2003.

［15］ 陈祖荣，方彦铨，吴秀荣，李威，赖建文．光照200m级高坝快速经济施工技术［J］//中国碾压混凝土筑坝技术［M］．北京：中国电力出版社，2008.

［16］ 吴秀荣，陈祖荣．光照大坝箱式满管垂直输送混凝土新技术［J］//中国碾压混凝土筑坝技术［M］．北京：中国电力出版社，2008.

［17］ 黄巍，刘炎生．三级配碾压混凝土防渗技术在昆明红坡水库的应用［A］//中国水力发电工程学会2003年度学术年会碾压混凝土筑坝技术交流论文汇编［C］．2003.

［18］ 王福林，杜士斌．严寒地区碾压混凝土重力坝的温度裂缝及其防治［J］．水利水电技术，2001（1）．

［19］ 毕重，齐立杰，等．碾压混凝土坝诱导缝研究进展［J］．辽宁工业大学学报，2008（28）：5.

［20］ 薛永生．观音阁水库碾压混凝土大坝设计和施工中的几个问题［J］．水力发电，1994（4）．

［21］ 顾志刚，张东成，罗红卫．碾压混凝土坝施工技术［M］．北京：中国电力出版社，2007.

［22］ 广西龙滩水电站七局八局葛洲坝联营体．龙滩水电站碾压混凝土重力坝施工与管理［M］．北京：中国水利水电出版社，2007.

［23］ 徐玉杰．碾压混凝土坝施工技术与质量控制［M］．郑州：黄河水利出版社，2008.